21 世纪高等学校应用型人才培养规划教材

ZIDONG KONGZHI YUANLI JIANMING JIAOCHENG

自动控制原理简明教程

李俊华　张国强　王　敏　编

西北工业大学出版社

西安

【内容简介】 本书比较系统地阐述了自动控制系统的基本概念、原理、方法和应用。全书共 8 章,主要内容包括自动控制导论、自动控制系统的数学模型、线性系统的时域分析、线性系统的根轨迹分析、线性系统的频域分析、线性系统的串联校正、线性离散系统和非线性控制系统分析。每章均附有小结和习题。

本书内容丰富,阐述简明扼要,应用性较强,适应面较广,可作为高等学校自动化、电气等相关专业的本科生教材,也可供相关科技工作者阅读参考。

图书在版编目(CIP)数据

自动控制原理简明教程/李俊华,张国强,王敏编. ——
西安:西北工业大学出版社,2018.7(2020.8 重印)
ISBN 978 - 7 - 5612 - 5863 - 7

Ⅰ. ①自… Ⅱ. ①李… ②张… ③王… Ⅲ. ①自动
控制理论-高等学校-教材 Ⅳ. ①TP13

中国版本图书馆 CIP 数据核字(2018)第 026856 号

策划编辑:何格夫
责任编辑:李阿盟

出版发行:西北工业大学出版社
通信地址:西安市友谊西路 127 号   邮编:710072
电　　话:(029)88493844   88491757
网　　址:www.nwpup.com
印 刷 者:兴平市博闻印务有限公司
开　　本:787 mm×1 092 mm   1/16
印　　张:13.25
字　　数:348 千字
版　　次:2018 年 7 月第 1 版   2020 年 8 月第 2 次印刷
定　　价:45.00 元

前　言

自动控制技术主要研究如何让人们脱离复杂、危险、烦琐的工作环境,在没有人直接参与的情况下,通过使用特殊的控制装置使得被控制对象或者被控过程自行按照预定的规律运行,从而极大地降低生产成本和提高生产效率。因此,自动控制技术已在制造业、农业、交通、航空、航天和航海等领域得到广泛的应用。

随着现代科学技术的飞速发展,"自动控制原理"已成为高等学校许多专业培养应用型创新人才的核心课程,也是应用性极强的一门基础理论课程,尤其是正在实现中华民族伟大复兴的中国梦的今天,越来越凸显该课程的重要性。

本书编写的指导思想是,在内容上力求贯彻少而精的原则,既覆盖教学基本要求所规定的主要内容,又适当增添部分拓宽内容。在阐述上由浅入深,简明扼要,使之符合人们认知客观事物的规律,以便于自学。同时反映现代科技发展的新成就。在体系上注重各章节的有机联系,根据笔者多年从事教学的实践和体会,对传统体系结构进行适当调整,并加强主要内容的逻辑性,以便于读者的应用和科技创新能力的培养。

本书的第1,2,5,8章由李俊华编写,第3,4章由王敏编写,第6,7章由张国强编写。全书由李俊华统稿。

西北工业大学史仪凯教授和西安交通大学阎治安教授审阅了本书,并提出宝贵的意见和修改建议。在本书编写过程中,先后得到了西北工业大学明德学院自动化系和教务科研部同志们的关心和支持,同时,借鉴了国内外同行的相关文献资料,在此一并致以诚挚的谢意。

由于水平有限,书中难免有不妥之处,恳请各位读者、同行批评指正。

编　者

2017 年 12 月

目　　录

第1章 自动控制系统导论

1.1 自动控制的定义

在许多工业生产过程或生产设备运行中,为了保证正常的工作条件,往往需要对某些物理量(如温度、压力、流量、液位、电压、位移和转速等)进行控制,使其尽量维持在某个数值附近,或使其按一定规律变化。要满足这种需要,就应该对生产机械或设备进行及时的操作,以抵消外界干扰的影响。这种操作通常称为控制,用人工操作称为人工控制,用自动装置来完成称为自动控制。

人工控制水位保持恒定的供水系统如图1-1(a)所示。水池中的水位是被控制的物理量,简称被控量。水池这个设备是被控制的对象,简称被控对象。当水位在给定位置且流入、流出量相等时,它处于平衡状态。当流出量发生变化或水位给定值发生变化时,就需要对流入量进行必要的控制。在人工控制方式下,工人先用眼观看水位情况,再用脑比较实际水位与期望水位的差异并根据经验做出决策,确定进水阀门的调节方向与幅度,然后用手操作进水阀门,最终使水位等于给定值。只要水位偏离了期望值,工人便要重复上述调节过程。

水池水位自动控制系统的一种简单形式如图1-1(b)所示。图中,用浮子代替人的眼睛,用来测量水位高低;另用一套杠杆机构代替人的大脑和手的功能,用来进行比较、计算误差并实施控制。杠杆的一端由浮子带动,另一端则连向进水阀门。当用水量增大时,水位开始下降,浮子也随之降低,通过杠杆的作用将进水阀门开大,使水位回到期望值附近。反之,若用水量变小,则水位及浮子上升,进水阀门关小,水位自动下降到期望值附近。整个过程中无须人工直接参与,控制过程是自动进行的。

图1-1(b)所示的系统虽然可以实现自动控制,但由于结构简陋而存在缺陷,主要表现在被控制的水位高度将随着出水量的变化而变化。出水量越多,水位就越低,偏离期望值就越远,误差就越大。控制的结果总存在着一定范围的误差值。这是因为当出水量增加时,为了使水位基本保持恒定不变,就得开大阀门,增加进水量。要开大进水阀门,唯一的途径是浮子要下降得更多,这意味着实际水位要偏离期望值更多。这样,整个系统就会在较低的水位上建立起新的平衡状态。

为克服上述缺点,可在原系统中增加一些设备而组成较完善的自动控制系统,如图1-2所示。这里,浮子仍是测量元件,连杆起着比较作用,它将期望水位与实际水位两者进行比较,得出误差,同时推动电位器的滑臂上下移动。电位器输出电压反映了误差的性质(大小和方向)。电位器输出的微弱电压经放大器放大后驱动直流伺服电动机,其转轴经减速器后拖动进水阀门,对系统起控制作用。

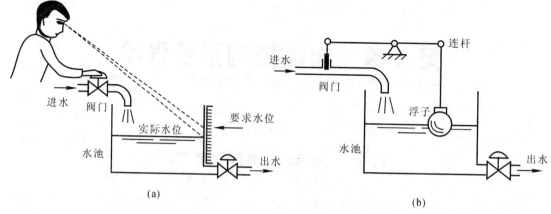

图 1-1 水位控制系统

(a)人工控制的水位系统； (b)简单的水位自动控制系统

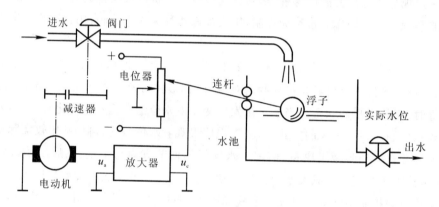

图 1-2 水位自动控制系统

在正常情况下,实际水位等于期望值,此时,电位器的滑臂居中,$u_c=0$。当出水量增大时,浮子下降,带动电位器滑臂向上移动,$u_c>0$,经放大后成为 u_a,控制电动机正向旋转,以增大进水阀门开度,促使水位回升。当实际水位恢复到期望值时,$u_c=0$,系统达到新的平衡状态。

可见,该系统在运行时,无论何种干扰引起水位出现偏差,系统都要进行调节,最终总是使实际水位等于期望值,大大提高了控制精度。由此例可知,自动控制和人工控制极为相似,自动控制系统只不过是把某些装置有机地组合在一起,以代替人的职能而已。图 1-2 中的浮子相当于人的眼睛,对实际水位进行测量;连杆和电位器类似于人的大脑,完成比较运算,给出偏差的大小和极性;电动机相当于人手,调节阀门开度,对水位实施控制。这些装置相互配合,承担着控制的职能,通常称之为控制器(或控制装置)。任何一个控制系统,都是由被控对象和控制器两部分所组成的。

1.2 自动控制的基本原理

自动控制原理是关于自动控制系统的构成、分析和设计的理论。自动控制原理的任务是研究自动控制共同规律的技术科学,为建造高性能的自动控制系统提供必要的理论基础。自动控制技术广泛应用于各种工程学科领域,并扩展到生物、医学、环境、经济管理和其他许多社会生活领域。自动控制原理作为独立的学科，与其他学科相互渗透，是一门理论性较强的工程学科。

自动控制的基本原理则是通过控制器使被控对象或过程按照预定的规律运行。自动控制结构图如图 1-3 所示。

图 1-3　自动控制结构图

自动控制理论是研究自动控制技术的基础理论，以传递函数作为描述系统的数学模型，以时域分析法、根轨迹法和频域分析法为主要分析设计工具，构成了经典控制理论的基本框架。自动控制理论研究的对象基本上是以线性定常系统为主的单输入、单输出系统。现代控制理论主要利用计算机作为系统建模、分析、设计乃至控制手段，适用于非线性和时变系统。以物理概念研究背景为基础，经典控制理论与现代控制理论的区别见表 1-1。

表 1-1　经典控制理论与现代控制理论的区别

	经典控制理论	现代控制理论
时间分界	20 世纪 60 年代，达到完善	20 世纪 60 年代，开始发展
数学工具	常微分方程，传递函数	一阶微分方程组，状态空间方程（传递函数矩阵）
研究对象	单输入、单输出系统，定常系统	多输入、多输出系统，定常和时变系统
系统变量	注重系统的输入、输出关系	研究系统输入、输出及内部变量的运动关系

1.3　自动控制系统的控制方式

最常见的控制方式有三种：开环控制、闭环控制和复合控制。对于某一个具体的系统，采取什么样的控制手段，应该根据具体的用途和目的而定。系统的控制作用不受输出影响的控制系统称开环控制系统。在开环控制系统中，输入端与输出端之间只有信号的前向通道，不存在由输出端到输入端的反馈通路。

1.3.1　开环控制系统

他激直流电动机转速控制系统就是一个开环控制系统，其结构图如图 1-4(a) 所示。它的任务是控制直流电动机以恒定的转速带动负载工作。系统的工作原理是，调节电位器 R_w 的滑臂，使其输出给定参考电压 u_r。u_r 经电压放大和功率放大后成为 u_a，送到电动机的电枢端，用来控制电动机转速。在负载恒定的条件下，他激直流电动机的转速 ω 与电枢电压 u_a 成正比，只要改变给定电压 u_r，便可得到相应的电动机转速 ω。

在本系统中，直流电动机是被控对象，电动机的转速 ω 是被控量，也称为系统的输出量或输出信号。通常把参考电压 u_r 称为系统的给定量或输入量。

就图 1-4(a) 而言，只有输入量 u_r 对输出量 ω 的单向控制作用，而输出量 ω 对输入量 u_r 却没有任何影响和联系,称这种系统为开环控制系统。

直流电动机转速开环控制系统可用图 1-4(b) 所示的方框图表示。图中用方框代表系统中具有相应职能的元部件,用箭头表示元部件之间的信号及其传递方向。电动机负载转矩 M_c 的任何变动,都会使输出量 ω 偏离希望值,这种作用称之为干扰或扰动。

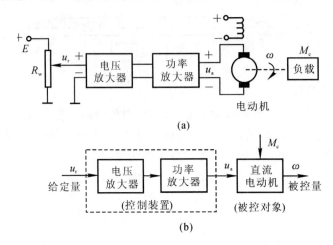

(a)

(b)

图 1-4　直流电动机转速开环控制系统

(a) 直流电动机转速开环控制系统结构图;　(b) 直流电动机转速开环控制系统方框图

1.3.2　闭环控制系统

开环控制系统精度不高和适应性不强的主要原因是缺少从系统输出到输入的反馈回路。若要提高控制精度,将被控量的值与期望值进行比较,通过控制器对被控对象施加作用,使被控对象尽可能达到期望值。反馈控制系统的典型方框图如图 1-5 所示。

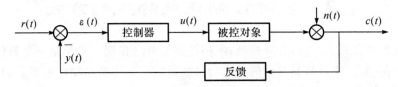

图 1-5　反馈控制系统的典型方框图

$r(t)$:输入信号,控制指令,参考输入;

$\varepsilon(t)$:偏差信号,$\varepsilon(t) = r(t) - y(t)$;

$c(t)$:输出信号,被控量;

$u(t)$:控制信号,被控对象的输入;

$n(t)$:扰动信号,干扰信号。

直流电动机转速开环控制系统结构图如图 1-6(a) 所示。加入一台测速发电机,并对电路稍作改变,便构成了如图 1-6(b) 所示的直流电动机转速闭环控制系统。

在图 1-6(a) 中,测速发电机由电动机同轴带动,它将电动机的实际转速 ω(系统输出量)测量出来,并转换成电压 u_f,再反馈到系统的输入端,与给定值电压 u_r(系统输入量)进行比较,从而得出电压 $u_e = u_r - u_f$。由于该电压能间接地反映出误差的性质(即大小和正负方向),

通常称之为偏差信号,简称偏差。偏差 u_e 经放大器放大后成为 u_a,用以控制电动机转速 ω。

直流电动机转速闭环控制系统可用图 1-6(b) 所示的方框图来表示。通常,把从系统输入量到输出量之间的通道称为前向通道;从输出量到反馈信号之间的通道称为反馈通道。方框图中用符号"$\otimes$"表示比较环节,其输出量等于各个输入量的代数和。因此,各个输入量均须用正、负号表明其极性。图中清楚地表明,由于采用了反馈回路,致使信号的传输路径形成闭合回路,使输出量反过来直接影响控制作用。这种通过反馈回路使系统构成闭环,并按偏差产生控制作用,用以减小或消除偏差的控制系统,称为闭环控制系统,或称反馈控制系统。

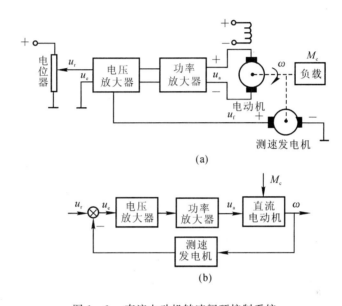

图 1-6　直流电动机转速闭环控制系统

(a) 直流电动机转速闭环控制系统结构图;　(b) 直流电动机转速闭环控制系统方框图

必须指出,在系统主反馈通道中,只有采用负反馈才能达到控制的目的。若采用正反馈,将使偏差越来越大,导致系统发散而无法工作。

闭环系统工作的本质机理是,将系统的输出信号引回到输入端,与输入信号相比较,利用所得的偏差信号对系统进行调节,达到减小偏差或消除偏差的目的。这就是负反馈控制原理,它是构成闭环控制系统的核心。

一般来说,开环控制系统结构比较简单,成本较低。开环控制系统的缺点是控制精度不高,抑制干扰能力差,而且对系统参数变化比较敏感。一般用于可以不考虑外界影响或精度要求不高的场合,如洗衣机、步进电机控制及水位调节等。

在闭环控制系统中,不论是输入信号的变化,或者干扰的影响,或者系统内部的变化,只要是被控量偏离了给定值,都会产生相应的作用去消除偏差。因此,闭环控制抑制干扰能力强,与开环控制相比,系统对参数变化不敏感,可以选用不太精密的元件构成较为精密的控制系统,获得满意的动态特性和控制精度。但是采用反馈装置需要添加元部件,增加了系统的复杂性。如果系统的结构参数选取不适当,控制过程可能变得很差,甚至出现振荡或发散等不稳定的情况。因此,合理选择系统的结构参数,是自动控制理论必须研究解决的问题。

1.3.3 复合控制系统

反馈控制只有在外部作用(输入信号或干扰)对控制对象产生影响之后才能做出相应的控制。尤其当控制对象具有较大延迟时间时,反馈控制不能及时地影响输出的变化,会影响系统输出的平稳性。前馈控制能使系统及时感受输入信号,使系统在偏差即将产生之前就注意纠正偏差。将前馈控制和反馈控制结合起来,就构成复合控制,它可以有效提高系统的控制精度。

1.4 自动控制系统的基本组成

任何一个自动控制系统都是由被控对象和控制器构成的。除被控对象外,控制装置通常是由给定元件、测量元件、比较元件、放大元件、执行机构以及校正元件组成的。典型的反馈控制系统方框图如图1-7所示。

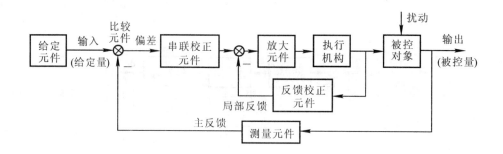

图 1-7 典型的反馈控制系统方框图

给定元件:给出系统的控制指令或参考输入信号。

比较元件:将测量到的输出信号对应值与参考输入值比较,得出偏差信号,作为控制器的输入信号。

校正元件:用来改善或提高系统的性能,常用串联的方式连接在系统中。

放大元件:用来放大偏差信号的幅值和功率,使之能够推动执行机构调节被控对象。

执行机构:用于直接对被控对象进行操作,调节被控量。

控制器:包括放大元件(将弱信号放大)和校正元件(改善系统性能),有时也包括执行元件(功率驱动)。

测量元件:监测系统中的变量,主要检测被控的物理量。

被控对象:一般是指生产过程中需要进行控制的工作机械、装置或生产过程。描述被控对象工作状态的、需要进行控制的物理量就是被控量。

控制系统的组成部分还应考虑到作用在系统上的扰动因素(负载扰动、环境因素变化等),自动控制系统的主要作用就是克服扰动对系统的影响。

1.5　自动控制系统示例

1.5.1　电压调节系统

电压调节系统工作原理如图 1-8 所示。在负载恒定，发电机输出规定电压的情况下，偏差电压 $\Delta u = u_r - u = 0$，放大器输出为零，电动机不动，励磁电位器的滑臂保持在原来的位置上，发电机的励磁电流不变，发电机在电动机带动下维持恒定的输出电压。当负载增加使发电机输出电压低于规定电压时，输出电压经反馈后与给定电压比较后所得的偏差电压 $\Delta u = u_r - u > 0$，放大器输出电压 u_1 便驱动电动机带动励磁电位器的滑臂顺时针旋转，使励磁电流增加，发电机输出电压 u 上升。直到 u 达到规定电压 u_r 时，电动机停止转动，输出满足要求的电压。

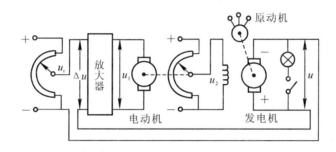

图 1-8　电压调节系统工作原理图

电压调节系统中，发电机是被控对象，发电机的输出电压是被控量，给定量是给定电位器设定的电压 u_r。电压调节系统如图 1-9 所示。

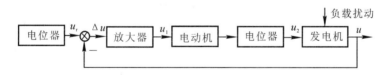

图 1-9　电压调节系统方框图

1.5.2　函数记录仪

函数记录仪是一种通用记录仪，它可以在直角坐标系上自动描绘两个电量的函数关系。同时，记录仪还带有走纸机构，用以描绘一个电量对时间的函数关系。

函数记录仪通常由衰减器、测量元件、放大元件、伺服电动机、测速机组、齿轮系及绳轮等组成，其工作原理如图 1-10 所示。系统的输入（给定量）是待记录电压，被控对象是记录笔，笔的位移是被控量。系统的任务是控制记录笔位移，在纸上描绘出待记录的电压曲线。在图 1-10 中，测量元件是由电位器 R_Q 和 R_M 组成的桥式测量电路，记录笔就固定在电位器 R_M 的滑臂上，因此，测量电路的输出电压 u_p 与记录笔位移 L 成正比。当有慢变的输入电压 u_r 时，在放大元件输入口得到偏差电压 $\Delta u = u_r - u_p$，经放大后驱动伺服电动机，并通过齿轮减速器及绳轮带动记录笔移动,同时使偏差电压减小。当偏差电压 $\Delta u = 0$ 时,电动机停止转动,记录笔也静止不动。此时 $u_p = u_r$,表明记录笔位移 L 与输入电压相对应。如果输入电压随时间连续变化,记录笔便描绘出相应的电压曲线。

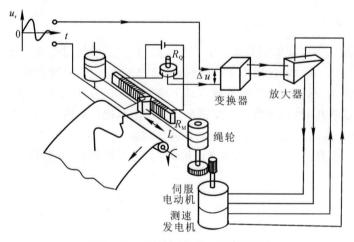

图 1-10   函数记录仪工作原理图

函数记录仪方框图如图 1-11 所示。其中,测速发电机是校正元件,它测量电动机转速并进行反馈,用以增加阻尼,改善系统性能。

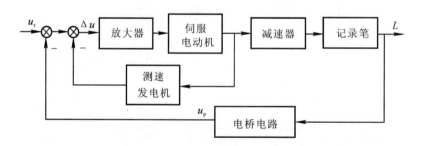

图 1-11   函数记录仪控制系统方框图

1.6   自动控制系统的分类及基本要求

1. 依据信号的连续性分类

(1) 连续系统,系统中的信号均是时间连续函数;

(2) 离散系统,系统中含有离散信号(在时间上不连续)。

2. 依据系统的线性性质分类

(1) 线性系统,系统的动态特性可用线性微分或差分方程描述;

(2) 非线性系统,不能用线性方程描述的系统。

3. 依据系统参数特征分类

(1) 定常系统,也称为时不变系统,系统的参数都是常数;

(2) 时变系统,系统中有的参数是时间函数。

4.依据控制目标分类

(1) 恒值控制系统,系统的参考输入信号是恒值,控制目标是保持系统输出不变。

(2) 随动控制系统,系统的参考输入信号是已知或未知的时间函数,控制目标是保证系统输出及时准确地跟随参考输入变化。

(3) 程序控制系统,系统的参考输入信号是事先已知的时间信号。

(4) 最优控制系统,使控制系统的指定目标函数最优(通常是取值最小)。

实际物理系统一般都含有储能元件或惯性元件,因而系统的输出量和反馈量总是滞后于输入量的变化。因此,当输入量发生变化时,输出量从原平衡状态变化到新的平衡状态总是要经历一定的时间。在输入量的作用下,系统的输出变量由初始状态达到最终稳态的中间变化过程称过渡过程,又称瞬态过程。过渡过程结束后的输出响应称为稳态过程。系统的输出响应由过渡过程和稳态过程组成。

不同的控制对象、不同的工作方式和控制任务,对系统的品质指标要求也往往不相同。一般来说,对系统品质指标的基本要求可以归纳为三个字:稳、准、快。

稳定性:稳定性是系统重新恢复平衡状态的能力。任何一个能够正常工作的控制系统,首先必须是稳定的。稳定是对自动控制系统的最基本要求。

准确性:准确性是对系统稳态(静态)性能的要求。对一个稳定的系统而言,过渡过程结束后,系统输出量的实际值与期望值之差称为稳态误差,它是衡量系统控制精度的重要指标。稳态误差越小,表示系统的准确性越好,控制精度越高。

快速性:快速性是对系统动态性能(过渡过程性能)的要求。描述系统动态性能可以用平稳性和快速性加以衡量。平稳指系统由初始状态运动到新的平衡状态时,具有较小的过调和振荡性;快速指系统运动到新的平衡状态所需要的调节时间较短。动态性能是衡量系统质量高低的重要指标。

本 章 小 结

自动控制理论中常用的术语:被控对象,参考输入信号(给定值信号),扰动信号、偏差信号,被控量,控制量和自动控制系统。

自动控制系统的组成及其方框图,自动控制系统的分类方法。

开环控制系统和闭环控制系统概念(实际生产过程的自动控制系统,绝大多数是闭环控制系统,即负反馈控制系统)。

对自动控制系统的性能要求,即稳定性、快速性和准确性。自动控制系统的最基本要求首先是稳,然后进一步的要求是快和准,当后两者存在矛盾时,设计自动控制系统要兼顾两方面的要求。

习 题

1-1　根据图 1-12 所示的电动机速度控制系统工作原理图完成:

(1)将 a,b 与 c,d 用线连接成负反馈状态;

(2)画出系统方框图。

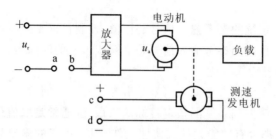

图 1-12　电动机速度控制原理图

1-2　图 1-13 所示是仓库大门自动控制系统原理示意图。试说明系统自动控制大门开、闭的工作原理,并画出系统方框图。

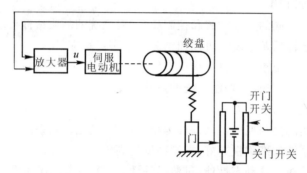

图 1-13　仓库大门自动控制系统原理图

1-3　恒温箱的温度自动控制系统原理如图 1-14 所示。
(1)画出系统的方框图;
(2)简述保持恒温箱温度恒定的工作原理;
(3)指出该控制系统的被控对象和被控变量分别是什么。

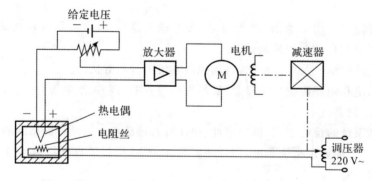

图 1-14　恒温箱的温度自动控制系统原理图

1-4　图 1-15 所示是控制导弹发射架方位的电位器式随动系统原理图。图中电位器 P_1,P_2 并联后跨接到同一电源 E_0 的两端,其滑臂分别与输入轴和输出轴相连接,组成方位角的给定元件和测量反馈元件。输入轴由手轮操纵;输出轴则由直流电动机经减速后带动,电动机采用电枢控制的方式工作。

试分析系统的工作原理,指出系统的被控对象、被控量和给定量,画出系统的方框图。

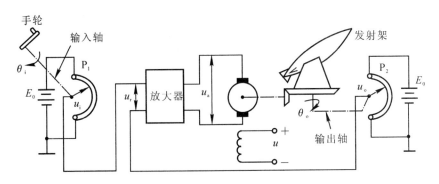

图 1-15　导弹发射架方位角控制系统原理图

　　1-5　图 1-16 所示是采用离心调速器的蒸汽机转速自动控制系统原理图。其工作原理是,当蒸汽机带动负载转动时,通过圆锥齿轮带动一对飞锤作水平旋转。飞锤通过铰链可带动套筒上、下滑动,套筒内装有平衡弹簧,套筒上、下滑动时可拨动杠杆,杠杆另一端通过连杆调节供汽阀门的开度。当蒸汽机正常运行时,飞锤旋转所产生的离心力与弹簧的反弹力相平衡,套筒保持某个高度,使阀门处于一个平衡位置。如果由于负载增大使蒸汽机转速 ω 下降,则飞锤因离心力减小而使套筒向下滑动,并通过杠杆增大供汽阀门的开度,从而使蒸汽机的转速回升。同理,如果由于负载减小使蒸汽机的转速 ω 增加,则飞锤因离心力增加而使套筒上滑,并通过杠杆减小供汽阀门的开度,迫使蒸汽机转速回落。这样,离心调速器就能自动地抵制负载变化对转速的影响,使蒸汽机的转速 ω 保持在某个期望值附近。

　　指出系统中的被控对象、被控量和给定量,画出系统的方框图。

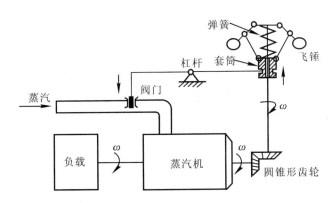

图 1-16　蒸汽机转速自动控制系统原理图

　　1-6　摄像机角位置自动跟踪系统如图 1-17 所示。当光点显示器对准某个方向时,摄像机会自动跟踪并对准这个方向。试分析系统的工作原理,指出被控对象、被控量及给定量,画出系统的方框图。

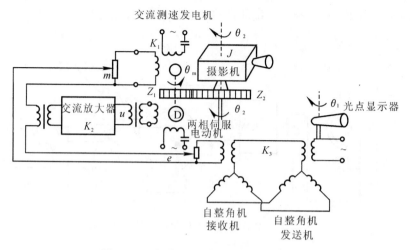

图 1-17 摄像机角位置随动系统原理图

1-7 图 1-18(a)(b)所示的系统均为电压调节系统工作原理图。假设空载时两系统发电机端电压均为 110 V,试问带上负载后,图 1-18(a)(b)中哪个能保持 110 V 不变?哪个电压会低于110 V? 为什么?

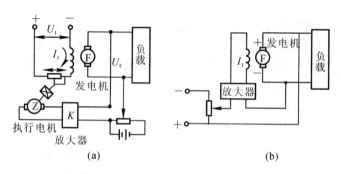

图 1-18 电压调节系统工作原理图

1-8 图 1-19 所示为水温控制系统原理图。冷水在热交换器中由通入的蒸汽加热,从而得到一定温度的热水。冷水流量变化用流量计测量。试绘制系统方块图,并说明为了保持热水温度为期望值,系统是如何工作的,系统的被控对象和控制装置各是什么?

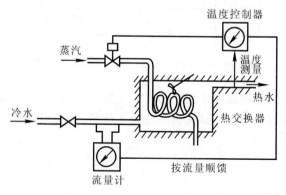

图 1-19 水温控制系统原理图

1-9　许多机器,像车床、铣床和磨床,都配有跟随器,用来复现模板的外形。图1-20所示就是这样一种跟随系统的原理图。在此系统中,刀具能在原料上复制模板的外形。试说明其工作原理,并画出系统方框图。

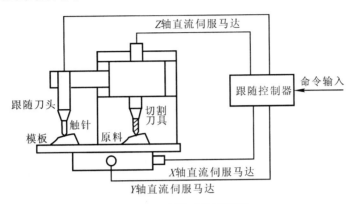

图 1-20　跟随系统原理图

1-10　图1-21(a)(b)所示均为调速系统工作原理图。

(1)分别画出图1-21(a)(b)所示系统的方框图,并给出图1-21(a)所示系统正确的反馈连线方式。

(2)指出在恒值输入条件下,图1-21(a)(b)所示系统中哪个是有差系统,哪个是无差系统,并说明其道理。

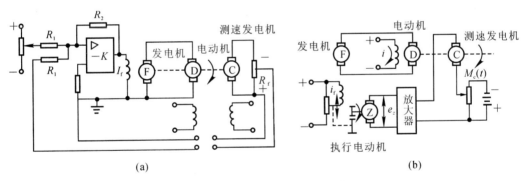

(a)　　　　　　　　　　　　　　　　(b)

图 1-21　调速系统工作原理图

第2章 自动控制系统的数学模型

研究一个自动控制系统,除了对系统进行定性分析外,还必须进行定量分析,进而探讨改善系统稳态和动态性能的具体方法。控制系统的数学模型是根据系统的动态特性,即通过决定系统特征的物理学定律,如机械、电气、热力、液压和气动等方面的基本定律而写成的。它代表系统在运动过程中各变量之间的相互关系。因此,要分析和研究一个控制系统的动态特性,就需要列写该系统的运动方程式,即数学模型。

2.1 控制系统的时域数学模型

常用的列写系统各环节的动态微分方程式的方法有两种:一种是机理分析法,即根据各环节所遵循的物理规律(如力学、电磁学、运动学和热学等)来列写。另一种方法是实验辨识法,即根据实验数据进行整理列写。在实际工作中,这两种方法是相辅相成的,由于机理分析法是基本的常用方法,本节着重讨论这种方法。本节通过简单示例介绍机理分析法的一般步骤。

例 2-1 RLC无源网络结构示意图如图2-1所示,图中,R,L 和 C 分别是电路的电阻、电感和电容值。试列写输入电压 $u_r(t)$ 与输出电压 $u_c(t)$ 之间的微分方程。

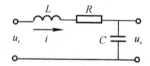

图 2-1 RLC无源网络结构示意图

解 (1)明确输入、输出量。网络的输入量为电压 $u_r(t)$,输出量为电压 $u_c(t)$。

(2)根据基尔霍夫电压定律列出原始微分方程式。根据电路理论得

$$u_r = L\frac{di(t)}{dt} + \frac{1}{C}\int i(t)dt + Ri(t) \tag{2-1}$$

而

$$u_c(t) = \frac{1}{C}\int i(t)dt \tag{2-2}$$

式中,$i(t)$ 为网络电流,是除输入、输出量之外的中间变量。

(3)消去中间变量。将式(2-2)两边求导,得

$$\frac{du_c(t)}{dt} = \frac{1}{C}i(t) \quad 或 \quad i(t) = C\frac{du_c(t)}{dt} \tag{2-3}$$

代入式(2-1),整理得

$$LC\frac{d^2 u_c(t)}{dt^2} + RC\frac{du_c(t)}{dt} + u_c(t) = u_r(t) \tag{2-4}$$

显然,这是一个二阶线性微分方程,也就是图2-1所示RLC无源网络的数学模型。

例 2-2 弹簧-质量-阻尼器系统结构如图2-2所示。其中,K 为弹簧的弹性系数,f 为阻尼器的阻尼系数,m 表示小车的质量。如果忽略小车与地面的摩擦,试列写以外力 $F(t)$ 为输入,以位移 $y(t)$ 为输出的系统微分方程。

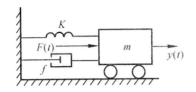 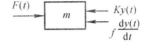

图 2-2 弹簧-质量-阻尼器系统结构图 　图 2-3 小车受力图

解 这是一个力学系统。首先对小车进行隔离体受力分析,如图 2-3 所示。 在水平方向上应用牛顿第二定律可写出

$$F(t) - f\frac{\mathrm{d}y(t)}{\mathrm{d}t} - Ky(t) = m\frac{\mathrm{d}^2 y(t)}{\mathrm{d}t^2} \tag{2-5}$$

若令

$$T = \sqrt{\frac{m}{K}}, \quad \xi = \frac{f}{2\sqrt{mK}}$$

则化简为标准形式为

$$T^2\frac{\mathrm{d}^2 y(t)}{\mathrm{d}t^2} + 2\xi T\frac{\mathrm{d}y(t)}{\mathrm{d}t} + y(t) = \frac{F(t)}{K} \tag{2-6}$$

例 2-3 试列写图 2-4 所示电枢控制式直流电动机原理图的微分方程。图中,电枢电压 $u_a(t)$ 为输入量,电动机转速 $\omega(t)$ 为输出量。R_a,L_a 分别是电枢电路的电阻和电感,$M_c(t)$ 是折合到电动机轴上的总负载转矩。假设激磁电流 i_f 为常值。

解 这是一个电学-力学系统。电枢控制式直流电动机将输入的电能转换为机械能,其工作原理是,由输入的电枢电压 $u_a(t)$ 在电枢回路中产生电枢电流 $i_a(t)$,再由电流 $i_a(t)$ 与激磁磁通相互作用对电动机转子产生电磁转矩 $M_m(t)$,从而拖动负载运动。电动机的微分方程由以下三部分组成。

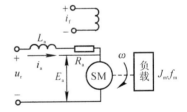

图 2-4 电枢控制式直流电动机原理图

(1)电枢回路电压平衡方程为

$$u_a(t) = L_a\frac{\mathrm{d}i_a(t)}{\mathrm{d}t} + R_a i_a(t) + E_a \tag{2-7}$$

式中,E_a 是电枢旋转时产生的反电动势,其大小与转速成正比,即 $E_a = C_e\omega(t)$,$C_e(\mathrm{V/(rad \cdot s^{-1})})$ 是反电动势系数。

(2)电磁转矩方程为

$$M_m(t) = C_m(t)i_a(t) \tag{2-8}$$

式中,$C_m(\mathrm{N \cdot m/A})$ 是电动机转矩系数;$M_m(t)$ 是电枢电流产生的电磁转矩。

(3)电动机轴上的转矩平衡方程为

$$J_m\frac{\mathrm{d}\omega(t)}{\mathrm{d}t} + f_m\omega(t) = M_m(t) - M_c(t) \tag{2-9}$$

式中,$f_m(\mathrm{N \cdot m/(rad \cdot s^{-1})})$ 是电动机和负载折合到电动机轴上的黏性摩擦因数;$J_m(\mathrm{kg \cdot m^2})$ 是电动机和负载折合到电动机轴上的转动惯量。

由式(2-7)～式(2-9)中消去中间变量 $i_a(t)$,E_a,$M_m(t)$,便可得到以 $\omega(t)$ 为输出量,以 $u_a(t)$ 为输入量的电动机微分方程

$$L_a J_m \frac{d^2 \omega(t)}{dt^2} + (L_a f_m + R_a J_m) \frac{d\omega(t)}{dt} + (R_a f_m + C_m C_e) \omega(t) =$$

$$C_m u_a(t) - L_a \frac{dM_c(t)}{dt} - R_a M_c(t) \qquad (2-10)$$

可见,式(2-10)为二阶线性微分方程。在工程应用中,由于电枢电路电感 L_a 较小,通常可忽略不计,因而式(2-10)可简化成

$$T_m \frac{d\omega(t)}{dt} + \omega(t) = K_a u_a(t) - K_c M_c(t) \qquad (2-11)$$

式中, $T_m = \dfrac{R_a J_m}{R_a f_m + C_m C_e}$ 是电动机的机电时间常数(单位:s); $K_a = \dfrac{C_m}{R_a f_m + C_m C_e}$; $K_c = \dfrac{R_a}{R_a f_m + C_m C_e}$ 是电动机的传动系数。

若 T_m,K_a,K_c 均为常数,则式(2-11)就是一个一阶常系数线性微分方程。

另外,在随动系统中,也常常以电动机的转角 $\theta(t)$ 作为输出量,将 $\omega(t) = \dfrac{d\theta(t)}{dt}$ 代入式 (2-11),有

$$T_m \frac{d\theta^2(t)}{dt^2} + \frac{d\theta}{dt} = K_a u_a(t) - K_c M_c(t) \qquad (2-12)$$

例 2-4 如图 1-6(a) 所示电动机转速闭环控制系统,试列写其微分方程。

解 给定电压 $u_r(t)$ 为输入量,电动机转速 $\omega(t)$ 为输出量。从产生偏差的元件开始,按信号流通方向依次写出组成该系统各元件的微分方程。

(1)测量元件:测速发电机作为测量元件,它可将系统输出角速度 $\omega(t)$ 转换成相应的电压 $u_f(t)$,即

$$u_f(t) = K_t \omega(t) \qquad (2-13)$$

式中,K_t 是测速发电机的传递函数,可看作常数。

(2)比较元件:比较元件将反馈电压 $u_f(t)$ 与给定电压 $u_r(t)$ 进行比较,并产生偏差电压 $u_e(t)$,即

$$u_e(t) = u_r(t) - u_f(t) \qquad (2-14)$$

(3)放大元件:包括电压放大器和功率放大器两部分,作用是对偏差电压 $u_e(t)$ 进行电压和功率放大,即

$$u_a(t) = K u_e(t) \qquad (2-15)$$

式中,K 是电压放大器和功率放大器的放大系数,为常数。

(4)执行元件:直流电动机作为执行元件,它将电枢电压 $u_a(t)$ 转换成电动机转子轴的角速度 $\omega_1(t)$,根据式(2-12)可知,直流电动机的微分方程为

$$T_m \frac{d\omega_1(t)}{dt} + \omega_1(t) = K_a u_a(t) - K_c M_c(t) \qquad (2-16)$$

(5)减速器:减速器是用来减速并增大力矩的,其微分方程为

$$\frac{\omega(t)}{\omega_1(t)} = \frac{1}{i} \qquad (2-17)$$

式中,i 是减速器的传动比,为常数。联立式(2-15)~式(2-17),消去中间变量 $u_f(t)$,$u_e(t)$,$u_a(t)$,$\omega_1(t)$,可得电动机转速控制系统的微分方程为

$$\frac{\mathrm{d}\omega(t)}{\mathrm{d}t} + \left(\frac{i + KK_{\mathrm{a}}K_{\mathrm{t}}}{iT_{\mathrm{m}}}\right)\omega(t) = \frac{KK_{\mathrm{a}}}{iT_{\mathrm{m}}}u_{\mathrm{r}}(t) - \frac{K_{\mathrm{c}}}{iT_{\mathrm{M}}}M_{\mathrm{c}}(t) \qquad (2-18)$$

从上述系统或元部件的微分方程可以看出,不同类型的元件或系统可具有形式相同的数学模型。例如,例 2-1 和例 2-2 系统的数学模型均是二阶微分方程,例 2-3 和例 2-4 系统的数学模型均为一阶微分方程。

2.2　控制系统的复域数学模型

建立系统数学模型的目的是为了对系统的性能进行分析。在给定外作用及初始条件下,求解微分方程就可以得到系统的输出响应。这种方法比较直观,特别是借助于电子计算机可以迅速而准确地求得结果。但是如果系统的结构改变或某个参数变化时,就要重新列写并求解微分方程,这不便于对系统的分析和设计。

拉氏变换是求解线性微分方程的简捷方法。当采用这一方法时,微分方程的求解问题化为代数方程和查表求解的问题,这样就使计算大为简便。更重要的是,由于采用了这一方法,能把以线性微分方程式描述系统的动态性能的数学模型,转换为在复数域的代数形式的数学模型 —— 传递函数。传递函数不仅可以表征系统的动态性能,而且可以用来研究系统的结构或参数变化对系统性能的影响。经典控制理论中广泛应用的频率法和根轨迹法,就是以传递函数为基础建立起来的,传递函数是经典控制理论中最基本和最重要的概念。

2.2.1　传递函数

1. 定义

线性定常系统的传递函数,定义为在零初始条件下,系统输出量的拉氏变换与输入量的拉氏变换之比。设线性定常系统由下述 n 阶线性常微分方程描述:

$$a_0\frac{\mathrm{d}^n}{\mathrm{d}t^n}y(t) + a_1\frac{\mathrm{d}^{n-1}}{\mathrm{d}t^{n-1}}y(t) + \cdots + a_{n-1}\frac{\mathrm{d}}{\mathrm{d}t}y(t) + a_ny(t) =$$
$$b_0\frac{\mathrm{d}^m}{\mathrm{d}t^m}u(t) + b_1\frac{\mathrm{d}^{m-1}}{\mathrm{d}t^{m-1}}u(t) + \cdots + b_{m-1}\frac{\mathrm{d}}{\mathrm{d}t}u(t) + b_mu(t)$$
$$(2-19)$$

式中, $y(t)$ 是系统的输出量; $u(t)$ 是系统的输入量; $a_i(i=1,2,\cdots,n)$ 和 $b_j(j=1,2,\cdots,m)$ 是与系统结构和参数有关的常系数。设 $u(t)$ 和 $y(t)$ 及各阶导数在 $t=0$ 时的值均为零,即在零初始条件下,则对式(2-19)中各项分别求拉氏变换,并令 $Y(s)=\mathscr{L}[y(t)]$, $U(s)=\mathscr{L}[u(t)]$,可得 s 的代数方程为

$$[a_0s^n + a_1s^{n-1} + \cdots + a_{n-1}s + a_n]Y(s) = [b_0s^m + b_1s^{m-1} + \cdots + b_{m-1}s + b_m]U(s)$$
$$(2-20)$$

于是,由定义得系统传递函数为

$$G(s) = \frac{Y(s)}{U(s)} = \frac{b_0s^m + b_1s^{m-1} + \cdots + b_{m-1}s + b_m}{a_0s^n + a_1s^{n-1} + \cdots + a_{n-1}s + a_n} \qquad (2-21)$$

2. 性质

传递函数具有以下性质:

(1) 传递函数是复变量 s 的有理真分式函数,具有复变函数的所有性质。 $m \leqslant n$ 且所有系

数均为实数。

（2）传递函数是系统或元件数学模型的另一种形式，是一种用系统参数表示输出量与输入量之间关系的表达式。它只取决于系统或元件的结构和参数，而与输入量的形式无关，也不反映系统内部的任何信息。

（3）传递函数与微分方程有相通性。只要把系统或元件微分方程中各阶导数用相应阶次的变量 s 代替，就很容易求得系统或元件的传递函数。

（4）传递函数 $G(s)$ 的拉氏反变换是脉冲响应 $g(t)$。

$g(t)$ 是系统在单位脉冲 $\delta(t)$ 输入时的输出响应。此时 $U(s)=\mathscr{L}[\delta(t)]=1$，故有 $g(t)=\mathscr{L}^{-1}[Y(s)]=\mathscr{L}^{-1}[G(s)U(s)]=\mathscr{L}^{-1}[G(s)]$。

对于简单的系统或元件，首先列出它的输出量与输入量的微分方程，求其在零初始条件下的拉氏变换，然后由输出量与输入量的拉氏变换之比，即可求得系统的传递函数。对于较复杂的系统或元件，可以先将其分解成各局部环节，求得各环节的传递函数，然后利用本章所介绍的结构图变换法则，计算系统的传递函数。

下面举例说明求取简单环节的传递函数的步骤。

例 2-5 图 2-1 所示 RLC 无源网络的微分方程为

$$LC\frac{d^2 u_c(t)}{dt^2}+RC\frac{du_c(t)}{dt}+u_c(t)=u_r(t)$$

当初始条件为零时，拉氏变换为

$$(LCs^2+RCs+1)U_c(s)=U_r(s)$$

则传递函数为

$$G(s)=\frac{U_c(s)}{U_r(s)}=\frac{1}{LCs^2+RCs+1}$$

2.2.2 典型环节的传递函数

一个物理系统是由许多元件组合而成的。虽然各种元件的具体结构和作用原理是多种多样的，但若抛开其具体结构和物理特点，研究其运动规律和数学模型的共性，就可以划分成为数不多的几种典型环节。这些典型环节有比例环节、微分环节、积分环节、比例微分环节、一阶惯性环节、二阶振荡环节和延迟环节。应该指出，由于典型环节是按数学模型的共性划分的，它和具体元件不一定是一一对应的。换句话说，典型环节只代表一种特定的运动规律，不一定是一种具体的元件。

1. 比例环节

比例环节又称放大环节，其输出量与输入量之间的关系为一种固定的比例关系。这就是说，它的输出量能够无失真、无滞后地按一定的比例复现输入量。比例环节的表达式为

$$y(t)=Ku(t) \tag{2-22}$$

比例环节的传递函数为

$$G(s)=\frac{Y(s)}{U(s)}=K \tag{2-23}$$

在物理系统中，无弹性变形的杠杆、非线性和时间常数可以忽略不计的电子放大器、传动链转速比以及测速发电机的电压和转速的关系，都可以认为是比例环节。但是也应指出，完全理想的比例环节在实际上是不存在的。杠杆和传动链中总存在弹性变形，输入信号的频率改

变时,电子放大器的放大系数也会发生变化,测速发电机电压与转速之间的关系也不完全是线性关系。因此,把上述这些环节当作比例环节是一种理想化的方法。在很多情况下,这样做既不影响问题的性质,又能使分析过程简化。但一定要注意理想化的条件和适用范围,以免导致错误的结论。

2. 微分环节

微分环节是自动控制系统中经常应用的环节。

(1) 理想微分环节。理想微分环节的特点是在暂态过程中,输出量为输入量的微分,即

$$y(t) = \tau \frac{\mathrm{d}u(t)}{\mathrm{d}t} \qquad (2-24)$$

式中,τ 为时间常数。

其传递函数为

$$G(s) = \frac{Y(s)}{U(s)} = \tau s \qquad (2-25)$$

(2) 实际微分环节。这种理想的微分环节在实际中很难实现。如图 2-5(a) 所示的 RC 串联电路是实际中常用的微分环节的例子。

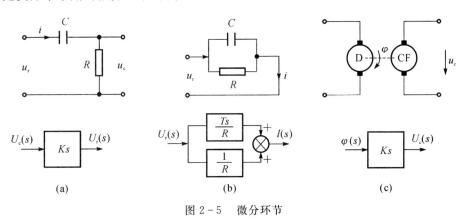

图 2-5　微分环节

图 2-5(a) 所示的电路的微分方程为

$$u_r = \frac{1}{C}\int i\mathrm{d}t + iR$$

$$iR = u_c$$

消去中间变量得

$$u_r = \frac{1}{RC}\int u_c\mathrm{d}t + u_c \qquad (2-26)$$

相应的传递函数为

$$G(s) = \frac{U_c(s)}{U_r(s)} = \frac{T_c s}{T_c s + 1} \qquad (2-27)$$

式中

$$T_c = RC$$

当 $RC \ll 1$ 时,则其传递函数可以写成

$$G(s) = \frac{U_c(s)}{U_r(s)} = T_c s$$

（3）比例微分环节。图 2-5(b) 所示的 RC 电路也是微分环节。它与图 2-5(a) 所示的微分电路稍有不同，其输入量为电压 u_r，输出量为回路电流 i。由电路原理知，当输入电压 u_r 发生变化时，有

$$i = C \frac{\mathrm{d}u_r}{\mathrm{d}t} + \frac{u_r}{R}$$

因此，该电路的传递函数为

$$G(s) = \frac{I(s)}{U_r(s)} = \frac{1}{R} + \frac{1}{R} Ts \qquad (2-28)$$

式中，$T = RC$ 为微分时间常数。具有这种传递函数形式的环节为比例微分环节。

3. 积分环节

积分环节的动态方程为

$$\frac{\mathrm{d}y(t)}{\mathrm{d}t} = Ku(t) \qquad (2-29)$$

式(2-29) 表明，积分环节的输出量与输入量的积分成正比。对应的传递函数为

$$G(s) = \frac{Y(s)}{U(s)} = \frac{K}{s} \qquad (2-30)$$

由运算放大器组成的积分器如图 2-6 所示，其输入电压 $u_r(t)$ 和输出电压 $u_c(t)$ 之间的关系为

$$C \frac{\mathrm{d}u_c(t)}{\mathrm{d}t} = \frac{1}{R} u_r(t)$$

对上式进行拉氏变换，可以求出传递函数为

$$G(s) = \frac{U_c(s)}{U_r(s)} = \frac{1}{RC} \frac{1}{s}$$

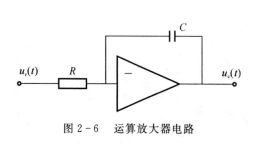

图 2-6 运算放大器电路   图 2-7 RC 电路

4. 一阶惯性环节

自动控制系统中经常包含这种环节，这种环节具有一个储能元件。一阶惯性环节的微分方程为

$$T \frac{\mathrm{d}y(t)}{\mathrm{d}t} + y(t) = Ku(t)$$

其传递函数为

$$G(s) = \frac{Y(s)}{U(s)} = \frac{K}{Ts + 1} \qquad (2-31)$$

式中，K 为比例系数；T 为时间常数。

如图 2-7 所示的 RC 电路就是一阶惯性环节的例子。

对于图 2-7 所示的 RC 电路，其输入电压 $u_r(t)$ 和输出电压 $u_c(t)$ 之间的关系为

$$RC \frac{du_c(t)}{dt} + u_c(t) = u_r(t)$$

对上式进行拉氏变换，可以求出传递函数为

$$G(s) = \frac{U_c(s)}{U_r(s)} = \frac{1}{RCs + 1}$$

5. 二阶振荡环节

二阶振荡环节的微分方程为

$$T^2 \frac{d^2}{dt^2} y(t) + 2\zeta T \frac{d}{dt} y(t) = Ku(t) \tag{2-32}$$

其传递函数为

$$G(s) = \frac{Y(s)}{U(s)} = \frac{K}{T^2 s^2 + 2\zeta T s + 1} = \frac{\omega_n^2}{s^2 + 2\zeta \omega_n s + \omega_n^2} \tag{2-33}$$

式中，T 为时间常数；ζ 为阻尼系数（阻尼比）；ω_n 为无阻尼自然振荡频率。对于振荡环节恒有 $0 \leqslant \xi < 1$。

6. 延迟环节

延迟环节的特点是，其输出信号比输入信号滞后一定的时间。其数学表达式为

$$c(t) = r(t - \tau) \tag{2-34}$$

由拉氏变换的平移定理，可求得输出量在零初始条件下的拉氏变换为

$$Y(s) = U(s)e^{-\tau s}$$

因此，延迟环节的传递函数为

$$G(s) = \frac{Y(s)}{U(s)} = e^{-\tau s} \tag{2-35}$$

在生产实际中，特别是在一些液压、气动或机械传动系统中，都可能遇到时间滞后现象。在计算机控制系统中，由于运算需要时间，也会出现时间延迟。

2.3　系统结构图及其等效变换

一个控制系统总是由许多元件组合而成的。从信息传递的角度去看，可以把一个系统划分为若干环节，每一个环节都有对应的输入量、输出量以及它们的传递函数。为了表明每一个环节在系统中的功能，在控制工程中常常应用"结构图"的概念。控制系统的结构图是描述系统各元部件之间信号传递关系的数学图形，它表示了系统中各变量之间的因果关系以及对各变量所进行的运算，是控制理论中描述复杂系统的一种简便计算。

2.3.1　系统结构图

控制系统的结构图是由许多对信号进行单向运算的方框和一些信号流向线组成的，它包含下述四种基本单元。

（1）信号线。信号线是带有箭头的直线，箭头表示信号的流向，在直线旁标记信号的时间函数或象函数（见图 2-8(a)）。

（2）引出点（或测量点）。引出点表示信号引出或测量的位置。从同一位置引出的信号在

数值和性质方面完全相同(见图 2-8(b) 引出点)。

(3) 比较点。比较点表示对两个以上的信号进行加减运算，"+"号表示信号相加，"-"号表示相减，"+"号可以省略不写(见图 2-8(c))。

(4) 方框(或环节)。方框表示对信号进行的数学变换。方框中写入环节或系统的传递函数(见图 2-8(d))。显然，方框的输出量等于方框的输入量与传递函数的乘积，即

$$Y(s) = G(s)U(s)$$

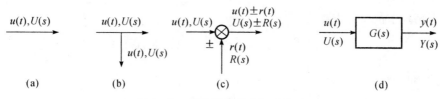

图 2-8　结构图的基本组成单元

绘制系统结构图时，首先分别列写系统各环节的传递函数，并将它们用方框表示；然后，按照信号的传递方向用信号线依次将各方框连接起来便得到系统的结构图。

现以例 2-4 所示速度控制系统为例说明系统结构图的绘制方法。

通过分析例 2-4 可知控制系统由给定电位器、运算放大器 I(含比较作用)、运算放大器 II(含 RC 校正网络)、功率放大器、测速发电机和减速器等部分组成。其对应各元部件的微分方程已在例 2-4 中求出。

1. 运算放大器 I

$$u_1 = K_1(u_g - u_f)$$

则

$$U_1(s) = K_1(U_g(s) - U_f(s))$$

2. 运算放大器 II

$$u_2 = K_2\left(\tau\frac{du_1}{dt} + u_1\right)$$

其拉氏变换为

$$U_2(s) = K_2(\tau s + 1)U_1(s)$$

3. 功率放大器

$$u_a = K_3 u_2$$

即

$$U_a(s) = K_3 U_2(s)$$

4. 直流电动机

$$T_m\frac{d\omega_m(t)}{dt} + \omega_m(t) = K_m u_a(t) - K_c M'_c(t)$$

则在初始条件为零时的拉氏变换为

$$\omega_m(s) = \frac{K_m}{T_m s + 1}U_a(s) - \frac{K_c}{T_m s + 1}M'_c(s)$$

5. 齿轮系

$$\omega = \frac{1}{i}\omega_m$$

于是有

$$\omega(s) = \frac{1}{i}\omega_m(s)$$

6．测速发电机

$$u_f = K_t\omega$$

即

$$U_f(s) = K_t\omega(s)$$

将上面各环节的方框图按照信号的传递方向用信号线依次连接起来，就得到速度控制系统的结构图，如图 2-9 所示。

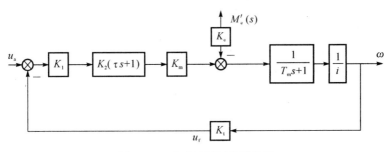

图 2-9　速度控制系统结构图

2.3.2　结构图等效变换

结构图是从具体系统中抽象出来的数学结构图形，当只讨论系统的输入、输出特性，而不考虑它的具体结构时，完全可以对其进行必要的变换，当然，这种变换必须是"等效的"，应使变换前、后输入量与输出量之间的传递函数保持不变。下面依据等效原理推导结构图变换的一般法则。

1．串联环节的等效变换

图 2-10(a) 表示两个环节串联的结构。由图可写出

$$C(s) = G_2(s)U(s) = G_2(s)G_1(s)R(s)$$

因此两个环节串联后的等效传递函数为

$$G(s) = \frac{C(s)}{R(s)} = G_2(s)G_1(s) \tag{2-36}$$

其等效结构图如图 2-10(b) 所示。

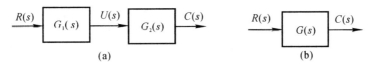

图 2-10　两个环节串联的等效变换

上述结论可以推广到任意个环节串联的情况，即各环节串联后的总传递函数等于各个串联环节传递函数的乘积。

2．并联环节的等效变换

图 2-11(a) 表示两个环节并联的结构。由图可写出

$$C(s) = G_1(s)R(s) \pm G_2(s)R(s) = [G_1(s) \pm G_2(s)]R(s)$$

因此两个环节并联后的等效传递函数为

$$G(s) = G_1(s) \pm G_2(s) \tag{2-37}$$

其等效结构图如图2-11(b)所示。

上述结论可以推广到任意个环节并联的情况,即各环节并联后的总传递函数等于各个并联环节传递函数的代数和。

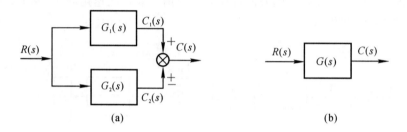

(a)   (b)

图2-11　两个环节并联的等效变换

3. 反馈连接的等效变换

图2-12(a)所示为反馈连接的一般形式。由图可写出

$$C(s) = G(s)E(s) = G(s)[R(s) \pm B(s)] = G(s)[R(s) \pm H(s)C(s)]$$

可得

$$C(s) = \frac{G(s)}{1 \mp G(s)H(s)} R(s)$$

因此反馈连接后的等效(闭环)传递函数为

$$\Phi(s) = \frac{G(s)}{1 \mp G(s)H(s)} \tag{2-38}$$

其等效结构图如图2-12(b)所示。

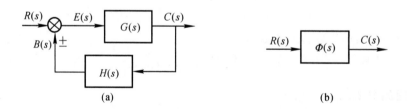

(a)   (b)

图2-12　反馈连接的等效变换

当反馈通道的传递函数 $H(s) = 1$ 时,称相应系统为单位反馈系统,此时闭环传递函数为

$$\Phi(s) = \frac{G(s)}{1 \mp G(s)} \tag{2-39}$$

4. 比较点和引出点的移动

在结构图简化过程中,当系统中出现信号交叉时,需要移动比较点或引出点的位置,这时应注意保持移动前、移动后信号传递的等效性。

结构图等效变换的基本规则见表2-1。

表 2 - 1　结构图等效变换规则

变换方式	变换前	变换后	等效运算关系
串联	$R(s)\rightarrow\boxed{G_1(s)}\rightarrow\boxed{G_2(s)}\rightarrow C(s)$	$R(s)\rightarrow\boxed{G_1(s)G_2(s)}\rightarrow C(s)$	$C(s)=G_1(s)G_2(s)R(s)$
并联	$R(s)$ 经 $G_1(s)$、$G_2(s)$ 求和 $\pm$ 得 $C(s)$	$R(s)\rightarrow\boxed{G_1(s)\pm G_2(s)}\rightarrow C(s)$	$C(s)=[G_1(s)\pm G_2(s)]R(s)$
反馈	$R(s)$ 经比较点 $\pm$、$G(s)$、反馈 $H(s)$ 得 $C(s)$	$R(s)\rightarrow\boxed{\dfrac{G(s)}{1\mp G(s)H(s)}}\rightarrow C(s)$	$C(s)=\dfrac{G(s)R(s)}{1\mp G(s)H(s)}$
比较点前移	$R(s)\rightarrow\boxed{G(s)}\rightarrow\otimes\xrightarrow{\pm}C(s)$，$Q(s)$	$R(s)\rightarrow\otimes\rightarrow\boxed{G(s)}\rightarrow C(s)$，$\boxed{\dfrac{1}{G(s)}}\leftarrow Q(s)$	$C(s)=R(s)G(s)\pm Q(s)=\left[R(s)\pm\dfrac{Q(s)}{G(s)}\right]G(s)$
比较点后移	$R(s)\rightarrow\otimes\xrightarrow{\pm}\boxed{G(s)}\rightarrow C(s)$，$Q(s)$	$R(s)\rightarrow\boxed{G(s)}\rightarrow\otimes\xrightarrow{\pm}C(s)$，$Q(s)\rightarrow\boxed{G(s)}$	$C(s)=[R(s)\pm Q(s)]G(s)=R(s)G(s)\pm Q(s)G(s)$
引出点前移	$R(s)\rightarrow\boxed{G(s)}\rightarrow C(s)$，$\rightarrow C(s)$	$R(s)\rightarrow\boxed{G(s)}\rightarrow C(s)$，$\rightarrow\boxed{G(s)}\rightarrow C(s)$	$C(s)=G(s)R(s)$
引出点后移	$R(s)\rightarrow\boxed{G(s)}\rightarrow C_1(s)$，$\rightarrow C_2(s)$	$R(s)\rightarrow\boxed{G(s)}\rightarrow C_1(s)$，$\rightarrow\boxed{\dfrac{1}{G(s)}}\rightarrow C_2(s)$	$C_1(s)=G(s)R(s)$ $C_2(s)=R(s)G(s)\dfrac{1}{G(s)}=R(s)$
比较点与引出点之间的移动	$R_1(s)\rightarrow\otimes\rightarrow C(s)$，$\rightarrow C(s)$，$R_2(s)\xrightarrow{-}$	$R_1(s)\rightarrow\otimes\rightarrow\otimes\rightarrow C(s)$，$\rightarrow C(s)$，$R_2(s)$	$C(s)=R_1(s)-R_2(s)$

例 2 - 6　简化图 2-13 所示系统的结构图,求系统的闭环传递函数 $\Phi(s)=\dfrac{C(s)}{R(s)}$。

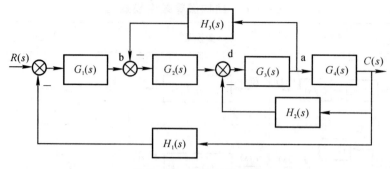

图 2-13　系统的结构图

解　这是一个多回路系统。可以有多种解题方法,这里从内回路到外回路逐步简化。

第一步,将引出点 a 后移,比较点 b 后移,即将图 2-13 简化成图 2-14(a) 所示结构。

第二步,对图 2-13(a) 中组成的局部反馈回路进行简化,如图 2-14(b) 所示结构。

第三步,对图 2-14(b) 中的回路再进行串联及反馈变换,成为如图 2-14(c) 所示形式。

最后可得系统的闭环传递函数为

$$\Phi(s)=\frac{C(s)}{R(s)}=\frac{G_1(s)G_2(s)G_3(s)G_4(s)}{1+G_2(s)G_3(s)H_3(s)+G_3(s)G_4(s)H_2(s)+G_1(s)G_2(s)G_3(s)G_4(s)H_1(s)}$$

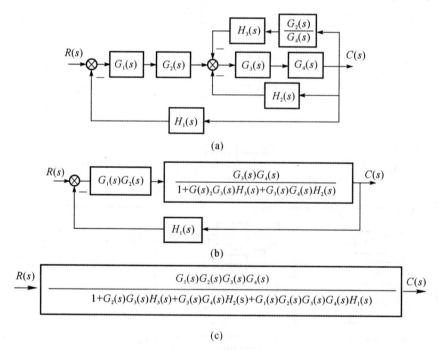

图 2-14　结构图的等效变换

2.3.3　结构图的简化

一个复杂的系统结构图,其方框间的连接必然是错综复杂的,为了便于分析和计算,需要将结构图中的一些方框基于"等效"的概念进行重新排列和整理,使复杂的结构图得以简化。由于方框图间的基本连接方式只有串联、并联和反馈连接三种,因此,结构图简化的一般方法是移动引出点或比较点,将串联、并联和反馈连接的方框合并。在简化过程中应遵循变换前后变量关系保持不变的原则。

1. 环节的串联

环节的串联是很常见的一种结构形式,其特点是,前一个环节的输出信号为后一个环节的输入信号,如图 2−15(a) 所示。

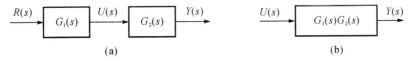

图 2−15　结构图串联连接及其简化

由图 2−15(a),知

$$X(s) = G_1(s)U(s)$$
$$Y(s) = G_2(s)X(s)$$

于是得

$$Y(s) = G_1(s)G_2(s)U(s) = G(s)U(s) \qquad (2-40)$$

式中,$G(s) = G_1(s)G_2(s)$ 是串联环节的等效传递函数,可用图 2−16(b) 所示的方框表示。由此可知,两个串联连接的环节可以用一个等效环节去取代,等效环节的传递函数为各个环节传递函数之积。这个结论可推广到 n 个环节串联的情况。

在许多反馈系统中,元件之间存在着负载效应。下面来分析图 2−16(a) 所示系统。

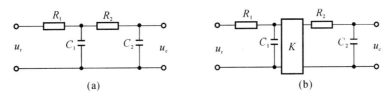

图 2−16　电路的串联

设 u_r 为输入量,u_c 为输出量。在该系统中第二级电路($R_2 C_2$)部分将对第一级电路($R_1 C_1$)部分产生负载效应。这个系统的方程为

$$\frac{1}{C_1} \int (i_1 - i_2) \mathrm{d}t + R_1 i_1 = u_r$$

及

$$\frac{1}{C_1} \int (i_2 - i_1) \mathrm{d}t + R_2 i_2 = -\frac{1}{C_2} \int i_2 \mathrm{d}t = -u_c$$

假设初始条件为零,对上述方程进行拉氏变换,可得

$$\frac{1}{C_1 s}[I_1(s) - I_2(s)] + R_1(s)I_1(s) = U_r(s)$$

$$\frac{1}{C_1 s}[I_2(s) - I_1(s)] + R_2(s)I_2(s) = -\frac{1}{C_2 s}I_2(s) = -U_r(s)$$

在上述方程中消去中间变量 $I_1(s)$ 和 $I_2(s)$,可求得 $U_c(s)$ 和 $U_r(s)$ 之间的传递函数为

$$\frac{U_c(s)}{U_r(s)} = \frac{1}{(R_1 C_1 s + 1)(R_2 C_2 s + 1) + R_1 C_2 s}$$

上述分析说明,如果两个 RC 电路串联起来,即使第一个电路的输出量作为第二个电路的

输入量,传递函数也不等于 $1/(R_1C_1s+1)$ 和 $1/(R_2C_2s+1)$ 的乘积。这是因为第一级电路的输出量是有负载的,也就是说负载阻抗并非无穷大,因此要考虑负载效应。如果在两极电路之间加入隔离放大器,如图 2-16(b) 所示,由于放大器的输入阻抗很大,而输出阻抗很小,负载效应可以忽略不计,这时整个电路就可看作两个一阶惯性环节的串联,其传递函数就等于 $1/(R_1C_1s+1)$ 和 $1/(R_2C_2s+1)$ 的乘积。

2. 环节的并联

环节并联的特点是,各环节的输入信号相同,输出信号相加(或相减),如图 2-17(a) 所示。

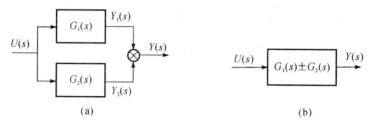

图 2-17 结构图并联连接及其简化

由图 2-17(a),有

$$Y_1(s) = G_1(s)U(s)$$

$$Y_2(s) = G_2(s)U(s)$$

$$Y(s) = Y_1(s) \pm Y_2(s)$$

可得

$$Y(s) = [G_1(s) \pm G_2(s)]U(s) = G(s)U(s) \qquad (2-41)$$

式中,$G(s) = G_1(s) \pm G_2(s)$ 是并联环节的等效传递函数,可用图 2-17(b) 所示的方框表示。由此可知,两个并联连接的环节可以用一个等效环节去取代,等效环节的传递函数为各个环节传递函数之代数和。这个结论同样可以推广到 n 个环节并联的情况。

3. 环节的反馈连接

若传递函数分别为 $G(s)$ 和 $H(s)$ 的两个环节,如图 2-18(a) 所示形式连接,则称为反馈连接。"+"号为正反馈,表示输入信号与反馈信号相加;"-"号则为负反馈,表示输入信号与反馈信号相减。构成反馈连接后,信号的传递形成了封闭的路线,形成了闭环控制。按照控制信号的传递方向,可将闭环回路分成两个通道:前向通道和反馈通道。前向通道传递正向控制信号,通道中的传递函数称为前向通道传递函数,如图 2-18(a) 中所示的 $G(s)$。反馈通道是把输出信号反馈到输入端,它的传递函数称为反馈通道传递函数,如图 2-18(a) 中所示的 $H(s)$。当 $H(s)=1$ 时,称为单位反馈。

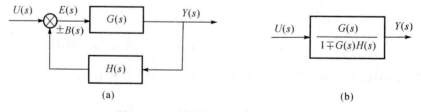

图 2-18 结构图反馈连接及其简化

由图 2-18(a) 则有
$$Y(s) = G(s)E(s)$$
$$B(s) = H(s)Y(s)$$
$$E(s) = Y(s) \pm B(s)$$

故得
$$Y(s) = G(s)[U(s) \pm H(s)Y(s)]$$

于是有
$$Y(s) = \frac{G(s)}{1 \pm G(s)H(s)}Y(s) = \Phi(s)U(s) \qquad (2-42)$$

式中,$\Phi(s) = \dfrac{G(s)}{1 \pm G(s)H(s)}$ 称为闭环传递函数,是环节反馈连接的等效传递函数。式中负号对应正反馈连接,正号对应负反馈连接。在系统结构图简化过程中,需要移动比较点或引出点的位置。表 2-2 列出了结构图简化(等效变换)的基本规则。利用这些规则可以将比较复杂的系统结构图进行简化。

表 2-2 结构图简化(等效变换)的基本规则

原方框图	等效方框图	等效运算关系
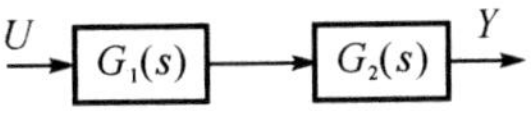	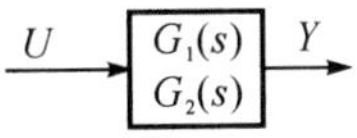	(1) 串联等效 $Y(s) = G_1(s)G_2(s)U(s)$
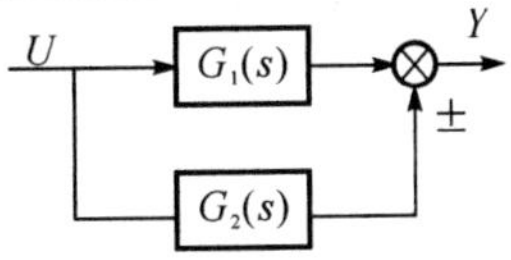	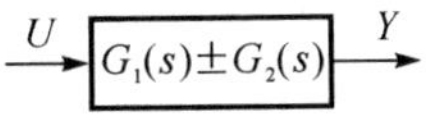	(2) 并联等效 $Y(s) = [G_1(s) \pm G_2(s)]U(s)$
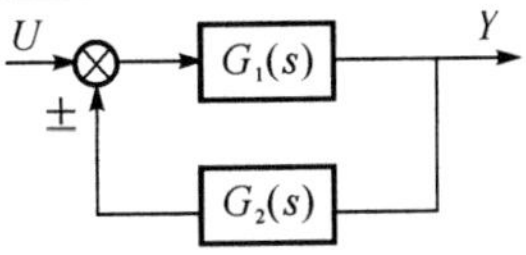	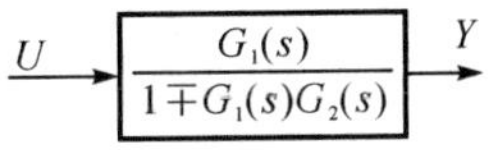	(3) 反馈等效 $Y(s) = \dfrac{G_1(s)U(s)}{1 \mp G_1(s)G_2(s)}$
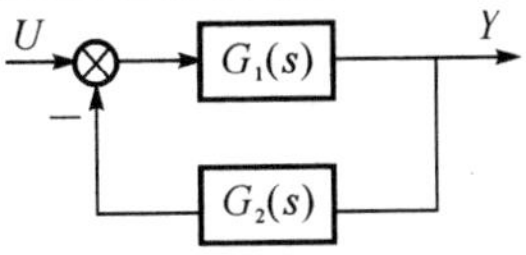	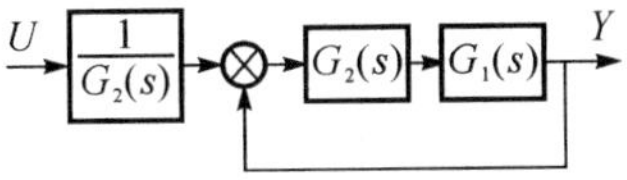	(4) 等效单位反馈 $\dfrac{Y(s)}{U(s)} = \dfrac{1}{G_2(s)}\dfrac{G_1(s)G_2(s)}{1 + G_1(s)G_2(s)}$
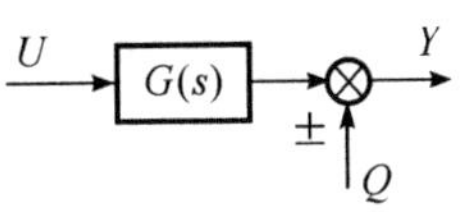	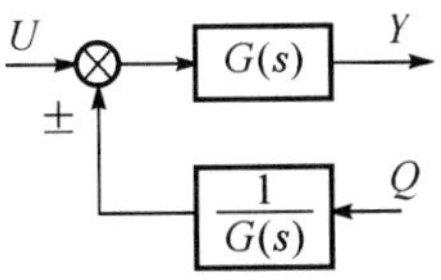	(5) 比较点前移 $Y(s) = U(s)G(s) \pm Q(s) =$ $\left[U(s) \pm \dfrac{Q(s)}{G(s)}\right]G(s)$
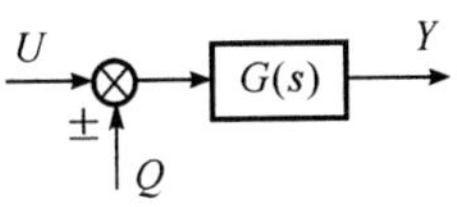	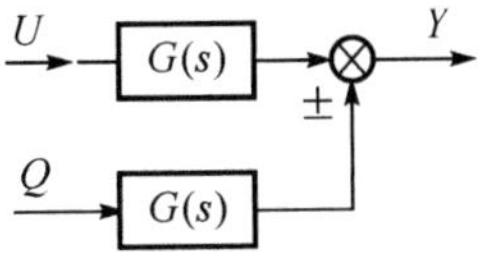	(6) 比较点后移 $Y(s) = [U(s) \pm Q(s)]G(s) =$ $U(s)G(s) \pm Q(s)G(s)$
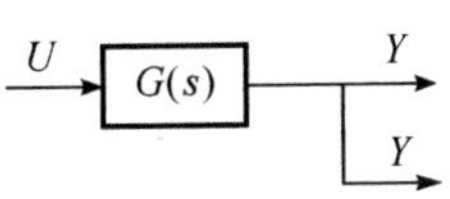	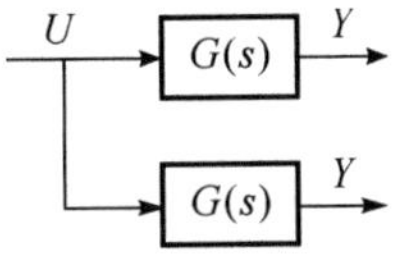	(7) 引出点前移 $Y(s) = U(s)G(s)$

续 表

原方框图	等效方框图	等效运算关系
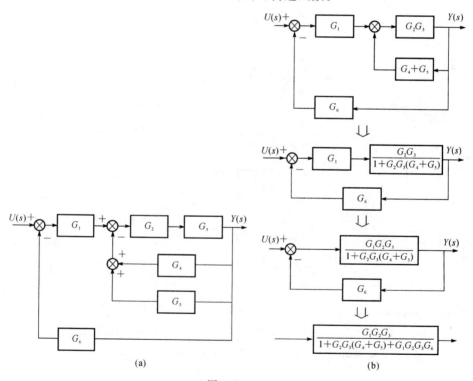 (省略)		(8) 引出点后移 $$U(s) = U(s)G(s)\frac{1}{G(s)}$$ $$Y(s) = U(s)G(s)$$
		(9) 交换或合并比较点 $$Y(s) = E_1(s) \pm U_3(s) =$$ $$U_1(s) \pm U_2(s) \pm U_3(s) =$$ $$U_1(s) \pm U_3(s) \pm U_2(s)$$
		(10) 交换比较点和引出点(一般不采用) $$Y(s) = U_1(s) - U_2(s)$$
		(11) 负号在支路上移动 $$E(s) = U(s) - H(s)Y(s) =$$ $$U(s) + H(s) \times (-1) \times Y(s)$$

现举例说明结构图的等效变换和简化过程。

例 2-7 试求图 2-19 所示多回路系统的闭环传递函数。

图 2-19

(a) 系统的结构图；　(b) 结构图的化简

解   根据环节串联、并联和反馈连接的规则简化。可以求得

$$\frac{Y(s)}{U(s)} = \frac{G_1(s)G_2(s)G_3(s)}{1 + G_2(s)G_3(s)[G_4(s) + G_5(s)] + G_1(s)G_2(s)G_3(s)G_4(s)}$$

例 2 - 8   设多环系统的结构图如图 2 - 20 所示,试对其进行简化,并求闭环传递函数。

解   此系统中有两个相互交错的局部反馈,因此在化简时首先应考虑将信号引出点或信号比较点移到适当的位置,将系统结构图变换为无交错反馈的图形,例如可将 G_5 输入端的信号引出点移至 A 点。移动时一定要遵守等效变换的原则。然后利用环节串联和反馈连接的规则进行化简,其步骤如图 2 - 21 所示。

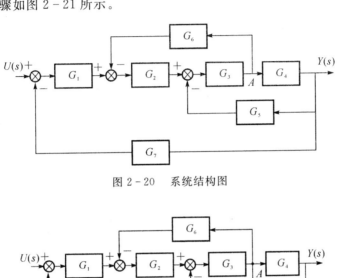

图 2 - 20   系统结构图

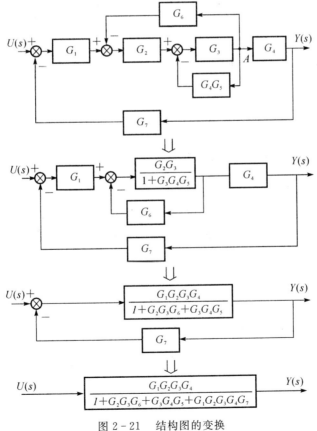

图 2 - 21   结构图的变换

2.4 系统传递函数

自动控制系统在工作过程中,经常会受到两类输入信号的作用,一类是给定的有用输入信号 $u(t)$,另一类则是阻碍系统进行正常工作的扰动信号 $n(t)$。

闭环控制系统的典型结构可用图 2-22 表示。

研究系统输出量 $y(t)$ 的变化规律,只考虑 $u(t)$ 的作用是不完全的,往往还需要考虑 $n(t)$ 的影响。基于系统分析的需要,下面介绍一些传递函数的概念。

1. 系统开环传递函数

系统的开环传递函数,是用根轨迹法和频率法分析系统的主要数学模型。在图 2-22 中,将反馈环节 $H(s)$ 的输出端断开,则前向通道传递函数与反馈通道传递函数的乘积 $G_1(s)G_2(s)H(s)$ 称为系统的开环传递函数,相当于 $B(s)/E(s)$。由此可得反馈连接的闭环传递函数 $\Phi(s) = \dfrac{G(s)}{1 \mp G(s)H(s)}$,表示成通式为

$$\Phi(s) = \frac{\text{前向通道传递函数}}{1 \mp \text{开环传递函数}}$$

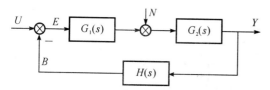

图 2-22 闭环控制系统的典型结构图

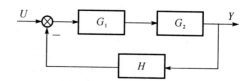

图 2-23 $u(t)$ 作用下的系统结构图

2. $u(t)$ 作用下的系统闭环传递函数

令 $n(t) = 0$,则图 2-22 简化为图 2-23,输出 $y(t)$ 对输入 $u(t)$ 的传递函数为

$$\phi(s) = \frac{Y(s)}{U(s)} = \frac{G_1(s)G_2(s)}{1 + G_1(s)G_2(s)H(s)} \tag{2-43}$$

称 $\Phi(s)$ 为 $u(t)$ 作用下的系统闭环传递函数。

3. $n(t)$ 作用下的系统闭环传递函数

为了研究扰动对系统的影响,需要求出 $y(t)$ 对 $n(t)$ 的传递函数。令 $u(t) = 0$,则图 2-22 转化为图 2-24,由图可得

$$\Phi_n(s) = \frac{Y(s)}{N(s)} = \frac{G_2(s)}{1 + G_1(s)G_2(s)H(s)} \tag{2-44}$$

称 $\Phi_n(s)$ 为 $n(t)$ 作用下的系统闭环传递函数。

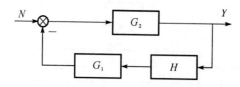

图 2-24 $n(t)$ 作用下的系统结构图

4.系统的总输出

当给定输入和扰动输入同时作用于系统时,根据线性叠加原理,线性系统的总输出应为各输入信号引起的输出之总和。因此有

$$Y(s) = \Phi(s)U(s) + \Phi_n(s)N(s) = \frac{G_1(s)G_2(s)U(s)}{1 + G_1(s)G_2(s)H(s)} + \frac{G_2(s)N(s)}{1 + G_1(s)G_2(s)H(s)}$$

5.闭环系统的误差传递函数

误差大小直接反映了系统的控制精度。在此定义误差为给定信号与反馈信号之差,即

$$E(s) = U(s) - B(s)$$

(1)$u(t)$ 作用下闭环系统的给定误差传递函数 $\Phi_e(s)$。

令 $n(t) = 0$,则可由图 $2-23$ 转化得到的图 $2-25(a)$,求得

$$\Phi_e(s) = \frac{E(s)}{U(s)} = \frac{1}{1 + G_1(s)G_2(s)H(s)} \tag{2-45}$$

(2)$n(t)$ 作用下闭环系统的扰动误差传递函数 $\Phi_{en}(s)$。

取 $u(t) = 0$,则可由图 $2-25(b)$ 求得

$$\Phi_{en}(s) = \frac{E(s)}{N(s)} = \frac{-G_2(s)H(s)}{1 + G_1(s)G_2(s)H(s)} \tag{2-46}$$

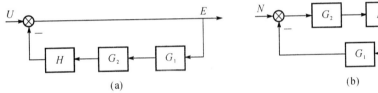

图 $2-25$ $u(t),n(t)$ 作用下误差输出的结构图

(3)系统的总误差。根据叠加原理,系统的总误差为

$$E(s) = \Phi_e(s)U(s) + \Phi_{en}(s)N(s)$$

对比上面导出的四个传递函数 $\Phi(s)$,$\Phi_n(s)$,$\Phi_e(s)$ 和 $\Phi_{en}(s)$ 的表达式,可以看出,表达式虽然各不相同,但其分母却完全相同,均为 $[1 + G_1(s)G_2(s)H(s)]$,这是闭环控制系统的本质特征。

2.5　信号流图与梅逊公式

控制系统的信号流图与结构图一样都是描述系统各元部件之间信号传递关系的数学图形。对于结构比较复杂的系统,结构图的变换和简化过程往往显得烦琐而费时。与结构图相比,信号流图符号简单,更便于绘制和应用,而且可以利用梅逊公式直接求出任意两个变量之间的传递函数。但是,信号流图只适用于线性系统,而结构图不仅适用于线性系统,还适用于非线性系统。

2.5.1　信号流图

信号流图用来描述一个或一组线性代数方程式,它是由节点和支路组成的一种信号传递网络。图中节点代表方程式中的变量,以小圆圈表示;支路是连接两个节点的定向线段,用支

路增益表示两个变量的关系,因此支路相当于乘法器。

简单系统的描述方程为

$$x_2 = ax_1$$

式中,x_1 为输入信号;x_2 为输出信号;a 为两个变量之间的增益。

该方程式的信号流图如图 2-26(a) 所示。又如一描述系统的方程组为

$$x_2 = ax_1 + bx_3 + gx_5$$
$$x_3 = cx_2$$
$$x_4 = dx_1 + ex_3 + fx_4$$
$$x_5 = hx_4$$

方程组的信号流图如图 2-26(b) 所示。

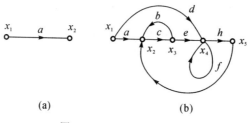

(a)　　　　　　　　　　　(b)

图 2-26　系统信号流图

在信号流图中,常使用以下名词术语。

1. 源点(或输入节点)

只有输出支路的节点称为源点,如图 2-26(a) 中的 x_1。它一般表示系统的输入量。

2. 汇点(或输出节点)

只有输入支路的节点称为汇点,如图 2-26(a) 中的 x_2。它一般表示系统的输出量。

3. 混合节点

既有输入支路又有输出支路的节点称为混合节点,如图 2-26(b) 中的 x_2,x_3,x_4。它一般表示系统的中间变量。

4. 前向通路

信号从输入节点到输出节点传递时,每一个节点只通过一次的通路,叫前向通路。前向通路上各支路增益之乘积,称为前向通路总增益,一般用 p_k 表示。在图 2-26(b) 中从源点到汇点共有两条前向通路,一条是 $x_1 \rightarrow x_2 \rightarrow x_3 \rightarrow x_4 \rightarrow x_5$,其前向通路总增益为 $p_1 = aceh$;另一条是 $x_1 \rightarrow x_4 \rightarrow x_5$,其前向通路总增益为 $p_2 = dh$。

5. 回路

起点和终点在同一节点,而且信号通过每一个节点不多于一次的闭合通路称为单独回路,简称回路。如果从一条节点开始,只经过一条支路又回到该节点的,称为自回路。回路中所有支路增益之乘积叫回路增益,用 L_a 表示。在图 2-26(b) 中共有三个回路,一个是起始于节点 x_2,经过节点 x_3 最后回到节点 x_2 的回路,其回路增益为 $L_1 = bc$;第二个是起始于节点 x_2,经过节点 x_3,x_4,x_5 最后又回到节点 x_2 的回路,其回路增益为 $L_2 = cegh$;第三个是起始于节点 x_4 并回到节点 x_4 的回路,其回路增益为 $L_3 = f$。

6. 不接触回路

如果一信号流图有多个回路,而回路之间没有公共节点,这种回路叫不接触回路。在信号

流图中可以有两个或两个以上不接触回路。在图 2-26(b) 中,有一对不接触回路,即回路 $x_2 \to x_3 \to x_2$ 和回路 $x_4 \to x_4$ 是不接触回路。

2.5.2　梅逊增益公式

当系统信号流图已知时,可以用公式直接求出系统的传递函数,这个公式就是梅逊公式。由于信号流图和结构图存在着相应的关系,因此梅逊公式同样也适用于结构图。

梅逊公式给出了系统信号流图中,任意输入节点与输出节点之间的增益,即传递函数。其公式为

$$P = \frac{1}{\Delta} \sum_{k=1}^{n} P_k \Delta_k \qquad (2-47)$$

式中,n 为从输入节点到输出节点的前向通路的总条数;P_k 为从输入节点到输出节点的第 k 条前向通路总增益;Δ 为特征式,由系统信号流图中各回路增益确定:

$$\Delta = 1 - \sum L_a + \sum L_b L_c - \sum L_d L_e L_f + \cdots$$

式中,$\sum L_a$ 为所有单独回路增益之和;$\sum L_b L_c$ 为所有存在的两个互不接触的单独回路增益乘积之和;$\sum L_d L_e L_f$ 为所有存在的三个互不接触的单独回路增益乘积之和。

Δ_k 为第 k 条前向通路特征式的余因子式,即在信号流图中,除去与第 k 条前向通路接触的回路后的 Δ 值的剩余部分。

上述公式中的接触回路是指具有共同节点的回路,反之称为不接触回路。与第 k 条前向通路具有共同节点的回路称为与第 k 条前向通路接触的回路。

根据梅逊公式计算系统的传递函数,首要问题是正确识别所有的回路并区分它们是否相互接触,正确识别所规定的输入与输出节点之间的所有前向通路及与其相接触的回路。现举例说明。

例 2-9　一系统信号流图如图 2-27 所示,试求系统的传递函数。

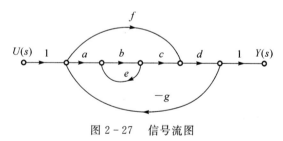

图 2-27　信号流图

解　由图可知此系统有两条前向通道,$n=2$,其增益各为 $P_1 = abcd$ 和 $P_2 = fd$。有三个回路,即 $L_1 = be$,$L_2 = -abcdg$,$L_3 = -fdg$,因此 $\sum L_a = L_1 + L_2 + L_3$。上述三个回路中只有 L_1 与 L_3 互不接触,L_2 与 L_1 及 L_3 都接触,因此 $\sum L_b L_c = L_1 L_3$。由此得系统的特征式为

$$\Delta = 1 - \sum L_a + \sum L_b L_c = 1 - (L_1 + L_2 + L_3) + L_1 L_3 = 1 - be + abcdg + fdg - befdg$$

由图 2-27 可知,与 P_1 前向通道相接触的回路为 L_1,L_2,L_3,因此在 Δ 中除去 L_1,L_2,L_3 得 P_1 的特征余子式 $\Delta_1 = 1$。又由图 2-27 可知,与 P_2 前向通道相接触的回路为 L_2 及 L_3,因此在 Δ 中除去 L_2,L_3 得 P_1 的特征余子式 $\Delta_1 = 1 - L_1 = 1 - bez$。由此得系统的传递函数为

$$P = \frac{1}{\Delta} \sum_{k=1}^{2} P_k \Delta_k = \frac{P_1 \Delta_1 + P_2 \Delta_2}{\Delta} = \frac{abcd + fd(1 - be)}{1 - be + (f + abc - bef)dg}$$

例 2 - 10 已知系统的信号流图如图 2 - 28 所示,求系统的传递函数 $\dfrac{Y(s)}{U(s)}$ 和 $\dfrac{Y(s)}{N(s)}$。

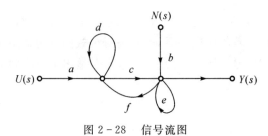

图 2 - 28   信号流图

解 (1)求传递函数 $\dfrac{Y(s)}{U(s)}$。由图 2 - 28 可知,从 U 到 Y 有一条前向通道,$n=1$,其增益为 $P_1 = ac$。有三个回路,即 $L_1 = d$,$L_2 = cf$,$L_3 = e$,因此 $\sum L_a = L_1 + L_2 + L_3$。上述三个回路中只有 L_1 与 L_3 互不接触,L_2 与 L_1 及 L_3 都接触,因此 $\sum L_b L_c = L_1 L_3$。由此得系统的特征式为

$$\Delta = 1 - \sum L_a + \sum L_b L_c = 1 - (L_1 + L_2 + L_3) + L_1 L_3 = 1 - (d + cf + e) + de$$

由图 2 - 28 可知,与 P_1 前向通道相接触的回路为 L_1,L_2,L_3,因此在 Δ 中除去 L_1,L_2,L_3 得 P_1 的特征余子式 $\Delta_1 = 1$。由此得系统的传递函数为

$$P = \frac{P_1 \Delta_1}{\Delta} = \frac{ac}{1 - (d + cf + e) + de}$$

(2)求传递函数 $\dfrac{Y(s)}{N(s)}$。由图 2 - 28 可知,从 N(扰动信号)到 Y 有一条前向通道,$n=1$,其增益为 $P_1 = b$。有三个回路,即 $L_1 = d$,$L_2 = cf$,$L_3 = e$,因此 $\sum L_a = L_1 + L_2 + L_3$。上述三个回路中只有 L_1 与 L_3 互不接触,L_2 与 L_1 及 L_3 都接触,因此 $\sum L_b L_c = L_1 L_3$。由此得系统的特征式为

$$\Delta = 1 - \sum L_a + \sum L_b L_c = 1 - (L_1 + L_2 + L_3) + L_1 L_3 = 1 - (d + cf + e) + de$$

由图 2 - 28 可知,与 P_1 前向通道相接触的回路为 L_2 和 L_3,因此在 Δ 中除去 L_2,L_3 得 P_1 的特征余子式 $\Delta_1 = 1 - d$。由此得系统的传递函数为

$$P = \frac{P_1 \Delta_1}{\Delta} = \frac{b(1 - d)}{1 - (d + cf + e) + de}$$

应该指出的是,由于信号流图和结构图本质上都是用图线来描述系统各变量之间的关系及信号的传递过程的,因此可以在结构图上直接使用梅逊公式,从而避免烦琐的结构图变换和简化过程。但是在使用时需要正确识别结构图中相对应的前向通道、回路、接触与不接触、增益等,不要发生遗漏。

例 2 - 11 试求图 2 - 29 所示系统的传递函数。

解 (1)求 Δ。此系统关键是回路数要判断准确,一共有 5 个回路,回路增益分别为 $L_1 = -G_1 G_2 H_1$,$L_2 = -G_2 G_3 H_2$,$L_3 = -G_1 G_2 G_3$,$L_4 = -G_1 G_4$,$L_5 = -G_4 H_2$,且各回路相互接触,故

$$\Delta = 1 - \sum_{a=1}^{5} L_a = 1 + G_2 G_3 H_2 + G_2 G_3 H_2 + G_1 G_2 G_3 + G_1 G_4 + G_4 H_2$$

（2）求 P_k，Δ_k。系统有两条前向通道，$n=2$，其增益各为 $P_1 = G_1 G_2 G_3$ 和 $P_2 = G_1 G_4$，而且这两条前向通道与 5 个回路均相互接触，故 $\Delta_1 = \Delta_2 = 1$。

（3）求系统传递函数：

$$\frac{Y(s)}{U(s)} = \frac{G_1 G_2 G_3 + G_1 G_4}{1 + G_2 G_3 H_2 + G_2 G_3 H_2 + G_1 G_2 G_3 + G_1 G_4 + G_4 H_2}$$

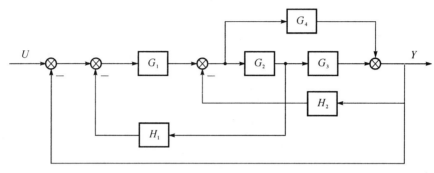

图 2-29　系统结构图

2.6　应用 MATLAB 处理系统数学模型

2.6.1　模型建立

对简单系统的建模可直接采用基本模型——传递函数。但实际中经常遇到几个简单系统组合成为一个复杂系统。常见形式为并联、串联、闭环及反馈等连接。

1. 并联

将两个系统按并联方式连接，在 MATLAB 中可用 parallel 函数实现。

例 2-12　两个子系统为

$$G_1(s) = \frac{3}{s+4}$$

$$G_2(s) = \frac{2s+4}{s^2+2s+3}$$

将两个系统按并联方式连接，可输入

num1＝3；
den1＝[1,4]；
num2＝[2,4]；
den2＝[1,2,3]；
[num,den]＝parallel(num1,den1,num2,den2)
则得

num＝　　0　　5　　18　　25
den＝　　1　　6　　11　　12

因此
$$G(s)=G_1(s)+G_2(s)=\frac{5s^2+18s+25}{s^3+6s^2+11s+12}$$

2. 串联

将两个系统按串联方式连接,在 MATLAB 中可用 series 函数实现。例如

$[\text{num},\text{den}]=\text{series}(\text{num1},\text{den1},\text{num2},\text{den2})$

可得到串联连接的传递函数形式为

$$\frac{\text{num}(s)}{\text{den}(s)}=G_1(s)G_2(s)=\frac{\text{num1}(s)\text{num2}(s)}{\text{den1}(s)\text{den2}(s)}$$

3. 闭环

将系统通过正负反馈连接成闭环系统,在 MATLAB 中可用 cloop 函数实现。例如 $[\text{numc},\text{denc}]=\text{cloop}(\text{num},\text{den},\text{sign})$ 表示由传递函数表示的开环传递函数构成闭环系统。当 sign=1 时采用正反馈;当 sign=-1 时采用负反馈;当 sign 缺省时,默认为负反馈。

$$\frac{\text{numc}(s)}{\text{denc}(s)}=\frac{G(s)}{1\pm G(s)}=\frac{\text{num}(s)}{\text{den}(s)\pm\text{num}(s)}$$

4. 反馈

将两个系统按反馈方式连接成闭环系统,在 MATLAB 中可用 feedback 函数实现。

例 2-13 两个子系统为

$$G(s)=\frac{2s^2+5s+1}{s^2+2s+3}$$

$$H(s)=\frac{5(s+2)}{s+10}$$

将两个系统按反馈方式连接,可输入

numg=[2 5 1];

deng=[1 2 3];

numh=[5 10];

denh=[1 10];

[num,den]=feedback(numg,deng,numh,denh)

执行后得

num=   2   25   51   10

den=   11   57   78   40

因此,闭环系统的传递函数为

$$G_c(s)=\frac{\text{num}(s)}{\text{den}(s)}=\frac{2s^3+25s^2+51s+10}{11s^3+57s^2+78s+40}$$

2.6.2　模型简化

对传递函数模型的简化方法可采用 minreal 函数进行最小实现与零极点对消。即 $[\text{numm},\text{denm}]=\text{minreal}(\text{num},\text{den})$,其中 num 与 den 为传递函数的分子和分母多项式系数,它在误差容限 tol=10 * sqrt(eps) * abs(z(i)) 下消去多项式的公共根。$[\text{numm},\text{denm}]=\text{minreal}(\text{num},\text{den},\text{tol})$ 可指定误差容限 tol 以确定零极点的对消。

本 章 小 结

　　分析或设计控制系统,首先需建立系统的数学模型。本章介绍了建立数学模型的一般方法、数学模型的类型及其特点。

　　(1)将实际物理系统理想化构成物理模型,物理模型的数学描述即数学模型。只有经过仔细的分析研究,才能建立起便于研究,又能基本反映实际物理过程的数学模型。

　　(2)实际的控制系统都是非线性的,为了使系统的分析和设计变得更加简便,常常在一定的范围内、一定的条件下用小偏差线性化方法将非线性系统化为线性系统。

　　(3)由于引入了拉氏变换,在初始条件为零的条件下,线性定常系统的时间域表示的微分方程可以转化为代数方程,即传递函数,从而使得求复杂系统的传递函数和微分方程可以运用变换法则和公式较容易地进行。

　　(4)结构图和信号流图是系统数学模型的图形表示形式,可以将系统内部各物理量的变换和信号传递关系在图中较清晰地反映出来,而且能通过等效变换和简化或梅逊公式求得系统的传递函数,因此运用很方便。

习　　　题

　　2-1　写出图 2-30 所示各电路网络的传递函数。

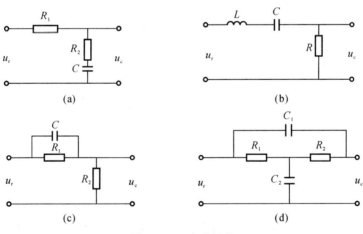

图 2-30　电路网络

　　2-2　求图 2-31(b)所示机械系统与图 2-30(a)所示电路网络具有相同形式的传递函数。

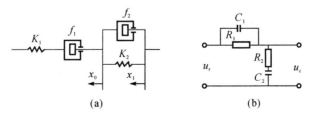

图 2-31　机械系统与电路网络

2－3　求图2－32所示的各有源网络的传递函数。

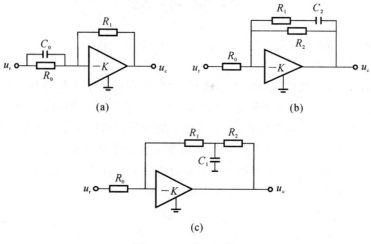

(a)　　　　　　　　　　(b)

(c)

图2－32　有源网络

2－4　图2－33所示为一磁场控制的直流电动机,设工作时电枢电流不变,控制电压加在励磁绕组上,输出为电动机角位移,求传递函数 $\dfrac{\theta(s)}{u_r(s)}$。

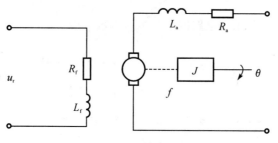

图2－33　磁场控制的直流电动机

2－5　图2－34所示电路中,二极管是一个非线性元件,其电流 i_d 与 u_d 间的关系为 $i_d = 10^{-6}(e^{\frac{u_d}{0.026}} - 1)$。假设电路中的 $R = 10^3\ \Omega$,静态工作点 $u_0 = 2.39\ \text{V}$,$i_0 = 2.19 \times 10^{-3}\ \text{A}$,试求在工作点 (u_0, i_0) 附近 $i_d = f(u_d)$ 的线性化方程。

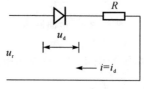

图2－34　二极管电路

2－6　已知系统微分方程组如下：

$$x_1(t) = u(t) - y(t)$$

$$x_2(t) = \tau \frac{\mathrm{d}x_1(t)}{\mathrm{d}t} + K_1 x_1(t)$$

$$x_3(t) = K_2 x_2(t)$$

$$x_4(t) = x_3(t) - K_5 y(t)$$

$$\frac{\mathrm{d}x_5(t)}{\mathrm{d}t} = K_3 x_4(t)$$

$$T\frac{\mathrm{d}y(t)}{\mathrm{d}t} + y(t) = K_4 x_5(t)$$

式中，τ，T，K_1，$\cdots$，K_5 均为常数。试建立以 $u(t)$ 为输入、$y(t)$ 为输出的系统结构图，并求系统的传递函数 $\dfrac{Y(s)}{U(s)}$。

2-7　试简化图 2-35 所示系统的结构图，并求出相应的传递函数。

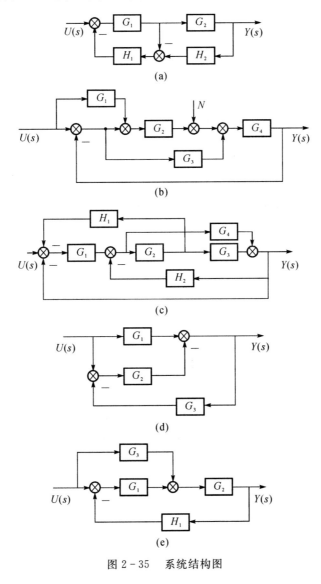

图 2-35　系统结构图

2-8　试简化图 2-36 所示系统的结构图，并求 $\dfrac{Y(s)}{U(s)}$，$\dfrac{Y(s)}{N(s)}$。

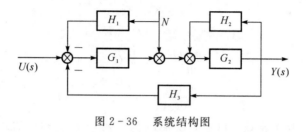

图 2-36　系统结构图

2-9　试求图 2-37 所示系统的传递函数 $\dfrac{Y(s)}{U(s)}$。

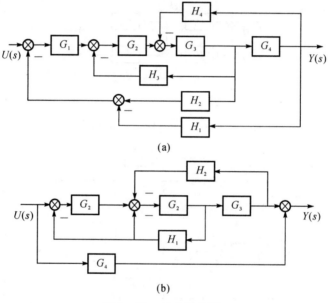

(a)

(b)

图 2-37　系统结构图

2-10　图 2-38 所示系统为由运算放大器组成的控制系统模拟电路，试求其闭环传递函数。

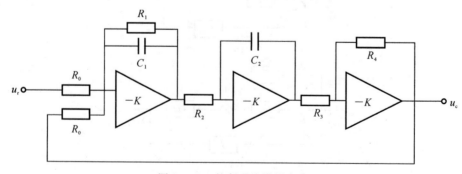

图 2-38　控制系统模拟电路

2-11　试用梅逊公式求图 2-39 所示系统的传递函数。

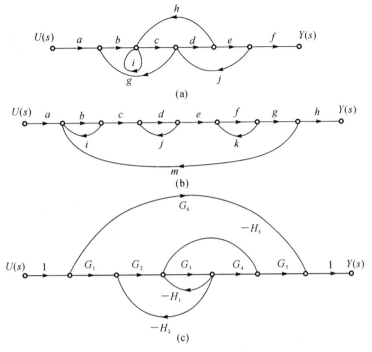

(a)

(b)

(c)

图 2-39　系统信号流图

2-12　试用梅逊公式求图 2-40 所示系统的传递函数。

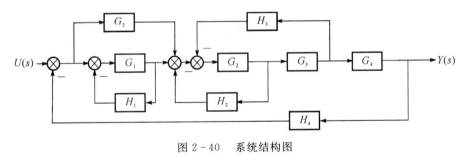

图 2-40　系统结构图

第3章　线性系统的时域分析

建立系统的数学模型之后,就可以对控制系统进行运动分析。对系统进行分析的目的在于:揭示在外部输入信号作用下各个变量的运动规律和系统的基本特性,以及改善系统特性,使之满足工程要求的基本途径。系统分析的方法有时域法、复域法和频域法三大类,本章主要介绍线性控制系统的时域分析法。

3.1　概　　述

时域法是最基本的分析方法,是学习复域法和频域法的基础。该方法是直接在时间域中对系统进行分析校正,可以提供系统时间响应的全部信息,具有直观、准确的特点,但该方法是在求解系统输出解析法的基础上对系统进行分析的,比较烦琐。

3.1.1　典型输入信号

为了评价控制系统性能的优劣,需要研究控制系统在典型输入信号作用下的时间响应过程和性能指标。所谓典型输入信号,是指根据系统常遇到的输入信号的形式,在数学描述上加以理想化的一些基本输入函数。控制系统常用的典型输入信号见表 3-1。

表 3-1　典型输入信号

名　　称	时域表达式	复域表达式	函数曲线
单位阶跃函数	$1(t) = \begin{cases} 1 & (t \geqslant 0) \\ 0 & (t < 0) \end{cases}$	$R(s) = \dfrac{1}{s}$	
单位斜坡函数	$f(t) = \begin{cases} t & (t \geqslant 0) \\ 0 & (t < 0) \end{cases}$	$R(s) = \dfrac{1}{s^2}$	
单位加速度函数	$f(t) = \begin{cases} \dfrac{1}{2} t^2 & (t \geqslant 0) \\ 0 & (t < 0) \end{cases}$	$R(s) = \dfrac{1}{s^3}$	
单位脉冲函数	$\delta(t) = \begin{cases} \infty & (t = 0) \\ 0 & (t \neq 0) \end{cases}$	$R(s) = 1$	

如果控制系统的实际输入大部分是随时间逐渐增加的信号,则选用斜坡函数较合适;如果作用到系统的输入信号大多具有突变性质,则选用阶跃函数较合适。需要注意的是,不管采用何种典型输入信号,对同一系统来说,其过渡过程所反映出的系统特性应是一致的。因此,便可以在同一输入下去比较各种控制系统的性能。此外,在选取实验信号时,除应尽可能简单,以便于分析处理外,还应选择那些能使系统工作在最不利的情况下的输入信号作为典型实验信号。

3.1.2　时域响应

任何一个稳定的线性控制系统,在输入信号作用下的时间响应都由动态响应(瞬态响应或暂态响应)和稳态响应两部分组成。动态响应描述了系统的动态性能,而稳态响应反映了系统的稳态精度。两者都是线性控制系统的重要性能,因此,在对系统设计时必须同时给予满足。

1. 动态响应

动态响应又称瞬态响应或暂态响应,指系统在输入信号作用下,系统从初始状态到最终状态的响应过程。根据系统结构和参数选择情况,动态响应表现为衰减、发散或等幅振荡几种形式。一个实际运行的控制系统,其动态响应必须是衰减的,也就是说,系统必须是稳定的。动态响应除提供系统稳定性的信息外,还可以提供响应速度及阻尼情况等运动信息,这些运动信息用动态性能来描述。

当 $r(t) = 1(t)$ 时,系统可能的响应曲线如图 3-1 ～ 图 3-3 所示。

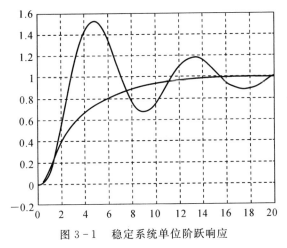

图 3-1　稳定系统单位阶跃响应

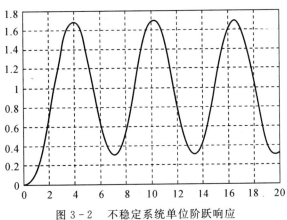

图 3-2　不稳定系统单位阶跃响应

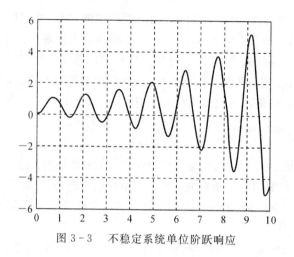

图 3 - 3　不稳定系统单位阶跃响应

2. 稳态响应

如果一个线性系统是稳定的,那么从任何初始条件开始,经过一段时间就可以认为它的过渡过程已经结束,进入了与初始条件无关而仅由外作用决定的状态,即稳态响应。因此稳态响应是指当时间 t 趋于无穷大时系统的输出状态。稳态响应表征系统输出量最终复现输入量的程度,提供系统有关稳态误差的信息,用稳态性能来描述。

3.1.3　时域性能指标

稳定是控制系统正常工作的首要条件,因此只有当动态过程收敛时,研究系统的性能指标才有意义。控制系统在典型输入信号作用下的性能指标,通常由动态性能指标和稳态性能指标两部分组成。

1. 动态性能指标

在阶跃输入作用下,测定或计算系统的动态性能。一般认为阶跃输入对系统而言是比较严峻的工作状态,若系统在阶跃输入函数作用下的动态性能指标满足要求,那么系统在其他形式的输入作用下,其动态性能也应是令人满意的。典型阶跃响应和动态性能指标如图 3 - 4 所示。

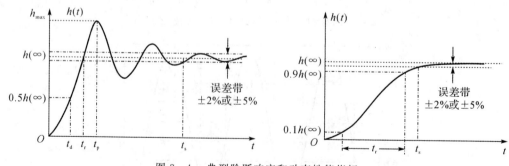

图 3 - 4　典型阶跃响应和动态性能指标

通常动态性能指标包含以下 5 项:

(1) **上升时间** t_r:有振荡时,响应曲线第一次达到终值 $h(\infty)$ 所需的时间;无振荡时,响应

曲线从终值 $h(\infty)$ 的 10% 上升到终值 $h(\infty)$ 的 90% 所需要的时间。

（2）**峰值时间** t_p：响应曲线越过终值 $h(\infty)$ 达到第一个峰值所需要的时间。

（3）**调节时间** t_s：响应曲线到达并保持在终值 $h(\infty)$ 的 $\pm 5\%$ 或 $\pm 2\%$ 误差带内所需要的最短时间。

（4）**延迟时间** t_d：响应曲线第一次达到终值 $h(\infty)$ 的 50% 所需要的时间。

（5）**超调量** $\sigma\%$：输出量的最大值 $h(t_p)$ 超出稳态值 $h(\infty)$ 的百分数，即

$$\sigma\% = \frac{h(t_p) - h(\infty)}{h(\infty)} \times 100\%$$

上述五个动态性能指标基本上可以体现系统动态过程的特征。在实际应用中，常用的动态性能指标多为上升时间、调节时间和超调量。通常用上升时间或峰值时间来评价系统的响应速度；用超调量评价系统的阻尼程度；而调节时间是同时反映响应速度和阻尼程度的综合性指标。应当指出，一方面，上述各动态指标之间是有联系的，因此对于一个系统通常没有必要列出所有动态指标；另一方面，正是由于这些指标存在联系，也不可能对各项指标都提出要求，以致在调整系统参数以改善系统的动态性能时，发生顾此失彼的现象。

2. 稳态性能指标

稳态误差是时间趋于无穷时系统实际输出与理性输出之间的误差，是描述系统稳态性能的一种性能指标，是系统控制精度或抗扰动能力的一种度量，通常在典型输入作用下进行测定或计算。若时间趋于无穷时，系统的输出量不等于输入量或输入量的确定函数，则系统存在稳态误差。

3.2　一阶系统的时域分析

一阶系统是指过渡过程可用一阶微分方程描述的控制系统。一阶系统在控制工程中应用广泛。

3.2.1　一阶系统的数学模型

RC 滤波电路是最常见的一阶系统，如图 3-5 所示。

其运动方程为

$$RC\frac{\mathrm{d}u_o(t)}{\mathrm{d}t} + u_o(t) = u_i(t) \qquad (3-1)$$

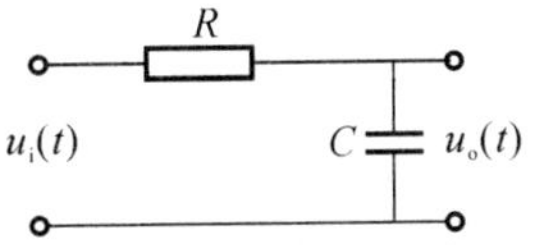

一阶系统动态特性运动方程的标准形式为

$$T\frac{\mathrm{d}c(t)}{\mathrm{d}t} + c(t) = r(t) \qquad (3-2)$$

图 3-5　RC 滤波电路

式（3-2）中，T 为一阶系统的时间常数，表示系统的惯性；$c(t)$ 和 $r(t)$ 分别是系统的输出信号和输入信号。

式（3-2）两边取拉氏变换，得一阶系统的传递函数为

$$\Phi(s) = \frac{C(s)}{R(s)} = \frac{1}{Ts+1} = \frac{K}{s+K} \qquad (3-3)$$

式中，$T = \dfrac{1}{K}$；系统的特征根 $\lambda = -\dfrac{1}{T}$。

一阶系统如图 3-6 所示。

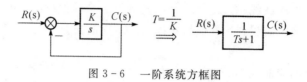

图 3-6   一阶系统方框图

3.2.2   一阶系统的单位阶跃响应

设系统的输入信号为单位阶跃函数，即 $r(t) = 1(t)$。

则系统动态过程 $c(t)$ 的拉氏变换式为

$$C(s) = \Phi(s)R(s) = \frac{1}{Ts+1}\frac{1}{s} \tag{3-4}$$

式（3-4）两端取拉氏反变换，即

$$c(t) = \mathscr{L}^{-1}\big[C(s)\big] = \mathscr{L}^{-1}\left[\frac{1}{s} - \frac{T}{Ts+1}\right]$$

得

$$c(t) = 1 - \mathrm{e}^{-\frac{t}{T}} \tag{3-5}$$

式（3-5）表明，当初始条件为零时，一阶系统单位阶跃响应的变化曲线是一条单调上升的指数曲线，式中的 1 为稳态分量，$\mathrm{e}^{-\frac{t}{T}}$ 为瞬态分量，当 $t \to \infty$ 时，瞬态分量衰减为零。在整个工作时间内，系统的响应都不会超过稳态值。绘制一阶系统单位阶跃响应，如图 3-7 所示。

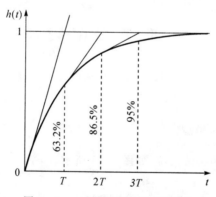

图 3-7   一阶系统单位阶跃响应

分别求取当时间 t 取时间常数 T 的整数倍时系统的输出值，见表 3-2。

表 3-2 t 取 T 整数倍时系统输出值

t	0	T	$2T$	$3T$	$4T$	$5T$	...	∞
$c(t)$	0	0.632	0.865	0.950	0.982	0.993		1

可用实验方法测定一阶系统的时间常数，或判定所测系统是否属于一阶系统。系统单位阶跃响应曲线可用实验的方法确定，将测得的曲线与图 3-7 所示的曲线作比较，就可以确定该系统是否为一阶系统或等效为一阶系统。此外，用实验的方法测定一阶系统的输出响应由零值开始到达稳态值的 63.2% 所需的时间，就可以确定系统的时间常数 T。

图 3-7 中指数响应曲线的初始($t=0$ 时)斜率为 $\dfrac{1}{T}$,因此,如果系统保持初始响应的变化速度不变,则当 $t=T$ 时,输出量就能达到稳态值。实际上,响应曲线的斜率是不断下降的,经过时间 T 后,升到稳态值的 63.2%。经过 $3T \sim 4T$ 时,$C(t)$ 分别达到稳态值的 95% $\sim$ 98%。可见,时间常数 T 反映了系统的响应速度,T 越小,输出响应上升越快,响应过程的快速性也越好。根据动态性能指标的定义,一阶系统的动态性能指标为 $t_d=0.69T$,$t_r=2.20T$,$t_s=3T$,显然,峰值时间 t_p 和超调量 $\sigma\%$ 都不存在。

3.2.3　一阶系统的脉冲响应

当输入信号为理想单位脉冲函数时,系统的输出响应称为单位脉冲响应。理想单位脉冲函数的拉氏变换式等于 1,即 $R(s)=1$,因此系统单位脉冲响应的拉氏变换式与系统的传递函数相同,即

$$C(s)=\Phi(s)R(s)=\frac{1}{Ts+1} \tag{3-6}$$

式(3-6)两端取拉氏反变换,得

$$c(t)=\frac{1}{T}e^{-\frac{t}{T}} \tag{3-7}$$

由图 3-8 可见,一阶系统的脉冲响应是一单调下降的指数曲线。若定义该指数曲线衰减到其初始的 5% 所需的时间为脉冲响应调节时间,则有 $t_s=3T$。故系统的惯性越小,响应过程的快速性越好。

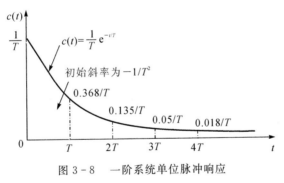

图 3-8　一阶系统单位脉冲响应

在初始条件为零的情况下,一阶系统的闭环传递函数与脉冲响应函数之间包含着相同的动态过程信息。这一特点同样适用于其他各阶线性定常系统,因此常以单位脉冲输入信号作用于系统,根据被测定系统的单位脉冲响应,可以求得被测系统的闭环传递函数。

注意,鉴于工程上不可能得到理想单位脉冲函数,因此常用具有一定宽度和有限幅度的实际脉冲函数来代替理想脉冲函数。为减小近似误差,要求实际脉冲函数的宽度 ε 与系统的时间常数 T 相比应足够小,通常要求 $\varepsilon < 0.1$。

3.2.4　一阶系统的单位斜坡响应

设系统的输入信号为单位斜坡函数,即 $r(t)=t$,则系统输出信号的拉氏变换为

$$C(s)=\Phi(s)R(s)=\frac{1}{Ts+1}\frac{1}{s^2}=\frac{1}{s^2}-\frac{T}{s}+\frac{T^2}{Ts+1} \tag{3-8}$$

对式(3-8)取拉氏反变换,求得一阶系统的单位斜坡响应为

$$c(t) = (t - T) + Te^{-\frac{t}{T}} = t - T(1 - e^{-\frac{t}{T}}) \tag{3-9}$$

式中,$(t - T)$为稳态分量;$Te^{-\frac{t}{T}}$为瞬态分量。

一阶系统的单位斜坡响应的稳态分量是一个与输入斜坡函数斜率相同,但时间滞后 T 的斜坡函数,因此在位置上存在稳态跟踪误差,其值正好等于时间常数 T;一阶系统单位斜坡响应的瞬态分量为衰减非周期函数。一阶系统的单位斜坡响应曲线如图3-9所示。

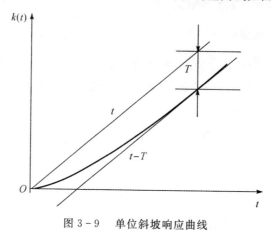

图 3-9　单位斜坡响应曲线

显然,系统的响应从 $t = 0$ 时开始跟踪输入信号而单调上升,在达到稳态后,它与输入信号同速增长,但它们之间存在跟随误差。即

$$e(t) = r(t) - c(t) = T(1 - e^{-\frac{t}{T}})$$

且

$$\lim_{t \to \infty} e(t) = T$$

可见,当 t 趋于无穷大时,误差趋近于 T。因此系统在进入稳态以后,在任一时刻,输出量 $c(t)$ 将小于输入量 $r(t)$ 一个 T 的值,时间常数 T 越小,系统跟踪斜坡输入信号的稳态误差也越小。根据一阶系统的过渡过程分析,一阶系统对典型输入信号的输出响应见表3-3。

表 3-3　一阶系统对典型输入信号的输出响应

输入信号	输出响应
$1(t)$	$1 - e^{-\frac{t}{T}}$　$t \geq 0$
$\delta(t)$	$\frac{1}{T}e^{\frac{t}{T}}$　$t \geq 0$
t	$t - T + Te^{-\frac{t}{T}}$　$t \geq 0$
$\frac{1}{2}t^2$	$\frac{1}{2}t^2 - Tt + T^2(1 - e^{-\frac{t}{T}})$　$t \geq 0$

由表3-3可见,单位脉冲函数与单位阶跃函数的一阶导数及单位斜坡函数的二阶导数的等价关系,对应有单位脉冲响应与单位阶跃响应的一阶导数及单位斜坡响应的二阶导数的等价关系。这个等价对应关系表明:系统对输入信号导数的响应,就等于系统对该输入信号响应的导数;或者,系统对输入信号积分的响应,就等于系统对该输入信号响应的积分,而积分常数

由零输出初始条件确定。这是线性定常系统的一个重要特性,适用于任何阶线性定常系统,但不适用于线性时变系统和非线性系统。因此,研究线性定常系统的时间响应,不必对每种输入信号形式进行测定和计算,往往只取其中一种典型形式进行研究。

3.3　二阶系统的时域分析

二阶系统是指由二阶微分方程描述的系统。二阶系统的应用在控制工程实践中极为广泛,许多高阶系统在一定的条件下也可以近似为二阶系统来研究,因此,详细讨论和分析二阶系统的特征具有极为重要的实际意义。

3.3.1　二阶系统的数学模型

RLC 振荡电路如图 3-10 所示。

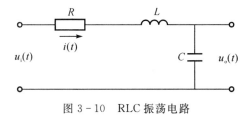

图 3-10　RLC 振荡电路

其运动方程为

$$LC\frac{\mathrm{d}^2 u_\mathrm{o}(t)}{\mathrm{d}t^2} + RC\frac{\mathrm{d}u_\mathrm{o}(t)}{\mathrm{d}t} + u_\mathrm{o}(t) = u_\mathrm{i}(t)$$

二阶系统动态特性的运动方程的标准形式为

$$T^2\frac{\mathrm{d}^2 c(t)}{\mathrm{d}t^2} + 2\xi T\frac{\mathrm{d}c(t)}{\mathrm{d}t} + c(t) = r(t) \tag{3-10}$$

式中,$c(t)$ 表示系统的输出量;$r(t)$ 表示系统的输入量。这个方程中有 T 和 ξ 两个参数。设 T 和 ξ 都是正的,因而系统是稳定的。T 称作二阶系统的时间常数,ξ 称作系统的阻尼系数。将式(3-10)写成标准形式为

$$\frac{\mathrm{d}^2 c(t)}{\mathrm{d}t^2} + 2\xi\omega_\mathrm{n}\frac{\mathrm{d}c(t)}{\mathrm{d}t} + \omega_\mathrm{n}^2 c(t) = \omega_\mathrm{n}^2 r(t) \tag{3-11}$$

式中,$\omega_\mathrm{n} = \dfrac{1}{T}$ 称作系统的自然频率(或无阻尼自振荡频率)。

零初始条件下,对式(3-11)取拉氏变换得二阶系统的闭环传递函数为

$$\Phi(s) = \frac{C(s)}{R(s)} = \frac{\omega_\mathrm{n}^2}{s^2 + 2\xi\omega_\mathrm{n} s + \omega_\mathrm{n}^2} \tag{3-12}$$

其方框图如图 3-11 所示。

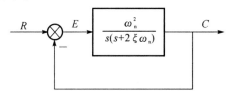

图 3-11　二阶系统标准形式的方框图

3.3.2 二阶系统的单位阶跃响应

当输入信号为单位阶跃函数时,则二阶系统的单位阶跃响应的拉氏变换式为

$$C(s) = \frac{\omega_n^2}{s^2 + 2\xi\omega_n s + \omega_n^2} \frac{1}{s} \qquad (3-13)$$

对式(3-13)取拉氏反变换,便可得到二阶系统的单位阶跃响应 $c(t)$。

1.二阶系统的闭环极点

令式(3-12)的分母多项式为零,得二阶系统的特征方程为

$$D(s) = s^2 + 2\xi\omega_n s + \omega_n^2 = 0$$

其两个特征根(闭环极点)为

$$s_{1,2} = -\xi\omega_n \pm \omega_n\sqrt{\xi^2-1}$$

显然,二阶系统的时间响应取决于 ξ 和 ω_n 这两个参数。特别是随着阻尼比 ξ 取值的不同,二阶系统的特征根具有不同的性质,从而系统的响应特性也不同。

(1)当 $\xi > 1$ 时,特征方程具有两个不相等的负实根 $s_{1,2} = -\xi\omega_n \pm \omega_n\sqrt{\xi^2-1}$,它们是位于 s 平面负实轴上的两个不等实极点,如图 3-12 所示。

(2)当 $\xi = 1$ 时,特征方程具有两个相等的负实根 $s_{1,2} = -\omega_n$,它们是位于 s 平面负实轴上的相等实极点,如图 3-12 所示。

(3)当 $0 < \xi < 1$ 时,两个特征根为一对共轭复根 $s_{1,2} = -\xi\omega_n \pm j\omega_n\sqrt{1-\xi^2}$,它们是位于 s 平面左半平面的共轭复数极点,如图 3-12 所示。

(4)当 $\xi = 0$ 时,特征方程的两个根为共轭纯虚根 $s_{1,2} = \pm j\omega_n$,它们是位于 s 平面虚轴上的一对共轭极点,二阶系统的特征根分布图如图 3-12 所示。

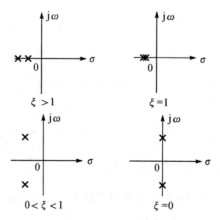

图 3-12 二阶系统的特征根分布图

2.二阶系统的单位阶跃响应

(1)当 $\xi > 1$(过阻尼)时,二阶系统的单位阶跃响应。

二阶系统闭环特征方程具有两个不相等的负实根,即

$$s_1 = -\frac{1}{T_1} = -(\xi - \sqrt{\xi^2-1})\omega_n, \quad s_2 = -\frac{1}{T_2} = -(\xi + \sqrt{\xi^2-1})\omega_n, \quad T_1 > T_2$$

则单位阶跃响应的拉氏变换式为

$$C(s) = \Phi(s)R(s) = \frac{\omega_n^2}{(s + 1/T_1)(s + 1/T_2)} \frac{1}{s}$$

对其进行拉氏变换,得系统单位阶跃响应为

$$c(t) = 1 + \frac{e^{-\frac{t}{T_1}}}{\frac{T_2}{T_1} - 1} + \frac{e^{-\frac{t}{T_2}}}{\frac{T_1}{T_2} - 1} \quad t \geqslant 0$$

过阻尼二阶系统的单位阶跃响应曲线如图 3 - 13 所示。

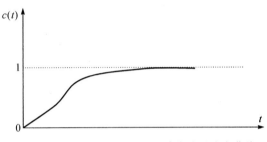

图 3 - 13　过阻尼二阶系统的单位阶跃响应曲线

（2）当 $\xi = 1$（临界阻尼）时,二阶系统的单位阶跃响应。

当 $\xi = 1$ 时,式(3 - 13)可改写为

$$C(s) = \frac{\omega_n^2}{s(s + \omega_n)^2} = \frac{1}{s} - \frac{\omega_n}{(s + \omega_n)^2} - \frac{1}{s + \omega_n} \quad (3 - 14)$$

对式(3 - 14)进行拉氏反变换,可得

$$c(t) = 1 - (1 + \omega_n t)e^{-\omega_n t} \quad t \geqslant 0 \quad (3 - 15)$$

式(3 - 15)说明,具有临界阻尼比的二阶系统的单位阶跃响应是一个无超调的单调上升过程,如图 3 - 14 所示,

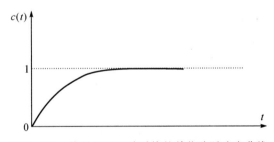

图 3 - 14　临界阻尼二阶系统的单位阶跃响应曲线

其变化率为

$$\frac{dc(t)}{dt} = \omega_n^2 t e^{-\omega_n t} \quad (3 - 16)$$

式(3 - 16)表明,在 $t = 0$ 时的变化率为零,随着时间的推移,响应过程的变化率为正,响应过程单调上升;当时间趋于无穷时,变化率趋于零,响应过程趋于常值 1。

（3）当 $0 < \xi < 1$（欠阻尼）时,二阶系统的单位阶跃响应。

欠阻尼时,式(3 - 13)改写为

$$C(s)=\frac{\omega_n^2}{s^2+2\xi\omega_n s+\omega_n^2}\frac{1}{s}=\frac{1}{s}-\frac{s+2\xi\omega_n}{s^2+2\xi\omega_n s+\omega_n^2}=$$

$$\frac{1}{s}-\frac{s+\xi\omega_n}{(s+\xi\omega_n)^2+\omega_d^2}-\frac{\xi\omega_n}{(s+\xi\omega_n)^2+\omega_d^2} \qquad (3-17)$$

式(3-17)中，$\omega_d=\omega_n\sqrt{1-\xi^2}$ 称为系统的有阻尼自振频率。对式(3-17)取拉氏反变换，得单位阶跃响应为

$$c(t)=1-e^{-\xi\omega_n t}\cos\omega_d t-\frac{\xi\omega_n}{\omega_d}e^{-\xi\omega_n t}\cos\omega_d t=1-e^{-\xi\omega_n t}\left(\cos\omega_d t+\frac{\xi}{\sqrt{1-\xi^2}}\sin\omega_d t\right)=$$

$$1-\frac{1}{\sqrt{1-\xi^2}}e^{-\xi\omega_n t}\sin(\omega_d t+\theta) \qquad t\geqslant 0 \qquad (3-18)$$

式(3-18)中，$\theta=\arccos\xi$。由式(3-18)可得二阶系统单位阶跃响应的偏差为

$$e(t)=r(t)-c(t)=\frac{1}{\sqrt{1-\xi^2}}e^{-\xi\omega_n t}\sin(\omega_d t+\theta) \quad t\geqslant 0 \qquad (3-19)$$

阶跃响应曲线如图 3-15 所示。

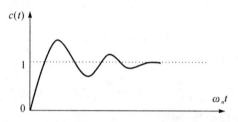

图 3-15　欠阻尼二阶系统的单位阶跃响应曲线

典型欠阻尼二阶系统的单位阶跃响应曲线位于两条包络线 $1\pm e^{-\xi\omega_n t}/\sqrt{1-\xi^2}$ 之间，如图 3-16 所示。包络线收敛速率取决于 $\xi\omega_n$（特征根实部之模），相应的阻尼振荡频率取决于 $\sqrt{1-\xi^2}\omega_n$（特征根的虚部），响应的初始值为零，终止为 1。

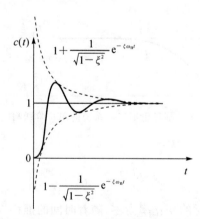

图 3-16　欠阻尼二阶系统的一对包络线

由式(3-18)和式(3-19)，可得以下结论：

1) 当 $0<\xi<1$ 时，二阶系统单位阶跃响应 $c(t)$ 和其偏差响应 $e(t)$ 均为衰减的正弦振荡过程。

2）共轭复数极点实部的绝对值 $\xi\omega_n$ 决定了欠阻尼响应的衰减速度，$\xi\omega_n$ 越大，即共轭复数极点离虚轴越远，欠阻尼响应衰减得越快。欠阻尼响应的振荡频率为 ω_d，其值总小于系统的无阻尼自然振荡频率 ω_n。

3）欠阻尼响应过程偏差随时间的推移而减小，当时间趋于无穷时它趋于零。

（4）当 $\xi=0$（零阻尼）时，二阶系统的单位阶跃响应。

令 $\xi=0$，便可求得二阶系统无阻尼时的单位阶跃响应为

$$c(t) = 1 - \cos\omega_n t \quad t \geqslant 0$$

在无阻尼情况下系统的阶跃响应为等幅余弦振荡曲线，如图 3-17 所示。

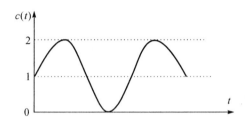

图 3-17　零阻尼二阶系统的单位阶跃响应曲线

无阻尼等幅振荡角频率是 ω_n，这便是无阻尼自振荡频率这一名称的由来。

应用 MATLAB 软件绘制阻尼比不同时二阶系统的单位阶跃响应曲线，如图 3-18 所示。可见，阻尼比 ξ 越大，系统的超调量 σ 越小，响应平稳；阻尼比 ξ 越小，系统的超调量 σ 越大，响应的平稳性越差。当 ξ 为负数时，二阶系统单位阶跃响应振荡发散，系统不稳定。

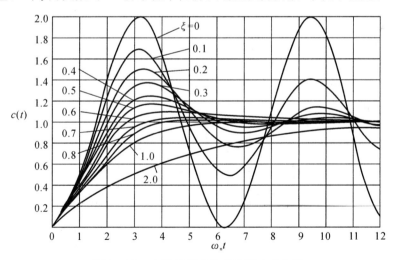

图 3-18　二阶系统的单位阶跃响应曲线

3.3.3　二阶系统的动态性能指标计算

1. 欠阻尼二阶系统的动态性能指标计算

在控制工程中，除了那些不容许产生振荡响应的系统外，通常都希望控制系统具有适度的阻尼、较快的响应速度和较短的调节时间。因此，二阶控制系统的设计一般取 $\xi=0.4 \sim 0.8$，

其各项动态性能指标,除峰值时间、超调量和上升时间可用 ξ 与 ω_n 准确表示外,延迟时间和调节时间很难用 ξ 与 ω_n 准确描述,不得不采用工程上的近似计算方法。

为了便于说明改善系统动态性能的方法,欠阻尼二阶系统的特征参数如图 3-19 所示。

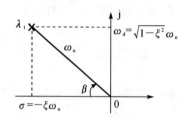

图 3-19　欠阻尼二阶系统的特征参数

由图 3-19 可见,衰减系数 σ 是闭环极点到虚轴之间的距离;阻尼振荡频率 ω_d 是闭环极点到实轴之间的距离;自然频率 ω_n 是闭环极点到坐标原点之间的距离;ω_n 与负实轴夹角的余弦正好是阻尼比,即 $\xi = \cos\beta$,故 β 称为阻尼角。

(1) 峰值时间 t_p:令 $c'(t) = 0$,利用式(3-18)可得

$$\sin(\sqrt{1-\xi^2}\,\omega_n t) = 0$$

即有

$$\sqrt{1-\xi^2}\,\omega_n t = 0,\pi,2\pi,3\pi,\cdots$$

根据峰值时间定义,得

$$t_p = \frac{\pi}{\sqrt{1-\xi^2}\,\omega_n} = \frac{\pi}{\omega_d} \tag{3-20}$$

(2) 超调量 $\sigma\%$:将式(3-20)代入式(3-18),整理后得

$$c(t_p) = 1 + e^{-\xi\pi/\sqrt{1-\xi^2}}$$

$$\sigma\% = \frac{c(t_p) - c(\infty)}{c(\infty)} \times 100\% = e^{-\xi\pi/\sqrt{1-\xi^2}} \times 100\% \tag{3-21}$$

可见,典型欠阻尼二阶系统的超调量 $\sigma\%$ 与阻尼比 ξ 有关,欠阻尼二阶系统 $\sigma\%$ 与 ξ 的关系曲线如图 3-20 所示。

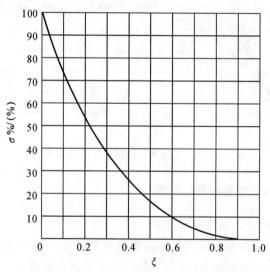

图 3-20　欠阻尼二阶系统 $\sigma\%$ 与 ξ 的关系曲线

（3）调节时间 t_s：用定义求解欠阻尼二阶系统的调节时间比较麻烦，为简便计，通常按阶跃响应的包络线进入 5% 误差带的时间计算调节时间。令

$$\left|1+\frac{\mathrm{e}^{-\xi\omega_n t}}{\sqrt{1-\xi^2}}\right|=\frac{\mathrm{e}^{-\xi\omega_n t}}{\sqrt{1-\xi^2}}=0.05$$

可解得

$$t_s=\frac{\ln0.05+\frac{1}{2}\ln(1-\xi^2)}{\xi\omega_n}\approx\frac{3.5}{\xi\omega_n}\quad 0.3<\xi<0.8 \tag{3-22}$$

典型欠阻尼二阶系统超调量 $\sigma\%$ 只取决于阻尼比 ξ，调节时间 t_s 与阻尼比 ξ 和自然频率 ω_n 均有关。当 $\xi\omega_n$ 一定时，调节时间 t_s 实际上随阻尼比 ξ 还有所变化，当 $\xi=0.707(\beta=45°)$ 时，实际调节时间最短，$\sigma\%=4.32\%\approx5\%$，超调量又不大，因此一般称 $\xi=0.707$ 为"最佳阻尼比"。

例 3-1　控制系统结构图如图 3-21 所示。

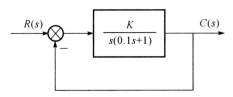

图 3-21　控制系统结构图

（1）当开环增益 $K=10$ 时，求系统的动态性能指标；

（2）确定使系统阻尼比 $\xi=0.707$ 的 K 值。

解　（1）当 $K=10$ 时，系统的闭环传递函数为

$$\Phi(s)=\frac{G(s)}{1+G(s)}=\frac{100}{s^2+10s+100}$$

与二阶系统传递函数标准形式比较，得

$$\omega_n=\sqrt{100}=10,\quad \xi=\frac{10}{2\times10}=0.5$$

$$t_p=\frac{\pi}{\sqrt{1-\xi^2}\,\omega_n}=\frac{\pi}{\sqrt{1-0.5^2}\times10}=0.363$$

$$\sigma\%=\mathrm{e}^{-\xi\pi/\sqrt{1-\xi^2}}=16.3\%$$

$$t_s=\frac{3.5}{\xi\omega_n}=\frac{3.5}{0.5\times10}=0.7$$

（2）$\Phi(s)=\dfrac{10K}{s^2+10s+10K}$，与二阶系统传递函数的标准形式比较，得

$$\begin{cases}\omega_n=\sqrt{10K}\\\xi=10/2\sqrt{10K}\end{cases}$$

令 $\xi=0.707$，得 $K=\dfrac{100\times2}{4\times10}$。

例 3-2　二阶系统的结构图及单位阶跃响应如图 3-22 所示，试确定系统参数 K_1,K_2,α 的值。

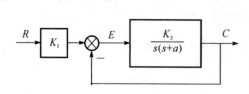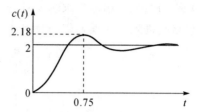

图 3-22　二阶系统的结构图及单位阶跃响应

解　由系统的结构图可得

$$\Phi(s) = \frac{K_1 K_2}{s^2 + as + K_2}$$

与二阶系统传递函数的标准形式比较,得

$$K_2 = \omega_n^2$$

$$a = 2\xi\omega_n$$

由单位阶跃响应曲线有

$$c(\infty) = 2 = \lim_{s \to 0} s\Phi(s)R(s) = \lim_{s \to 0} \frac{K_1 K_2}{s^2 + as + K_2} = K_1$$

$$\begin{cases} t_p = \dfrac{\pi}{\sqrt{1-\xi^2}\,\omega_n} = 0.75 \\[2mm] \sigma\% = \dfrac{2.18 - 2}{2} = 0.09 = e^{-\xi\pi/\sqrt{1-\xi^2}} \end{cases}$$

解之得

$$\begin{cases} \xi = 0.608 \\ \omega_n = 5.278 \end{cases}$$

$$K_2 = 5.278^2 = 27.85$$

$$a = 2 \times 0.608 \times 5.278 = 6.42$$

$$K_1 = 2, \quad K_2 = 27.85, \quad a = 6.42$$

2.过阻尼二阶系统的动态性能指标计算

过阻尼二阶系统单位阶跃响应是无振荡的单调上升曲线,令 T_1/T_2 取不同值,可分别求解出相应的无量纲调节时间 t_s/T_1,如图 3-23 所示。

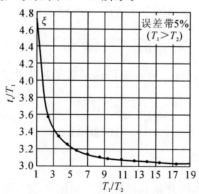

图 3-23　T_1/T_2 和 t_s/T_1 关系曲线

图 3 - 23 中 ξ 为参变量，由 $s^2 + 2\xi\omega_n s + \omega_n^2 = (s + 1/T_1)(s + 1/T_2)$ 得

$$\xi = \frac{1 + T_1/T_2}{2\sqrt{T_1/T_2}} \tag{3-23}$$

当 T_1/T_2（或 ξ）很大时，特征根 $s_2 = -\dfrac{1}{T_2}$ 比 $s_1 = -\dfrac{1}{T_1}$ 远离虚轴，模态 $e^{-\frac{t}{T_2}}$ 很快衰减为零，系统调节时间主要由模态 $e^{-\frac{t}{T_1}}$ 决定。此时可将过阻尼二阶系统近似看作由 s_1 确定的一阶系统，估算其动态性能指标。

例 3 - 3   某系统闭环传递函数 $\Phi(s) = \dfrac{16}{s^2 + 10s + 16}$，计算系统的动态性能指标。

解 $\Phi(s) = \dfrac{16}{s^2 + 10s + 16} = \dfrac{16}{(s + 2)(s + 8)} = \dfrac{\omega_n^2}{(s + 1/T_1)(s + 1/T_2)}$

$$T_1 = \frac{1}{2} = 0.5$$

$$T_2 = \frac{1}{8} = 0.125$$

$$T_1/T_2 = 4$$

$$\xi = \frac{1 + T_1/T_2}{2\sqrt{T_1/T_2}} = 1.25 > 1$$

根据 T_1/T_2 的值查图 3 - 23 可得

$$t_s/T_1 = 3.3$$

$$t_s = 3.3T_1 = 3.3 \times 0.5 = 1.65 \text{ s}$$

将该过阻尼系统近似为一阶系统计算性能指标

$$t_s = 3T_1 = 3 \times 0.5 = 1.5 \text{ s}$$

可见，两者结果近似。

3.3.4   改善二阶系统动态性能的措施

由二阶系统响应特性的分析和性能指标的计算，可以看出，通过调整二阶系统的两个特征参数 ξ 和 ω_n，可以改善系统的动态性能。但是这种改善是有限度的。这里，介绍在伺服控制系统中广泛使用的两种改善二阶系统性能的方法：测速反馈控制和比例-微分控制。

例 3 - 4   系统结构图如图 3 - 24(a) 所示，分别采用测速反馈控制（见图 3 - 24(b)）和比例-微分控制（见图 3 - 24(c)）对系统性能进行改善，其中 $K_t = 0.216$，分别写出它们各自的闭环传递函数和动态性能指标（$\sigma\%$ 和 t_s）。

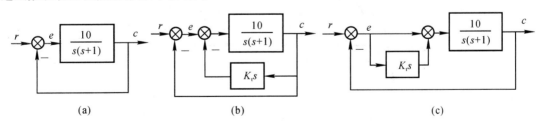

图 3 - 24   系统结构图

例 3-4 各系统性能指标计算见表 3-4。

表 3-4　性能指标计算表

测速反馈系统	比例微分系统
$G(s) = \dfrac{10}{s(s+1) + 10K_t s} = \dfrac{10/(1+10K_t)}{\dfrac{1}{1+10K_t}s(s+1)}$	$G(s) = \dfrac{10(1+10K_t s)}{s(s+1)}$
$\Phi(s) = \dfrac{10}{s^2 + (1+10K_t)s + 1}$	$\Phi(s) = \dfrac{10(1+10K_t s)}{s^2 + (1+10K_t)s + 10}$
/	$z = -4.63$
$p_{1,2} = -1.58 \pm \text{j}2.74$	$p_{1,2} = -1.58 \pm \text{j}2.74$
$\begin{cases} \omega_n = \sqrt{10} = 3.16 \\ \xi = \dfrac{1 + 10 \times 0.216}{2 \times 3.16} = \dfrac{1}{2} \\ \beta = 60° \end{cases}$	$\begin{cases} \omega_n = \sqrt{10} = 3.16 \\ \xi = \dfrac{1}{2} \\ \beta = 60° \\ -a = z = -\dfrac{1}{K_t} = -\dfrac{1}{0.216} = -4.63 \end{cases}$
$\begin{cases} t_p = \dfrac{\pi}{\sqrt{1-\xi^2}\,\omega_n} = 1.15 \\ \sigma\% = \text{e}^{-\xi\pi/\sqrt{1-\xi^2}} = 16.3\% \\ t_s = \dfrac{3.5}{\xi\omega_n} = 2.215 \end{cases}$	$\begin{cases} t_p = \dfrac{\pi - \arctan[\omega_n\sqrt{1-\xi^2}/(a-\xi\omega_n)]}{\omega_n\sqrt{1-\xi^2}} = 1.05 \\ \sigma\% \begin{cases} a/\xi\omega_n = 2.93 \\ \xi = 0.5 \end{cases} \to 23\% \\ t_s = \dfrac{3.5}{\xi\omega_n} = \dfrac{3 + \frac{1}{2}\ln(a^2 - 2\xi\omega_n + \omega_n^2) - \ln a - \frac{1}{2}\ln(1-\xi^2)}{\xi\omega_n} = 2.1 \end{cases}$

　　测速反馈和 PD 控制的引入使系统的闭环极点远离虚轴（相应调节时间小）且 β 角减小（对应阻尼比较大，超调量较小），因而动态性能优于原系统。例 3-4 中三个系统的单位阶跃响应如图 3-25 所示。

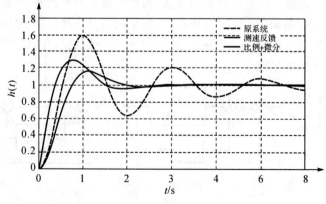

图 3-25　三个系统的单位阶跃响应

系统采用 PD 控制,微分信号有超前性,相当于系统的调节作用提前,阻止了系统的过调,增大系统的阻尼,使阶跃响应的超调量下降,调节时间缩短,且不影响常值稳态误差及系统的自然频率。由于采用微分控制后,允许选取较高的开环增益,所以在保证一定的动态性能的条件下,可以减小稳态误差。应当指出,微分器对于噪声,特别是对于高频噪声的放大作用,远大于对缓慢变化输入信号的放大作用,因此在系统输入端噪声较强的情况下,不宜采用 PD 控制方式。此时,可考虑选用控制工程中常用的测速反馈控制方式。

输出量的导数同样可以用来改善系统的性能。通过将输出的速度信号反馈到系统输入端,并与误差信号比较,其效果与 PD 控制相似,可以增大系统阻尼,使系统的振荡性能得到抑制,超调量减小。这种方法能改善系统动态性能。

测速反馈与 PD 控制不同的是,测速反馈会降低系统的开环增益,从而加大系统在斜坡输入时的稳态误差;相同的则是,同样不影响系统的自然频率,并可增大系统的阻尼比。在设计测速反馈控制系统时,可以适当增大原系统的开环增益,以弥补稳态误差的损失,同时适当选择测速反馈系数 K_t,使阻尼比 ξ 在 $0.4 \sim 0.8$ 之间,从而满足给定的各项动态性能指标。

3.4　高阶系统的时域分析

严格来说,任何一个控制系统几乎都是由高阶微分方程来描述的,也就是说,是一个高阶系统,对其研究和分析往往比较困难。为此,本节将着重建立描述高阶系统响应特性的闭环主导极点的概念,并基于这一重要概念对高阶系统的响应过程进行近似分析。

3.4.1　高阶系统的单位阶跃响应

设有稳定的高阶系统,其闭环传递函数一般可以表示为

$$\Phi(s) \frac{C(s)}{R(s)} = \frac{b_m s^m + b_{m-1} s^{m-1} + \cdots + b_0}{a_n s^n + a_{n-1} s^{n-1} + \cdots + a_0} =$$

$$\frac{K \prod_{i=1}^{m} s - z_i}{\prod_{j=1}^{q} (s - \lambda_i) \prod_{k=1}^{r} (s^2 + 2\xi_k \omega_k s + \omega_k^2)} = \frac{M(s)}{D(s)} \quad n \geqslant m \qquad (3-24)$$

式中,$K = b_m / a_n$,$q + 2r = n$。因为 $M(s)$,$D(s)$ 均为实系数多项式,所以闭环零点和极点只能是实根或共轭复根。

高阶系统单位阶跃响应的拉氏变换为

$$C(s) = \Phi(s) \frac{1}{s} = \frac{K \prod_{i=1}^{m} s - z_i}{s \prod_{j=1}^{q} (s - \lambda_j) \prod_{k=1}^{r} (s^2 + 2\xi_k \omega_k s + \omega_k^2)} =$$

$$\frac{A_0}{s} + \sum_{j=1}^{q} \frac{A_j}{s - \lambda_j} + \sum_{k=1}^{r} \frac{B_k s + C_k}{s^2 + 2\xi_k \omega_k s + \omega_k^2} \qquad (3-25)$$

$$A_0 = \lim_{s \to 0} sC(s) = \frac{M(0)}{D(0)}$$

$$A_j = \lim_{s \to \lambda_j} (s - \lambda_j) C(s)$$

式中，B_k，C_k 是与 $C(s)$ 的闭环共轭复极点处的留数相关的常系数。

式(3-25)进行拉式反变换的高阶系统的单位阶跃响应为

$$c(t) = A_0 + \sum_{j=1}^{q} A_j e^{\lambda_j t} + \sum_{k=1}^{r} D_k e^{-\sigma_k t} \sin(\omega_{dk} t + \varphi_k) \qquad (3-26)$$

式中，D_k 是与 $C(s)$ 的闭环共轭复极点处的留数相关的常系数。

$$\sigma_k = \xi_k \omega_k \omega_{dk} = \omega_k \sqrt{1 - \xi_k^2} \qquad (3-27)$$

式(3-26)表明，高阶系统的单位阶跃响应一般含有指数函数分量和衰减正弦函数分量。如果系统的所有闭环极点都具有负的实部而位于 s 平面的左半平面，则系统时间响应的各暂态分量都将随时间的增长而趋于零。这时称高阶系统是稳定的。显然，对于稳定的高阶系统，闭环极点负实部的绝对值越大，也即闭环极点离虚轴越远，其对应的暂态分量衰减越快；反之，则衰减缓慢。

需要指出的是，虽然系统的闭环极点在 s 平面的分布决定了系统时间响应的类型和特性，但系统的闭环零点则决定了对系统时间响应的具体形状。

3.4.2 闭环主导极点

对于稳定的高阶系统，如果在所有的闭环极点中，距虚轴最近的极点周围没有闭环零点，而其他闭环极点又远离虚轴，那么距虚轴最近的闭环极点所对应的响应分量，随时间的推移衰减缓慢，在系统的时间响应过程中起主导作用，这样的闭环极点就称为闭环主导极点。闭环主导极点可以是实数极点，也可以是复数极点，或者是它们的组合。除闭环主导极点外，所有其他闭环极点由于其对应的响应分量随时间的推移迅速衰减，对系统的时间响应过程影响甚微，因而统称为非主导极点。

通常认为，极点的实部大于主导极点实部 3 倍以上，可以忽略相应分量对系统性能的影响；两相邻零、极点间的距离比它们本身的模值小一个数量级，称该零、极点对为"偶极子"，其作用近似抵消，可以忽略相应分量对系统的影响。

在控制工程实践中，通常要求控制系统既具有较快的响应速度，又具有一定的阻尼程度，此外，还要求减少死区、间隙和库仑摩擦等非线性因素对系统性能的影响，因此高阶系统的增益常常调整到使系统具有一对闭环共轭主导极点。这时，可以用二阶系统的动态性能指标来估算高阶系统的动态性能。

例 3-5 已知系统的闭环传递函数为

$$\Phi(s) = \frac{0.24s + 1}{(0.25s + 1)(0.04s^2 + 0.24s + 1)(0.062\,5s + 1)}$$

估算系统的性能指标。

解 将闭环传递函数等效成零、极点形式，有

$$\Phi(s) = \frac{383.693(s + 4.17)}{(s + 4)(s^2 + 6s + 25)(s + 16)}$$

系统的主导极点为 $\lambda_{1,2} = -3 \pm j4$，忽略非主导极点 $\lambda_4 = -16$ 和一对偶极子($\lambda_3 = -4$，$z_1 = -4.17$)

由于原系统闭环增益为 1，降阶处理后系统的闭环传递函数为

$$\Phi(s) = \frac{383.693 \times 4.17}{4 \times 16} \frac{1}{s^2 + 6s + 25}$$

$$\Phi(s) = \frac{25}{s^2 + 6s + 25}$$

其中，$\omega_n = 5, \xi = 0.6$，根据二阶系统可求得系统的动态性能指标为

$$\begin{cases} \sigma\% = e^{-\xi\pi/\sqrt{1-\xi^2}} = 9.5\% \\ t_s = \dfrac{3.5}{\xi\omega_n} = 1.17 \end{cases}$$

3.5   线性系统的稳定性分析

稳定是控制系统正常工作的首要条件。在实际工程中，控制系统的运行总会受到来自外部或内部的一些因素的干扰，例如周围环境条件的改变，负载和能源的波动等。如果系统是不稳定的，在受到这些扰动的作用后，输出量将呈现为持续的振荡过程，或输出量无限制地偏离其平衡工作状态。在控制系统动态特性中，最重要的性能是稳定性，即系统是稳定的还是不稳定的。

3.5.1   稳定性的概念

设线性定常系统原处于某一平衡状态，若它瞬间受到某一扰动作用而偏离了原来的平衡状态，在此扰动撤销后，其动态过程随时间的推移逐渐衰减并趋于零，最终系统回到原来的平衡状态，则称该系统是稳定的；反之，若系统的动态过程随时间的推移而发散，则称系统不稳定。由此可知，稳定性是表征系统在扰动撤销后自身的一种恢复能力，因而它是系统的一种固有特性。

3.5.2   稳定的充分必要条件

在线性控制系统中，最重要的问题是稳定性问题。在什么条件下系统才是稳定的呢？如果系统不稳定，又如何使系统稳定呢？下面就来分析线性系统稳定的充分必要条件。脉冲信号可以看作是一种典型的扰动信号。根据系统稳定的定义，若系统脉冲响应收敛，即

$$\lim_{t \to \infty} c(t) = 0$$

则系统是稳定的。设系统闭环传递函数为

$$\Phi(s) = \frac{M(s)}{D(s)} = \frac{b_m(s-z_1)(s-z_2)\cdots(s-z_m)}{a_n(s-p_1)(s-p_2)\cdots(s-p_n)}$$

设闭环极点为互不相等的单根，则脉冲响应的拉氏变换为

$$C(s) = \Phi(s) = \frac{A_1}{s-p_1} + \frac{A_2}{s-p_2} + \cdots \frac{A_n}{s-p_n} = \sum_{i=1}^{n} \frac{A_i}{s-p_i} \tag{3-28}$$

式中，$A_i = \lim_{s \to p} (s-p_i)C(s)$ 是 $C(s)$ 在闭环极点 p_i 处的留数。对式(3-28)进行拉氏反变换，得单位脉冲响应函数为

$$c(t) = A_1 e^{p_1 t} + A_2 e^{p_2 t} + \cdots + A_n e^{p_n t} = \sum_{i=1}^{n} A_i e^{p_i t} \tag{3-29}$$

根据稳定性的定义，系统稳定时有

$$\lim_{t \to \infty} c(t) = \lim_{t \to \infty} \sum_{i=1}^{n} A_i e^{p_i t} = 0 \qquad (3-30)$$

考虑到留数 A_i 的任意性，要使式（3-30）成立，只能有

$$\lim_{t \to \infty} e^{p_i t} = 0 \qquad i = 1, 2, 3, \cdots, n \qquad (3-31)$$

式（3-31）表明，所有特征根均具有负实部是系统稳定的必要条件。同时可以确定，如果系统的所有特征根均具有负实部，则式（3-30）成立。

如果特征方程有 L 重根 p_0，则相应模态为

$$e^{p_0 t}, t e^{p_0 t}, t^2 e^{p_0 t}, \cdots, t^{L-1} e^{p_0 t}$$

当时间 t 趋于无穷大时是否收敛到零，仍然取决于重特征根 p_0 是否具有负实部。当系统有纯虚根时，系统处于临界稳定状态，脉冲响应呈现等幅振荡。由于系统参数的变化及扰动的不可避免性，实际上的等幅振荡系统不可能一直存在下去，很可能由于某些因素导致系统不稳定。在工程中，通常将临界稳定系统规划到不稳定系统之列。综上所述，可得线性定常系统稳定的充分必要条件是，系统的特征根（闭环极点）均位于 s 平面的左半平面。

3.5.3 稳定判据

线性定常系统稳定的充分必要条件是其特征根均具有负实部，因此只要解出闭环特征方程就可以判别系统是否稳定。然而当特征方程的次数较高时，求解是很困难的。在工程实践中，通常采用劳斯判据来判断系统的稳定性，该方法不必解出特征方程，就能判别它是否有 s 平面右半平面的根，以及有几个根。

1. 稳定的必要条件

设线性定常控制系统的闭环特征方程为

$$D(s) = a_n s^n + a_{n-1} s^{n-1} + \cdots + a_0 = 0 \qquad a_n > 0$$

如果原方程首项系数为负，可先将方程两端同乘以 -1。根据代数方程的基本理论，线性定常系统稳定的必要条件是，在特征方程中，各项系数为正，即 $a_i > 0$，满足必要条件的一、二阶系统一定稳定，满足必要条件的高阶系统未必稳定，因此高阶系统的稳定性还需要用劳斯判据来判断。

2. 劳斯判据

首先，按系统特征方程列写劳斯行列表：

s^n	a_n	a_{n-2}	a_{n-4}	$\cdots$
s^{n-1}	a_{n-1}	a_{n-3}	a_{n-5}	$\cdots$
s^{n-2}	b_1	b_2	b_3	$\cdots$
s^{n-3}	c_1	c_2	c_3	$\cdots$
s^{n-4}	d_1	d_2	d_3	$\cdots$
$\vdots$	$\vdots$	$\vdots$	$\vdots$	$\cdots$
s^0	a_0			

其中

$$b_1 = \frac{a_1 a_2 - a_0 a_3}{a_1}, \quad b_2 = \frac{a_1 a_4 - a_0 a_5}{a_1}, \quad b_3 = \frac{a_1 a_6 - a_0 a_7}{a_1}, \cdots$$

$$c_1 = \frac{b_1 a_3 - a_1 b_2}{b_1}, \quad c_2 = \frac{b_1 a_5 - a_1 b_3}{b_1}, \quad c_1 = \frac{b_1 a_7 - a_1 b_4}{b_1}, \cdots$$

劳斯稳定判据：系统稳定的充分必要条件是劳斯表中第 1 列元素均大于零,第 1 列元素符号改变的次数,等于特征方程中正实根的个数。

例 3 - 6　设系统特征方程为 $D(s) = s^4 + 2s^3 + 3s^2 + 4s + 5 = 0$,判定稳定性及在右半平面根个数。

解　列劳斯表：

s^4	1	3	5
s^3	2	4	0
s^2	$\frac{2 \times 3 - 1 \times 4}{2} = 1$	$\frac{2 \times 5 - 1 \times 0}{2} = 5$	0
s^1	$\frac{1 \times 4 - 2 \times 5}{1} = -6$	0	
s^0	5		

劳斯表中第 1 列元素变号两次,故有两个闭环极点位于右半 s 平面,系统不稳定。

3. 劳斯判据的特殊情况

劳斯表中某行的第 1 列元素为零,而该行其余各元素不全为零 —— 用一个很小的正数 ε 代替第 1 列元素中等于零的元素,继续完成劳斯表,表格计算完成后令 $\varepsilon \to 0$。

例 3 - 7　设系统特征方程为 $D(s) = s^3 - 3s + 2 = 0$,判定右半 s 平面中闭环根的个数。

解　列劳斯表：

s^3	1	-3
s^2	$0 \to \varepsilon$	2
s^1	$\frac{-3\varepsilon - 1 \times 2}{\varepsilon} < 0$	0
s^0	2	

劳斯表中第 1 列元素变号两次,因此系统的两个根位于右半 s 平面。

劳斯表中出现全零行 —— 利用全零行的上一行的元素构成辅助方程 $F(s) = 0$,将此辅助方程对复变量 s 求导,用所得导数方程的系数取代全为零行的元素,按照计算规则继续运算,直到得出完整的劳斯计算表。当系统中存在对称于原点的极点时,劳斯表会出现全零行,此时辅助方程的根就是特征方程根的一部分。

例 3 - 8　设系统特征方程为 $D(s) = s^5 + 3s^4 + 12s^3 + 20s^2 + 35s + 25 = 0$,试求系统在右半 s 平面的根个数及虚根值。

解　列劳斯表：

s^5	1	12	35
s^5	3	20	25
s^3	$\dfrac{3\times12-1\times20}{3}=\dfrac{16}{3}$	$\dfrac{3\times35-1\times25}{3}=\dfrac{80}{3}$	0
s^2	$\dfrac{\frac{16}{3}\times20-\frac{80}{3}\times3}{16/3}=5$	25	$0\begin{cases}辅助方程\\5s^2+25=0\end{cases}$
s^1	$\dfrac{\frac{80}{3}\times5-\frac{16}{3}\times25}{5}=0\leftarrow10$	0	$0\{10s+0=0$
s^0	25		

劳斯表中第1列元素符号没有改变,因此没有位于右半 s 平面的根,系统临界稳定。求解辅助方程可以得到系统的一对纯虚根 $p_{12}=\pm j\sqrt{5}$。劳斯稳定判据在线性控制系统分析中的应用是有一定局限性的,这主要是因为这种判据不能指出如何改善系统的相对稳定性和如何使不稳定的系统达到稳定。下面讨论如何确定参数值的稳定范围的问题。

例 3 - 9 控制系统的结构图如图 3 - 26 所示。

(1) 确定使系统稳定的 ξ,K 范围;

(2) 若 $\xi=2$,确定使系统闭环极点全部落在 $s=-1$ 左边时的范围。

解 (1) 系统开环增益 $K=\dfrac{K_a}{100}$,列劳斯表:

s^3	1	100	
s^2	20ξ	K_a	$\rightarrow \xi>0$
s^1	$\dfrac{2\,000\xi-K_a}{20\xi}=0$		$\rightarrow 2\,000\xi>K_a$
s^0	K_a		$\rightarrow K_a>0$

由此可得

$$\begin{cases}\xi>0\\0<K_a(=100K)<2\,000\xi\end{cases}\qquad\begin{cases}\xi>0\\0<K<20\xi\end{cases}$$

因此,使系统稳定的 ξ,K 范围为 $\xi>0;0<K<20\xi$,如图 3 - 27(阴影部分)所示。

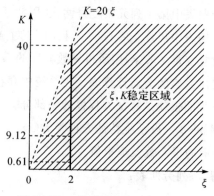

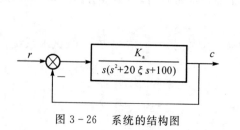

图 3 - 26　系统的结构图　　　　　图 3 - 27　使系统稳定的 ξ,K 范围

令 $s=s'-1$，进行坐标平移，使新坐标的虚轴 $s'=0$，新坐标系如图 3-28 所示。下面用劳斯判据求解。

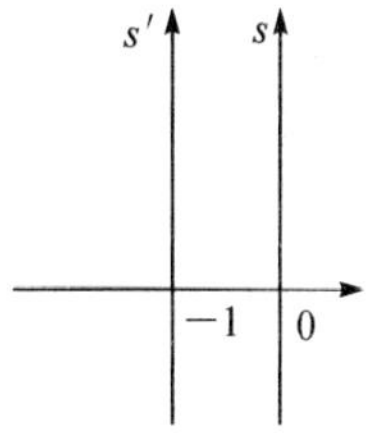

$$D'(s) \xlongequal{\xi=2} s^3 + 40s^2 + 100s + K_a$$

$$\downarrow s=s'-1$$

$$= (s'-1)^3 + 40(s'-1)^2 + 100(s'-1) + K_a$$

$$= \quad s'^3 - 3s'^2 + 3s' - 1$$
$$40(\quad s'^2 - 2s' + 1)$$
$$100(\quad s'-1)$$
$$\underline{\qquad K_a \qquad}$$
$$= s'^3 + 37s'^2 + 23s' + (K_a - 61)$$

图 3-28　坐标平移图

列劳斯表：

s'^3	1	23
s'^2	37	$K_a - 61$
s'^1	$\dfrac{37 \times 23 - K_a + 61}{37} = \dfrac{912 - K_a}{37}$	0 $\quad \rightarrow 912 > K_a$
s'^0	$K_a - 61$	$\rightarrow K_a > 61$

因此，使系统闭环极点全部落在 $s=-1$ 左边时的范围为 $61 < K_a(=100K) < 912$，即 $0.61 < K < 9.12$。

3.6　线性系统的稳态误差

控制系统的稳态误差是系统控制准确度（控制精度）的一种度量，通常称为稳态性能。在控制系统设计中，稳态误差是一项重要的技术指标。对于一个实际的控制系统，由于系统结构、输入作用的类型（控制量或扰动量）、输入函数的形式（阶跃、斜坡或加速度）不同，控制系统的稳态输出不可能在任何情况下都与输入量一致或相当，也不可能在任何形式的扰动作用下都能准确地恢复到原平衡位置。此外，控制系统中不可避免地存在摩擦、间隙、不灵敏区、零位输出等非线性因素，这会造成附加的稳态误差。可以说，控制系统的稳态误差是不可避免的，控制系统设计的任务之一，就是尽量减小系统的稳态误差，或者使稳态误差小于某一容许值。显然，只有当系统稳定时，研究稳态误差才有意义；对于不稳定的系统而言，根本不存在研究稳态误差的可能性。有时，把在阶跃函数作用下没有原理性稳态误差的系统，称为无差系统；而把具有原理性稳态误差的系统，称为有差系统。对于稳定的控制系统，它的稳态性能一般是根据阶跃、斜坡或加速度输入所引起的稳态误差来判断的。在本节中，所研究的稳态误差，是指由于系统不能很好跟踪特定形式的输入而引起的稳态误差，即原理性稳态误差的计算方法，其中包括系统类型与稳态误差的关系，同时介绍定量描述系统误差的两类系数，即静态误差系数和动态误差系数。

3.6.1　误差与稳态误差

1.输入端定义误差

设控制系统结构图如图 3-29 所示。

当输入信号 $R(s)$ 与主反馈信号不等时，比较装置的输出为

$$E(s) = R(s) - H(s)C(s) \tag{3-32}$$

此时，系统在 $E(s)$ 信号作用下产生动作，使输出量趋于希望值。通常，称 $E(s)$ 为误差信号，简称误差（亦称偏差）。

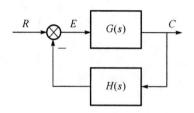

图 3-29　控制系统结构图

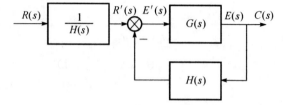

图 3-30　控制系统结构图

2. 输出端定义误差

系统结构图 3-29 经等效变换可以化成图 3-30。

从输出端定义误差是系统输出量的希望值与实际值之差可得出

$$E'(s) = \frac{R'(s)}{H(s)} - C(s) \tag{3-33}$$

从输入端定义的误差在实际系统中是可以测量的，具有一定的物理意义；从输出端定义的误差在系统性能指标的提法中经常使用，但在实际系统中有时无法测量，因而一般只有数学意义。

$E(s)$ 与 $E'(s)$ 之间存在以下简单关系：

$$E'(s) = \frac{E(s)}{H(s)}$$

因此，在本书的叙述中，均采用从系统输入端定义的误差 $E(s)$ 来进行计算和分析。如果有必要计算输出端误差 $E'(s)$，可利用上式进行换算。特别指出，对于单位反馈控制系统，输出量的希望值就是输入信号 $R(s)$，因而两种误差定义的方法是一致的。

3.6.2　稳态误差的一般计算方法

求取稳态误差的一般方法实质上是利用终值定理进行计算，输入作用下和干扰作用下的稳态误差均可用此方法进行计算。具体步骤如下：

（1）判断系统的稳定性。稳定是系统正常工作的前提条件，只有稳定的系统，研究稳态误差才有意义。

（2）求误差传递函数：

$$\Phi_e(s) = \frac{E(s)}{R(s)} = \frac{1}{1 + G(s)H(s)}$$

（3）利用定义求取误差，求出误差响应的原函数 $e(t)$，求极值

$$e_{ss} = \lim_{t \to \infty} e(t)$$

（4）满足 $sE(s)$ 所有极点位于 s 左半平面，利用终值定理求取

$$e_{ss} = \lim_{t \to \infty} e(t) = \lim_{s \to 0} sE(s) = \lim_{s \to 0} \frac{sR(s)}{1 + G(s)H(s)}$$

例 3-10　系统结构图如图 3-31 所示，已知 $r(t) = n(t) = t$，求 e_{ss}。

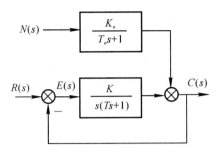

图 3 - 31　控制系统结构图

解
$$\Phi_e(s) = \frac{1}{1 + \dfrac{K}{s(Ts+1)}} = \frac{s(Ts+1)}{s(Ts+1)+K}$$

$$D(s) = Ts^2 + s + K = 0$$

当 $T > 0, K > 0$ 时，系统稳定。

$$e_{ssr} = \lim_{s \to 0} s \Phi_e(s) \frac{1}{s^2} = \lim_{s \to 0} s \frac{1}{s^2} \frac{s(Ts+1)}{Ts^2+s+K} = \frac{1}{K}$$

$$\Phi_{en}(s) = \frac{E(s)}{N(s)} = \frac{-\dfrac{K_n}{T_n s+1}}{1 + \dfrac{K}{s(Ts+1)}} = \frac{-K_n s(Ts+1)}{(T_n s+1)\left[Ts^2 + s + K\right]}$$

$$e_{ssn} = \lim_{s \to 0} s \Phi_{en}(s) N(s) = \lim_{s \to 0} s \frac{-K_n s(Ts+1)}{(T_n s+1)\left[Ts^2 + s + K\right]} \frac{1}{s^2} = \frac{-K_n}{K}$$

利用叠加原理，可得

$$e_{ss} = e_{ssr} + e_{ssn} = \frac{1-K_n}{K}$$

可见，系统的稳态误差与系统自身的结构和参数、外作用的类型以及外作用的形式有关。

3.6.3　静态误差系数法

对于某一类型的输入，系统是否会产生稳态误差，取决于系统的开环传递函数的形式。设系统的开环传递函数为

$$G(s)H(s) = \frac{K(\tau_1 + 1)(\tau_2 + 1)\cdots(\tau_m + 1)}{s^v(T_1 + 1)(T_2 + 1)\cdots(T_{n-v} + 1)} = \frac{K}{s^v} G_0(s) \qquad (3-34)$$

式中

$$G_0(s) = \frac{(\tau_1 s + 1)(\tau_2 s + 1)\cdots(\tau_m s + 1)}{(T_1 s + 1)(T_2 s + 1)\cdots(T_{n-v} s + 1)}$$

有 $\lim_{s \to 0} G_0(s) = 1$。式(3-34)中，$K$ 为系统的开环增益；s^v 表示开环系统在 s 平面坐标原点处有 v 重极点，即系统含 v 个积分环节。这一分类方法是以开环传递函数所包含的积分环节的数目为依据的。根据 v 的数值，定义开环系统的类型。

$v = 0$，称该开环系统为 0 型系统；

$v = 1$，称该开环系统为 Ⅰ 型系统；

$v = 2$，称该开环系统为 Ⅱ 型系统。

由于 II 型以上的系统实际上很难使之稳定,所以 II 型以上的系统在控制工程中一般不太使用。

控制输入 $r(t)$ 作用下的稳态误差函数

$$\Phi_e(s) = \frac{E(s)}{R(s)} = \frac{1}{1 + G(s)H(s)} = \frac{1}{1 + \frac{K}{s^v}G_0(s)}$$

(1) 阶跃输入下稳态误差

$$r(t) = R1(t), \quad R(s) = \frac{R}{s}$$

$$e_{ss} = \lim_{s \to 0} sE(s) = \lim_{s \to 0} \frac{sR(s)}{1 + G(s)H(s)} = \lim_{s \to 0} \frac{R}{1 + G(s)H(s)} = \frac{R}{1 + \lim_{s \to 0} G(s)H(s)}$$

$K_p = \lim_{s \to 0} G(s)H(s)$ 称为位置误差系数,则

$$e_{ss} = \frac{R}{1 + K_p} \qquad (3-35)$$

(2) 斜坡输入下稳态误差

$$r(t) = Rt1(t), \quad R(s) = \frac{R}{s^2}$$

$$e_{ss} = \lim_{s \to 0} sE(s) = \lim_{s \to 0} \frac{sR(s)}{1 + G(s)H(s)} = \lim_{s \to 0} \frac{R}{s + sG(s)H(s)} = \frac{R}{\lim_{s \to 0} sG(s)H(s)}$$

$K_v = \lim_{s \to 0} sG(s)H(s)$ 称为静态速度误差系数,则

$$e_{ss} = \frac{R}{K_v} \qquad (3-36)$$

(3) 加速度输入下稳态误差

$$r(t) = \frac{1}{2}Rt^2 1(t), \quad R(s) = \frac{R}{s^3}$$

$$e_{ss} = \lim_{s \to 0} sE(s) = \lim_{s \to 0} \frac{sR(s)}{1 + G(s)H(s)} = \lim_{s \to 0} \frac{R}{s^2 + s^2 G(s)H(s)} = \frac{R}{\lim_{s \to 0} s^2 G(s)H(s)}$$

$K_a = \lim_{s \to 0} s^2 G(s)H(s)$ 称为静态加速度误差系数,则

$$e_{ss} = \frac{R}{K_a} \qquad (3-37)$$

综上所述,可得系统型别、静态误差系数与输入信号行式之间的关系,见表 3-5。

表 3-5　典型输入信号作用下的稳态误差

型号	静态误差系数			阶跃输入 $r(t) = R \times 1(t)$	斜坡输入 $r(t) = Rt$	加速度输入 $r(t) = Rt^2/2$
v	K_p	K_v	K_a	$e_{ss} = R/(1+K_p)$	$e_{ss} = R/K_v$	$e_{ss} = R/K_a$
0	K	0	0	$R/(1+K)$	∞	∞
I	∞	K	0	0	R/K	∞
II	∞	∞	K	0	0	R/K
III	∞	∞	∞	0	0	0

由表 3-5 可见,在对角线上,稳态误差是一个有限值,而在对角线以上,稳态误差为无穷大;在对角线以下,则稳态误差为零。

静态误差系数 K_p、K_v 和 K_a 描述了控制系统消除或减小稳态误差的能力,因此它们是系统稳态特性的一种表示方法。为改善系统的稳态性能,可以增大系统的开环增益或在控制系统的前向通路中增加一个或多个积分环节,提高系统的类型数,但是这又给系统带来稳定性问题。因此,系统的稳态性能和动态性能对系统类型和开环增益的要求是相矛盾的,解决这一矛盾的基本方法是在系统中加入合适的校正装置,有关这方面的内容将在第 6 章中介绍。

应用静态误差系数法要注意其适用条件:① 系统必须稳定;② 误差是按输入端定义的;③ 只能用于计算典型控制输入时的中值误差,并且输入信号不能有其他前馈通道。位置误差、速度误差和加速度误差这些术语均指在输出位置上的偏差。有限的速度误差意味着控制系统在动态过程结束后,输入和输出以同样的速度变化,但在位置上有一个有限的偏差。

例 3-11　单位反馈系统的开环传递函数 $G(s)H(s)=\dfrac{20}{(0.5s+1)(0.04s+1)}$ 输入单位阶跃函数 $r(t)=1(t)$ 和单位斜坡函数 $r(t)=t$ 时,求系统的稳态误差 e_{ssr}。

解　
$$e_{ssr}=\lim_{s\to0}s\frac{1}{1+G(s)H(s)}R(s)=\lim_{s\to0}s\frac{(0.5s+1)(0.04s+1)}{(0.5s+1)(0.04s+1)+20}R(s)$$

$$R(s)=\frac{1}{s},\quad e_{ssr}=\lim_{s\to0}s\frac{(0.5s+1)(0.04s+1)}{(0.5s+1)(0.04s+1)+20}\frac{1}{s}=\frac{1}{21}$$

$$R(s)=\frac{1}{s^2},\quad e_{ssr}=\lim_{s\to0}s\frac{(0.5s+1)(0.04s+1)}{(0.5s+1)(0.04s+1)+20}\frac{1}{s^2}=\infty$$

例 3-12　某控制系统的开环传递函数为
$$G(s)H(s)=\frac{20(0.5s+1)}{s^2(0.05s+1)(0.2s+1)}$$

试计算 $r(t)=(10+3t+2t^2)\times1(t)$ 时系统的稳态误差。

解　该系统为 Ⅱ 型系统,输入信号是三个典型函数的合成。
$10\times1(t),3t\times1(t),2t^2\times1(t)$,$10\times1(t)$ 和 $3t\times1(t)$ 输入时的稳态误差为 0。
$2t^2\times1(t)$ 输入的稳态误差为给定输入的稳态误差,计算可得

$$e_{ssr}=\lim_{s\to0}s\frac{1}{1+G(s)H(s)}R(s)=\lim_{s\to0}s\frac{1}{1+\dfrac{20(0.5s+1)}{s^2(0.05s+1)(0.2s+1)}}\frac{4}{s^3}=0.2$$

3.6.4　动态误差系数法

利用动态误差系数法,可以研究输入信号几乎为任意时间函数时系统的稳态误差变化,因此动态误差系数又称广义误差系数。为了求取动态误差系数,写出误差信号的拉氏变换式,有
$$\Phi_e(s)=\frac{E(s)}{R(s)}$$

将误差传递函数 $\Phi_e(s)$ 在 $s=0$ 的邻域内展开成泰勒级数,得
$$\Phi_e(s)=\Phi_e(0)+\dot\Phi_e(0)s+\frac{1}{2!}\ddot\Phi_e(0)s^2+\frac{1}{3!}\dddot\Phi_e(0)s^3 \tag{3-38}$$

于是,误差信号可以表示为
$$E(s)=\Phi_e(s)R(s)=\left[\Phi_e(0)+\dot\Phi_e(0)s+\frac{1}{2!}\ddot\Phi_e(0)s^2+\frac{1}{3!}\dddot\Phi_e(0)s^3+\cdots\right]R(s)$$

令 $\qquad C_0 = \Phi_e(0), \quad C_1 = \dot{\Phi}_e(0), \quad C_2 = \dfrac{1}{2!}\ddot{\Phi}_e(0), \cdots$

则 $\qquad E(s) = \Phi_e(s)R(s) = (C_0 + C_1 s + C_2 s^2 + \cdots)R(s)$ $\qquad$ (3-39)

当所有初始条件均为零时,对式(3-39)进行拉氏反变换,得到作为时间函数的稳态误差表达式,故

$$e_{ss}(t) = C_0 r(t) + C_1 \dot{r}(t) + C_2 \ddot{r}(t) + \cdots \qquad (3-40)$$

式中,$C_0, C_1, C_2, \cdots$ 称为动态误差系数。

习惯上称 C_0 为动态位置误差系数,称 C_1 为动态速度误差系数,称 C_2 为动态加速度误差系数。应当指出,在动态误差系数的字样中,"动态"两字的含义是指这种方法可以完整描述系统稳态误差。$e_{ss}(t)$ 是随时间变化的量,并不是指误差信号中的瞬态分量 $e_{ts}(t)$ 随时间变化的情况。

输入信号的稳态分量是已知的,因此确定稳态误差的关键是根据给定的系统求出各动态误差系数。求取动态误差系数可以用系数比较法或长除法。

例 3-13 系统结构如图 3-32 所示,已知 $r(t) = 2t + \dfrac{1}{4}t^2$,要求在 4 min 内系统 e_{ss} 不超过 6 min,应选用哪个系统?

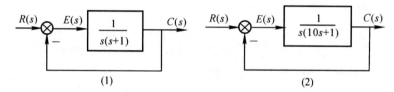

图 3-32 控制系统结构图

解 输入的各阶导数:

$$\dot{r}(t) = 2 + \frac{1}{2}t, \quad \ddot{r}(t) = \frac{1}{2}, \quad \dddot{r}(t) = 0 \cdots$$

求误差传递函数:

$$\Phi_{e1}(s) = \frac{s(s+1)}{s^2+s+1} = [c_0 + c_1 s + c_2 s^2 + \cdots]$$

$$\Phi_{e2}(s) = \frac{s(10s+1)}{10s^2+s+1}$$

$$s^2 + s = [c_0 + c_1 s + c_2 s^2 + \cdots](s^2+s+1)$$

$$c_0 + c_1 s + c_2 s^2 + c_3 s^3 + \cdots$$

$$c_0 s + c_1 s^2 + c_2 s^3 + \cdots$$

$$\underline{\quad c_0 s^2 + c_1 s^3 + c_2 s^4 + \cdots \quad}$$

$$c_0 + (c_0 + c_1)s + (c_0 + c_1 + c_2)s^2 + (c_1 + c_2 + c_3)s^3 + \cdots$$

$$\begin{array}{r} s + 9s^2 - 19s^3 - 71s^4 \cdots \\ 1+s+10s^2 \overline{\smash{\big)}\ s + 10s^2 } \\ \underline{s + s^2 + 10s^3 } \\ 9s^2 - 10s^3 \\ \underline{9s^2 + 9s^3 + 90s^4 } \\ -19s^3 - 90s^4 \\ \underline{-19s^3 - 19s^4 - 190s^5} \\ -71s^4 + 190s^5 \\ \vdots \end{array}$$

比较系数:

$c_0 = 0$	$c_0 = 0$
$c_1 = 1 - c_0 = 1$	$c_1 = 1$

$$c_2 = 1 - c_0 - c_1 = 0 \qquad\qquad c_2 = 9$$

$$c_3 = -c_0 - c_1 = -1 \qquad\qquad c_3 = -19$$

$$e_{ss1}(t) = c_0 r + c_1 \dot{r} + c_2 \ddot{r} = \qquad e_{ss2}(t) = c_0 r + c_1 \dot{r} + c_2 \ddot{r} =$$

$$0 + \left(2 + \frac{1}{2}t\right) + 0 = \qquad\qquad 0 + \left(2 + \frac{1}{2}t\right) + 9 \times \frac{1}{2} =$$

$$2 + \frac{1}{2}t \qquad\qquad\qquad 6.5 + \frac{1}{2}t$$

$e_{ss1}(t)$ 和 $e_{ss2}(t)$ 曲线如图 3-33 所示,可见系统满足要求。

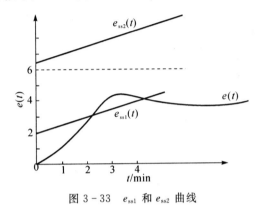

图 3-33　e_{ss1} 和 e_{ss2} 曲线

3.7　MATLAB 在时域分析中的应用

3.7.1　时域分析中常用的 MATLAB 函数

1. step( ) 函数求取系统阶跃响应

若已知控制系统的传递函数 $G(s) = \dfrac{num}{den}$,则 step 函数的调用格式有如下几种:

(1)step(num,den)。时间向量 t 的范围自动设定,即显示求取结果窗口中的时间轴长度由系统自动设定,单位阶跃响应曲线随即绘出 step(num,den,t)。

通过调整 t 的取值来调节所要求取结果中时间向量的范围。

$$[\text{y, x}] = \text{step(num,den)}$$

返回的变量 y 为输出向量,x 为状态向量。

$$F = \text{step(G)}$$

仿真结果将随着向量 F 返回 MATLAB 工作区。如果要查看响应曲线,可以通过 plot( ) 函数来实现。

(2)impulse( )求控制系统的单位脉冲响应。

$$\text{impulse(num,den)}$$

num 和 den 分别为系统传递函数描述中的分子和分母多项式系数,时间向量 t 的范围自动设定,单位脉冲响应曲线随即绘出

$$\text{impulse}(num,den,t)$$

num 和 den 分别为系统传递函数描述中的分子和分母多项式系数,时间向量 t 的范围可以由人工给定,例如,t=0:1:10。

(3)lsim( )求任意输入下的响应。

$$\text{lsim}(sys,u,t)$$

sys 是控制系统模型,u 为任意的输入函数。

(4)feedback()求典型反馈系统传递函数。典型反馈系统如图 3-34 所示。

feedback( )函数求反馈系统闭环传递函数,调用格式为

$$G=\text{feedback}(G1,G2,sign)$$

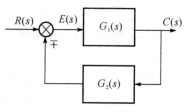

其中变量 sign 用来表示反馈类型,除非明确指出 sign =1,否则默认状态或令 sign= -1,均表示系统为负反馈系统。

图 3-34 典型反馈系统

(5)roots( )函数求解系统的特征根。roots( )函数调用格式为 R=roots(den)。其功能是求解多项式的根,其中,den 为多项式系数向量,R 为系统计算后返回的根。

(6)pzmap( )函数绘制控制系统零极点图。pzmap( )函数是用来绘制控制系统零极点的函数,按绘制零极点形式的不同,其调用格式有以下两种。

$$[p,z] = \text{pzmap}(num,den)$$

其功能是在复平面内绘制出以传递函数表示的系统零极点图。

$$[p,z] = \text{pzmap}(p,z)$$

其功能是在复平面内绘制零极点图,其中列向量 p 为极点位置,列向量 z 为零点位置。

(7)求取系统稳态值的 dcgain( )函数。

对应于三种误差系数,可以分别调用如下格式:

$$Kp=\text{dcgain}(num,den); \quad \%求位置误差系数$$
$$Kv=\text{dcgain}([num\ 0],den); \quad \%求速度误差系数$$
$$Ka=\text{dcgain}([num\ 0\ 0],den); \quad \%求加速度误差系数$$

3.7.2 时域分析中的应用

例 3-14 已知控制系统的传递函数为

$$G(s)=\frac{s+20}{s^2+3s+20}$$

试用 step( )函数求其阶跃响应。

解 编写 MATLAB 程序如下:

num=[0 0 20];

den=[1 3 20];   %确定传递函数

step(num,den);   %求取阶跃响应

grid   %在结果图中绘制网格标线

title('Unit-Step Response of G(s)=20/(s^2+3s+20)') %在结果曲线中加题注。

运行后,弹出系统的响应曲线如图 3-35 所示。

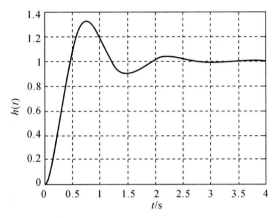

图 3-35 阶跃响应曲线

例 3-15 已知控制系统的传递函数为

$$G(s) = \frac{s+20}{s^2+3s+20}$$

试用 impulse( )函数求其脉冲响应

解 编写 MATLAB 程序如下:

```
num=[0 0 20];
den=[1 3 20];%确定传递函数
impulse(num,den);%求取脉冲响应
grid;%在结果图中绘制网格标线
title('Unit-impulse Response of G(s)=25/(s^2+4s+25)')%在结果曲线中加题注
```

运行后,弹出系统的响应曲线如图 3-36 所示。

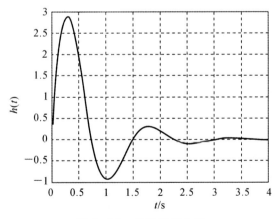

图 3-36 脉冲响应曲线

例 3-16 已知控制系统的传递函数为

$$G(s) = \frac{s+20}{s^2+3s+20}$$

求响应中的峰值时间、上升时间和超调量。

解 编写 MATLAB 程序如下：

```
G=tf(20,[1,3,20]);
[a,t]=step(G);
[A,T]=max(a); %通过最大值函数求取峰值点的幅值 A、时间 T
tp=t(T); %将 T 值提取出来赋给峰值时间 tp
B=dcgain(G); %求稳态值,并赋给变量 B
OS=100*(A-B)/B; %求超调量 OS(overshoot)
n=1;
while a(n)<0.1*B
n=n+1;
end
m=1;
while a(m)<0.9*B
m=m+1;
end
tr=t(m)-t(n);
```

运行上述程序后,得峰值时间为 1.325 2 s,超调量为 14%,上升时间为 0.625 77 s。

例 3-17 单位反馈控制系统中,反馈处取负号,前向通路两个传递函数分别为

$$G_1=\frac{s+2}{s^3+2s^2+s+1},\quad G_2=\frac{1}{s+1}$$

求系统总的传递函数。

解 编写 MATLAB 程序如下：

```
G1=tf([1,2],[1,2,1,1]);
G2=tf(1,[1,1]);
G=feedback(G1,G2,-1)
```

程序执行结果为：

```
Transfer function:
s^2+3s+2
---------------------------
s^4+3s^3+3s^2+3s+3
```

例 3-18 设系统的开环传递函数为

$$G(s)=\frac{100(s+2)}{s(s+1)(s+20)}$$

试判断其作为前向通路所构成的单位负反馈闭环系统的稳定性。

解 编写 MATLAB 程序如下：

```
n1=[100 200];
d1=conv([1 0],conv([1 1],[1 20]));
sys1=tf(n1,d1);
sys=feedback(sys1,1);
roots(sys.den{1})
```

程序执行结果为：

```
ans =
```

−12.8990

−5.0000

−3.1010

计算数据表明闭环系统的三个特征根的实部均为负值,题目中描述的单位负反馈闭环系统是稳定的。

例 3 - 19　设线性定常系统的传递函数为

$$G(s) = \frac{2s^2 + 3s + 10}{10s^2 + 3s + 1}$$

试分析系统的稳定性。

解　编写 MATLAB 程序如下:

num=[2 3 10];

den=[10 3 1];

[p, z]= pzmap(num,den)

程序执行结果为:

p =

−0.1500+0.2784i

−0.1500−0.2784i

z=

−0.7500+2.1065i

−0.7500−2.1065i

可见,系统稳定。

例 3 - 20　已知单位反馈系统开环传递函数为

$$G(s) = \frac{50}{s(s+3)(s+10)}$$

试求其在输入 $r(t) = 3 + 2t + t^2$ 作用下系统的稳态误差。

解　编写 MATLAB 程序如下:

clear

clc

Rp=3;

Rv=2;

Ra=1;

num=[50];

den=conv([1 3 0],[0 5]);

GH=tf(num,den);

Kp=dcgain(GH)

Kv=dcgain([num 0],den)

Ka=dcgain([num 0 0],den)

Ess=Ra/(1+Kp)+Rv/Kv+Ra/Ka

程序执行结果为:

Kp =

Inf

Kv =

3.3333

Ka =

0

Ess =

Inf

例 3 - 21 对于图 3 - 37(a)所示的系统：

(1)求系统单位阶跃响应的超调量和调节时间。

(2)在系统加入如图 3 - 37(b)所示的校正环节后,再分别求超调量和调节时间。

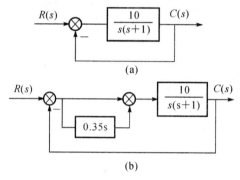

(a)

(b)

图 3 - 37 控制系统结构图

(a)校正前； (b)校正后

解 (1)先求校正前的系统性能,编写 MATLAB 程序如下：

G1＝tf(10,[1,1,0])；

G＝feedback(G1,1,－1)；%建立系统闭环传递函数 G

[a,t]＝step(G)；%求系统的单位阶跃响应,并将时间-幅值读出

[A，T]＝max(a)；%通过最大值函数求峰值点的幅值 A、时间 T

tp＝t(T)；%将 T 值提取出来赋给峰值时间 tp

B＝dcgain(G)；%求稳态值,并赋给变量 B

OS＝100 * (A－B)/B；%求超调量 OS(overshoot)

m＝length(a)；

while(m＞0)

if(abs(a(m)－B)＞0.02 * B)

m＝m－1；

break；

else

m＝m－1；

end

end

ts＝t(m＋1)；%求调节时间

程序执行后,得校正前的超调量为 60.4%,上升时间为 7.2 s。

(2)对于校正后的系统,编写 MATLAB 程序如下：

sys1＝tf([1])；

sys2＝tf([0.35,0],[1])；

```
G1= parallel(sys1,sys2)；%建立校正环节传递函数 G1
G2=tf(10,[1,1,0])；
G3＝series(G1,G2)；%建立前向通路传递函数
G=feedback(G3,1,－1)；%建立系统闭环传递函数 G
[a,t]=step(G)；%求取系统的单位阶跃响应,并将时间-幅值读出
[A，T]=max(a)；%通过最大值函数求取峰值点的幅值 A、时间 T
tp=t(T)；%将 T 值提取出来赋给峰值时间 tp
B=dcgain(G)；%求稳态值,并赋给变量 B
OS=100 * (A－B)/B；%求超调量 OS(overshoot)
m=length(a)；
while(m>0)
if(abs(a(m)－B)>0.02 * B)
m＝m－1；
break；
else
m＝m－1；
end
end
ts＝t(m＋1)；%求调节时间
```

　　程序执行后,得校正后的系统超调量为 12.5％,调节时间为 1.57 s。由此可见,加入采用比例加微分的校正环节后系统的动态性能得到了较大的提高。

本 章 小 结

　　本章介绍线性定常控制系统的时域分析法,首先介绍一阶系统和二阶系统的数学模型,然后求其单位阶跃响应、单位脉冲响应和斜坡响应,最后根据阶跃响应曲线分析系统的动态性能和稳态性能。采用低阶系统的分析方法对系统的动态性能进行分析。

　　稳定是控制系统正常工作的首要前提,系统的稳定性由自身的参数和结构决定,与外作用的形式和大小没有关系。稳定的充分必要条件是闭环极点均具有负实部或均位于左半 s 平面。若特征多项式不满足 $a_i>0(i=0,1,2,3,\cdots)$,则系统不稳定,若 $a_i>0(i=0,1,2,3,\cdots)$,则用劳斯判据判断系统的稳定性。

　　控制系统的稳态误差是指由于系统不能很好跟踪特定形式的输入而引起的稳态误差,是系统控制准确度(控制精度)的一种度量,本章介绍定量描述系统误差的两类系数,即静态误差系数和动态误差系数。

习　　题

　　3-1　已知某控制系统的脉冲响应为 $k(t)=0.639e^{-6.39t}$,求系统的闭环传递函数 $\Phi(s)$。

　　3-2　已知某负反馈控制系统前向通路传递函数 $G(s)=\dfrac{K_1}{s}$,反馈通路传递函数 $H(s)=K_2$,求调节时间小于 0.4 s,闭环增益等于 2 时 K_1,K_2 的值。

3-3 加热炉开环和闭环控制系统结构图如图3-38(a)(b)所示,控制过程中总是希望炉温保持恒定,其中增益 $K=1$。

(1)单位阶跃输入下,干扰输入为零,求两系统从响应开始达到 63.2% 稳态值时需要的时间。

(2)干扰输入 $n(t)=0.1$ 时,分析干扰信号对两个系统温度的影响。

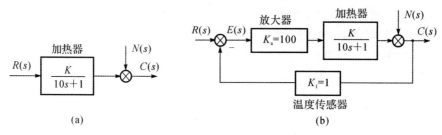

图 3-38 温度控制系统结构图

3-4 已知单位负反馈控制系统的前向通路传递函数 $G(s)=\dfrac{4}{s(s+5)}$,求单位阶跃输入下系统的响应和调节时间。

3-5 已知某控制系统结构图如图3-39所示,使系统的单位阶跃响应的超调量为零,调节时间最短,求对应的开环增益 K 和调节时间 t_s。

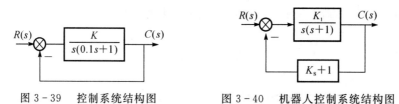

图 3-39 控制系统结构图　　　图 3-40 机器人控制系统结构图

3-6 已知某机器人控制系统的结构图如图3-40所示,求其阶跃响应,超调量为 2%,峰值时间为 0.5 s,求参数 K_1,K_2 的值。

3-7 已知典型二阶系统的单位阶跃响应曲线如图3-41所示,根据图示参数,求系统的闭环传递函数 $\Phi(s)$。

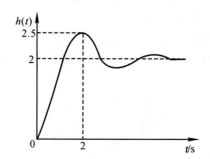

图 3-41 二阶系统的单位阶跃响应

3-8 已知单位反馈控制系统的开环传递函数为 $G(s)=\dfrac{12.5}{s(0.2s+1)}$,$e(0)=10,\dot{e}(0)=1$,

求系统的时间响应 $c(t)$。

3-9　已知某控制系统结构图如图 3-42(a)所示，单位阶跃响应曲线如图 3-42(b)所示，求系统的参数 K_1,K_2 和 a。

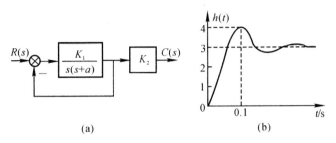

(a) (b)

图 3-42　系统结构图和阶跃响应

3-10　根据控制系统的特征方程判别系统的稳定性，并求出负实根的个数及纯虚根的值。

(1)$D(s)=s^5+s^4+2s^3+4s^2+11s+10=0$；

(2)$D(s)=s^5+3s^4+12s^3+24s^2+32s+48=0$；

(3)$D(s)=s^5+2s^4-s-2=0$；

(4)$D(s)=s^5+2s^4+24s^3+48s^2-25s-50=0$。

3-11　已知某高度控制系统结构图如图 3-43 所示，求系统稳定时开环增益 K 的取值范围。

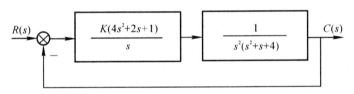

图 3-43　控制系统结构图

3-12　已知单位反馈控制系统开环传递函数 $G(s)=\dfrac{K}{s(s+3)(s+5)}$，系统特征根具有小于等于 -1 的实部时，求开环增益 K 的取值范围。

3-13　已知单位反馈控制系统的开环传递函数 $G(s)=\dfrac{K(s+1)}{s(Ts+1)(2s+1)}$，$T>0,K>1$，求系统稳定时参数 T 和 K 的范围，并画出参数区域图（T 为横坐标，K 为纵坐标）。

3-14　已知某控制系统结构图如图 3-44 所示，求未加局部反馈和加入局部反馈后系统的三个静态误差系数。

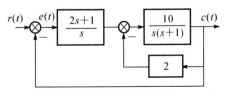

图 3-44　控制系统结构图

3-15 已知某单位反馈控制系统的开环传递函数 $G(s) = \dfrac{7(s+1)}{s(s+4)(s^2+2s+2)}$，求输入信号为单位阶跃和单位斜坡时系统的稳态误差。

3-16 已知某单位反馈控制系统的开环传递函数 $G(s) = \dfrac{25}{s(s+5)}$。

(1) 求静态误差系数；

(2) 求 $r(t) = 1 + 2t + 0.5t^2$ 时的稳态误差；

(3) 求 $r(t) = 1 + 2t + 0.5t^2$ 作用 10 s 时系统的动态误差。

3-17 已知单位反馈控制系统的闭环传递函数为

$$\Phi(s) = \frac{5s + 200}{0.01s^3 + 0.502s^2 + 6s + 200}$$

求 $r(t) = 5 + 20t + 10t^2$ 时系统的动态误差。

第4章 线性系统的根轨迹分析

在时域分析法中可以看到,控制系统的性能取决于系统的闭环传递函数,因此,可以根据系统闭环传递函数的零、极点研究控制系统性能。但对于高阶系统,采用解析法求取系统的闭环特征方程根(闭环极点)通常是比较困难的,且当系统某一参数(如开环增益)发生变化时,又需要重新计算,这就给系统分析带来很大的不便。1948年,伊万思根据反馈系统中开、闭环传递函数间的内在联系,提出了求解闭环特征方程根的比较简易的图解方法,这种方法称为根轨迹法。因为根轨迹法直观形象,所以在控制工程中获得了广泛应用。

本章介绍根轨迹的概念,绘制根轨迹的法则,广义根轨迹的绘制以及应用根轨迹分析控制系统性能等方面的内容。

4.1 根轨迹法的基本概念

本节主要介绍根轨迹的基本概念,根轨迹与系统性能之间的关系,并从闭环零、极点与开环零、极点之间的关系推导出根轨迹方程,并由此给出根轨迹的相角条件和幅值条件。

4.1.1 根轨迹的基本概念

根轨迹是当开环系统某一参数(如根轨迹增益 K^*)从零变化到无穷大时,闭环特征方程的根在 s 平面上移动的轨迹。根轨迹增益 K^* 是首1型开环传递函数对应的系数。

在介绍图解法之前,先用直接求根的方法来说明根轨迹的含义。

控制系统如图 4-1 所示。

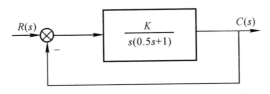

图 4-1 控制系统结构图

其开环传递函数为

$$G(s) = \frac{K}{s(0.5s+1)} = \frac{K^*}{s(s+2)} \qquad (4-1)$$

根轨迹增益 $K^* = 2K$。闭环传递函数为

$$\Phi(s) = \frac{C(s)}{R(s)} = \frac{K^*}{s^2 + 2s + K^*} \qquad (4-2)$$

闭环特征方程为

$$s^2 + 2s + K^* = 0$$

特征根为

$$\lambda_1 = -1 + \sqrt{1 - K^*}, \quad \lambda_2 = -1 - \sqrt{1 - K^*}$$

当系统参数 K^*(或 K)从零变化到无穷大时,闭环极点的变化情况见表 4-1。

表 4-1   当 K^*,$K = 0 \sim \infty$ 时图 4-1 所示系统的特征根

K^*	K	λ_1	λ_2
0	0	0	-2
0.5	0.25	-0.3	-1.7
1	0.5	-1	-1
2	1	$-1 + j$	$-1 - j$
5	2.5	$-1 + j2$	$-1 - j2$
⋮	⋮	⋮	⋮
∞	∞	$-1 + j\infty$	$-1 - j\infty$

利用计算结果在 s 平面上描点并用平滑曲线将其连接,便得到 K(或 K^*)从零变化到无穷大时闭环极点在 s 平面上移动的轨迹,即根轨迹,如图 4-2 所示。图中,根轨迹用粗实线表示,箭头表示 K(或 K^*)增大时两条根轨迹移动的方向。根轨迹图直观地表示了参数 K(或 K^*)变化时,闭环极点变化的情况,全面地描述了参数 K 对闭环极点分布的影响。

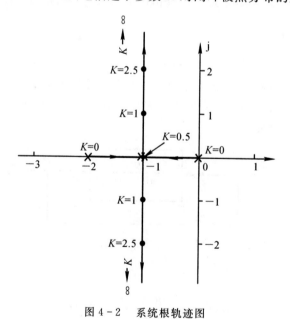

图 4-2   系统根轨迹图

4.1.2   根轨迹与系统性能

依据根轨迹图(见图 4-2),就能分析系统性能随参数(如 K^*)变化的规律。

1.稳定性

开环增益从零变到无穷大时,图 4-2 所示的根轨迹全部落在左半 s 平面,因此,当 $K > 0$

时,图 4 - 1 所示系统是稳定的;如果系统根轨迹越过虚轴进入右半 s 平面,则在相应 K 值下系统是不稳定的;根轨迹与虚轴交点处的 K 值,就是临界开环增益。

2. 稳态性能

由图 4 - 2 可见,开环系统在坐标原点有一个极点,系统属于 I 型系统,因而根轨迹上的 K 值就等于静态误差系数 K_v。

当 $r(t) = 1(t)$ 时,$e_{ss} = 0$;当 $r(t) = t$ 时,$e_{ss} = 1/K = 2/K^*$。

3. 动态性能

由图 4 - 2 可见:

当 $0 < K < 0.5$ 时,闭环特征根为实根,系统呈现过阻尼状态,阶跃响应为单调上升过程;

当 $K = 0.5$ 时,闭环特征根为二重实根,系统呈现临界阻尼状态,阶跃响应仍为单调过程,但响应速度较 $0 < K < 0.5$ 时为快;

当 $K > 0.5$ 时,闭环特征根为一对共轭复根,系统呈现欠阻尼状态,阶跃响应为振荡衰减过程,且随 K 增加,阻尼比减小,超调量增大,但 t_s 基本不变。

上述分析表明,根轨迹与系统性能之间有着密切的联系,利用根轨迹可以分析当系统参数(K)增大时系统动态性能的变化趋势。用解析的方法逐点描画、绘制系统的根轨迹是很麻烦的。我们希望有简便的图解方法,可以根据已知的开环零、极点迅速地绘出闭环系统的根轨迹。为此,需要研究闭环零、极点与开环零、极点之间的关系。

4.1.3　闭环零、极点与开环零、极点之间的关系

控制系统的一般结构如图 4 - 3 所示,相应开环传递函数为 $G(s)H(s)$。假设

$$G(s) = \frac{K_G^* \prod\limits_{i=1}^{f} (s - z_i)}{\prod\limits_{i=1}^{g} (s - p_i)}$$

$$H(s) = \frac{K_H^* \prod\limits_{j=f+1}^{m} (s - z_j)}{\prod\limits_{j=g+1}^{n} (s - p_j)}$$

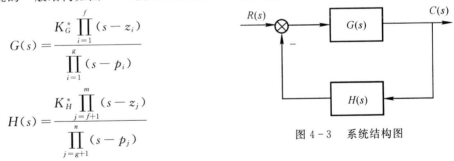

图 4 - 3　系统结构图

可得

$$G(s)H(s) = \frac{K^* \prod\limits_{i=1}^{f} (s - z_i) \prod\limits_{j=f+1}^{m} (s - z_j)}{\prod\limits_{i=1}^{g} (s - p_i) \prod\limits_{j=g+1}^{n} (s - p_j)} \qquad (4 - 3)$$

式中, $K^* = K_G^* K_H^*$ 为系统根轨迹增益。对于 m 个零点、n 个极点的开环系统,其开环传递函数可表示为

$$G(s)H(s) = \frac{K^* \prod\limits_{i=1}^{m} (s - z_i)}{\prod\limits_{j=1}^{n} (s - p_j)} \qquad (4 - 4)$$

式中, z_i 表示开环零点;p_j 表示开环极点。系统闭环传递函数为

$$\Phi(s)=\frac{G(s)}{1+G(s)H(s)}=\frac{K_G^*\prod\limits_{i=1}^{f}(s-z_i)\prod\limits_{j=g+1}^{n}(s-p_j)}{\prod\limits_{j=1}^{n}(s-p_j)+K^*\prod\limits_{i=1}^{m}(s-z_i)} \tag{4-5}$$

由式(4-5)可见：

(1) 闭环零点由前向通路传递函数 $G(s)$ 的零点和反馈通路传递函数 $H(s)$ 的极点组成。对于单位反馈系统 $H(s)=1$，闭环零点就是开环零点。闭环零点不随 K^* 变化，不必专门讨论之。

(2) 闭环极点与开环零点、开环极点以及根轨迹增益 K^* 均有关。闭环极点随 K^* 而变化，因此研究闭环极点随 K^* 的变化规律是必要的。

根轨迹法的任务在于，由已知的开环零、极点的分布及根轨迹增益，通过图解法找出闭环极点。一旦闭环极点确定后，再补上闭环零点，系统性能便可以确定下来。

4.1.4 根轨迹方程

闭环控制系统一般可用图 4-3 所示的结构图来描述。系统的开环传递函数为

$$G(s)H(s)=\frac{K^*\prod\limits_{i=1}^{m}(s-z_i)}{\prod\limits_{j=1}^{n}(s-p_j)}$$

系统的闭环传递函数为

$$\Phi(s)=\frac{G(s)}{1+G(s)H(s)} \tag{4-6}$$

系统的闭环特征方程为

$$1+G(s)H(s)=0 \tag{4-7}$$

即

$$G(s)H(s)=\frac{K^*\prod\limits_{i=1}^{m}(s-z_i)}{\prod\limits_{j=1}^{n}(s-p_j)}=-1 \tag{4-8}$$

显然，在 s 平面上凡是满足式(4-8)的点，都是根轨迹上的点。式(4-8)称为根轨迹方程。式(4-8)可以用幅值条件和相角条件来表示。

幅值条件：
$$|G(s)H(s)|=K^*\frac{\prod\limits_{i=1}^{m}|(s-z_i)|}{\prod\limits_{j=1}^{n}|(s-p_j)|}=1 \tag{4-9}$$

相角条件：$\underline{/G(s)H(s)}=\sum\limits_{i=1}^{m}\underline{/(s-z_i)}-\sum\limits_{j=1}^{n}\underline{/(s-p_j)}=$
$$\sum\limits_{i=1}^{m}\varphi_i-\sum\limits_{j=1}^{n}\theta_j=(2k+1)\pi \qquad (k=0,\pm1,\pm2,\cdots) \tag{4-10}$$

式中，$\sum\varphi_i$，$\sum\theta_j$ 分别代表所有开环零点、极点到根轨迹上某一点的向量相角之和。

比较式(4-9)和式(4-10)可以看出，幅值条件式(4-9)与根轨迹增益 K^* 有关，而相角条件式(4-10)却与 K^* 无关。因此，s 平面上的某个点，只要满足相角条件，则该点必在根轨

迹上。至于该点所对应的 K^* 值,可由幅值条件得出。这意味着,在 s 平面上满足相角条件的点,必定也同时满足幅值条件。因此,相角条件是确定根轨迹 s 平面上一点是否在根轨迹上的充分必要条件。

例 4 - 1　设开环传递函数

$$G(s)H(s) = \frac{K^*(s - z_1)}{s(s - p_2)(s - p_3)}$$

其零、极点分布如图 4 - 4 所示,判断 s 平面上某点是否是根轨迹上的点。

解　在 s 平面上任取一点 s_1,画出所有开环零、极点到点 s_1 的向量,若在该点处相角条件

$$\sum_{i=1}^{m} \varphi_i - \sum_{j=1}^{n} \theta_j = \varphi_1 - (\theta_1 + \theta_2 + \theta_3) = (2k + 1)\pi$$

成立,则 s_1 为根轨迹上的一个点。该点对应的根轨迹增益 K^* 可根据幅值条件计算如下:

$$K^* = \frac{\prod_{j=1}^{n} |(s_1 - p_j)|}{\prod_{i=1}^{m} |(s_1 - z_i)|} = \frac{BCD}{E}$$

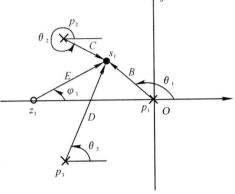

图 4 - 4　系统开环零、极点分布图

式中,B,C,D 分别表示各开环极点到 s_1 点的向量幅值;E 表示开环零点到 s_1 点的向量幅值。

应用相角条件,可以重复上述过程找到 s 平面上所有的闭环极点,但这种方法并不实用。实际绘制根轨迹是应用以根轨迹方程为基础建立起来的相应法则进行的。

4.2　绘制根轨迹的基本法则

本节讨论根轨迹增益 K^*(或开环增益 K)变化时绘制根轨迹的法则。熟练地掌握这些法则,有助于方便、快速地绘制系统的根轨迹,这对于分析和设计系统是非常有益的。

法则 1　根轨迹的起点和终点:根轨迹起始于开环极点,终止于开环零点;如果开环零点个数 m 少于开环极点个数 n,则有 $n - m$ 条根轨迹终止于无穷远处。

根轨迹的起点、终点分别是指根轨迹增益 $K^* = 0$ 和 $K^* \to \infty$ 时的根轨迹点。将幅值条件式(4 - 9)改写为

$$K^* = \frac{\prod_{j=1}^{n} |(s - p_j)|}{\prod_{i=1}^{m} |(s - z_i)|} = \frac{s^{n-m} \prod_{j=1}^{n} \left| 1 - \frac{p_j}{s} \right|}{\prod_{i=1}^{m} \left| 1 - \frac{z_i}{s} \right|} \qquad (4 - 11)$$

可见,当 $s = p_j$ 时,$K^* = 0$;当 $s = z_i$ 时,$K^* \to \infty$;当 $|s| \to \infty$ 且 $n \geqslant m$ 时,$K^* \to \infty$。

法则 2　根轨迹的分支数、对称性和连续性:根轨迹的分支数与开环零点数 m、开环极点数 n 中的大者相等,根轨迹连续并且对称于实轴。

根轨迹是开环系统某一参数从零变化到无穷大时,闭环极点在 s 平面上的变化轨迹。因此,根轨迹的分支数必与闭环特征方程根的数目一致,即根轨迹分支数等于系统的阶数。实际系统都存在惯性,反映在传递函数上必有 $n \geqslant m$。一般讲,根轨迹分支数就等于开环极点数。

实际系统的特征方程都是实系数方程,其特征根必为实数或共轭复数。因此根轨迹必然对称于实轴。

由对称性,只需画出 s 平面上半部和实轴上的根轨迹,下半部的根轨迹即可对称画出。

特征方程中的某些系数是根轨迹增益 K^* 的函数。K^* 从零连续变化到无穷大时,特征方程的系数是连续变化的,因而特征根的变化也必然是连续的,故根轨迹具有连续性。

法则 3 实轴上的根轨迹:实轴上的某一区域,若其右边开环实数零、极点个数之和为奇数,则该区域必是根轨迹。

设系统开环零、极点分布如图 4 - 5 所示。图中,s_0 是实轴上的点,$\varphi_i(i=1,2,3)$ 是各开环零点到 s_0 点向量的相角,$\theta_j(j=1,2,3,4)$ 是各开环极点到 s_0 点向量的相角。由图 4 - 5 可见,复数共轭极点到实轴上任意一点(包括 s_0 点)的向量之相角和为 2π。对复数共轭零点,情况同样如此。因此,在确定实轴上的根轨迹时,可以不考虑开环复数零、极点的影响。图 4 - 5 中,s_0 点左边的开环实数零、极点到 s_0 点的向量之相角均为零,而 s_0 点右边开环实数零、极点到 s_0 点的向量之相角均为 π,故只有落在 s_0 点右方实轴上的开环实数零、极点,才有可能对 s_0 点的相角条件造成影响,且这些开环零、极点提供的相角均为 π。如果令 $\sum \varphi_i$ 代表 s_0 点之右所有开环实数零点到 s_0 点的向量相角之和,$\sum \theta_j$ 代表 s_0 点之右所有开环实数极点到 s_0 点的向量相角之和,那么,s_0 点位于根轨迹上的充分必要条件是下列相角条件成立:

$$\sum_{i=1}^{m_0} \varphi_i - \sum_{j=1}^{n_0} \theta_j = (2k+1)\pi \qquad (k=0,\pm1,\pm2,\cdots)$$

由于 π 与 $-\pi$ 表示的方向相同,于是等效于

$$\sum_{i=1}^{m_0} \varphi_i + \sum_{j=1}^{n_0} \theta_j = (2k+1)\pi \qquad (k=0,\pm1,\pm2,\cdots)$$

式中,m_0,n_0 分别表示在 s_0 点右侧实轴上的开环零点和极点个数;$(2k+1)$ 为奇数。

本法则得证。

不难判断,在图 4 - 5 所示实轴上,区段 $[p_1,z_1]$,$[p_4,z_2]$ 以及 $(-\infty,z_3]$ 均为实轴上的根轨迹。

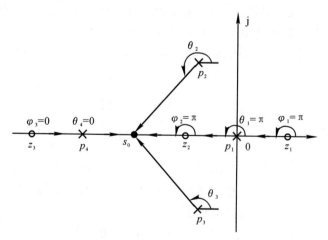

图 4 - 5 实轴上的根轨迹

法则 4　根轨迹的渐近线：当系统开环极点个数 n 大于开环零点个数 m 时,有 $n-m$ 条根轨迹分支沿着与实轴夹角为 φ_a、交点为 σ_a 的一组渐近线趋向于无穷远处,且有

$$\left.\begin{aligned} \varphi_a &= \frac{(2k+1)\pi}{n-m} \\ \sigma_a &= \frac{\displaystyle\sum_{j=1}^{n}p_j - \sum_{i=1}^{m}z_i}{n-m} \end{aligned} \quad (k=0,\pm1,\pm2,\cdots,n-m-1)\right\} \quad (4-12)$$

证明　渐近线就是 $s\to\infty$ 时的根轨迹,因此渐近线也一定对称于实轴。根轨迹方程式 (4-8) 可写成

$$G(s)H(s) = \frac{K^*\displaystyle\prod_{i=1}^{m}(s-z_i)}{\displaystyle\prod_{j=1}^{n}(s-p_j)} = K^*\frac{s^m+b_{m-1}s^{m-1}+\cdots+b_1s+b_0}{s^n+a_{n-1}s^{n-1}+\cdots+a_1s+a_0} = -1 \quad (4-13)$$

式中,$b_{m-1}=\displaystyle\sum_{i=1}^{m}(-z_i)$,$a_{n-1}=\displaystyle\sum_{j=1}^{n}(-p_j)$ 分别为系统开环零点之和及开环极点之和。

当 $K^*\to\infty$ 时,由于 $n>m$,应有 $s\to\infty$。式(4-13) 可近似表示为

$$s^{n-m}\left(1+\frac{a_{n-1}-b_{m-1}}{s+b_{m-1}}\right) = -K^*$$

即有

$$s^{n-m}\left(1+\frac{a_{n-1}-b_{m-1}}{s}\right) = -K^*$$

或

$$s\left(1+\frac{a_{n-1}-b_{m-1}}{s}\right)^{\frac{1}{n-m}} = (-K^*)^{\frac{1}{n-m}}$$

将上式左端用牛顿二项式定理展开,并取线性项近似,有

$$s\left(1+\frac{a_{n-1}-b_{m-1}}{(n-m)s}\right) = (-K^*)^{\frac{1}{n-m}}$$

令

$$\sigma = \frac{a_{n-1}-b_{m-1}}{n-m}$$

有

$$s = -\sigma + (-K^*)^{\frac{1}{n-m}}$$

以 $-1 = 1\times e^{j(2k+1)\pi}$,$k=0,\pm1,\pm2,\cdots$ 代入上式,有

$$s = -\sigma + (K^*)^{\frac{1}{n-m}}e^{j\pi\frac{2k+1}{n-m}}$$

这就是当 $s\to\infty$ 时根轨迹的渐近线方程。它表明渐近线与实轴的交点坐标为

$$\sigma_a = -\sigma = \frac{\displaystyle\sum_{j=1}^{n}p_j - \sum_{i=1}^{m}z_i}{n-m}$$

渐近线与实轴夹角为

$$\varphi_a = \frac{(2k+1)\pi}{n-m} \quad (k=0,\pm1,\pm2,\cdots)$$

本法则得证。

例 4-2　单位反馈系统开环传递函数为 $G(s)=\dfrac{K^*(s+1)}{s(s+4)(s^2+2s+2)}$,试根据已知的基本法则,绘制根轨迹的渐近线。

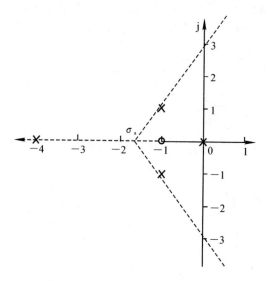

图 4-6　开环零极点及渐近线图

解　将开环零、极点标在 s 平面上,如图 4-6 所示。根据法则,系统有 4 条根轨迹分支,且有 $n-m=3$ 条根轨迹趋于无穷远处,其渐近线与实轴的交点及夹角为

$$\begin{cases} \sigma_{\mathrm{a}} = \dfrac{-4-1+\mathrm{j}1-1-\mathrm{j}1+1}{4-1} = -\dfrac{5}{3} \\[3mm] \varphi_{\mathrm{a}} = \dfrac{(2k+1)\pi}{4-1} = \pm\dfrac{\pi}{3},\ \pi \end{cases}$$

三条渐近线如图 4-6 所示。

法则 5　根轨迹的分离点:两条或两条以上根轨迹分支在 s 平面上相遇又分离的点,称为根轨迹的分离点,分离点的坐标 d 是方程

$$\sum_{j=1}^{n} \frac{1}{d-p_j} = \sum_{i=1}^{m} \frac{1}{d-z_i} \tag{4-14}$$

的解。

证明　由根轨迹方程式(4-8),有

$$1 + \frac{K^* \displaystyle\prod_{i=1}^{m}(s-z_i)}{\displaystyle\prod_{j=1}^{n}(s-p_j)} = 0$$

因此闭环特征方程为

$$D(s) = \prod_{j=1}^{n}(s-p_j) + K^* \prod_{i=1}^{m}(s-z_i) = 0$$

或

$$\prod_{j=1}^{n}(s-p_j) = -K^* \prod_{i=1}^{m}(s-z_i) \tag{4-15}$$

根轨迹在 s 平面相遇,说明闭环特征方程有重根出现。设重根为 d,根据代数中重根条件,有

$$D'(s) = \frac{\mathrm{d}}{\mathrm{d}s}\Big[\prod_{j=1}^{n}(s-p_j) + K^* \prod_{i=1}^{m}(s-z_i)\Big] = 0$$

或
$$\frac{\mathrm{d}}{\mathrm{d}s}\prod_{j=1}^{n}(s-p_j)=-K^*\frac{\mathrm{d}}{\mathrm{d}s}\prod_{i=1}^{m}(s-z_i)\qquad(4-16)$$

将式(4-16)、式(4-15)等号两端对应相除,得

$$\frac{\dfrac{\mathrm{d}}{\mathrm{d}s}\prod\limits_{j=1}^{n}(s-p_j)}{\prod\limits_{j=1}^{n}(s-p_j)}=\frac{\dfrac{\mathrm{d}}{\mathrm{d}s}\prod\limits_{i=1}^{m}(s-z_i)}{\prod\limits_{i=1}^{m}(s-z_i)}$$

$$\frac{\mathrm{d}\ln\prod\limits_{j=1}^{n}(s-p_j)}{\mathrm{d}s}=\frac{\mathrm{d}\ln\prod\limits_{i=1}^{m}(s-z_i)}{\mathrm{d}s}\qquad(4-17)$$

有
$$\sum_{j=1}^{n}\frac{\mathrm{d}\ln(s-p_j)}{\mathrm{d}s}=\sum_{i=1}^{m}\frac{\mathrm{d}\ln(s-z_i)}{\mathrm{d}s}$$

于是
$$\sum_{j=1}^{n}\frac{1}{s-p_j}=\sum_{i=1}^{m}\frac{1}{s-z_i}$$

对上式解出的 s 进行检验,可得分离点 d。

本法则得证。

例 4-3　控制系统开环传递函数为
$$G(s)H(s)=\frac{K^*(s+2)}{s(s+1)(s+4)}$$

试概略绘制系统根轨迹。

解　将系统开环零、极点标于 s 平面,如图 4-7 所示。

根据法则 1,系统有 3 条根轨迹分支,且有 $n-m=2$ 条根轨迹趋于无穷远处。根轨迹绘制如下:

(1)实轴上的根轨迹:根据法则 3,实轴上的根轨迹区段为
$$[-4,-2],\ [-1,0]$$

(2)渐近线:根据法则 4,根轨迹的渐近线与实轴交点和夹角分别为
$$\begin{cases}\sigma_a=\dfrac{-1-4+2}{3-1}=-\dfrac{3}{2}\\[2mm]\varphi_a=\dfrac{(2k+1)\pi}{3-1}=\pm\dfrac{\pi}{2}\end{cases}$$

(3)分离点:根据法则 5,分离点坐标为
$$\frac{1}{d}+\frac{1}{d+1}+\frac{1}{d+4}=\frac{1}{d+2}$$

经整理得
$$(d+4)(d^2+4d+2)=0$$

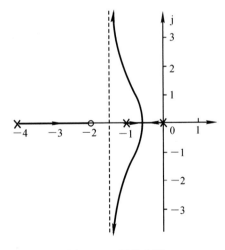

图 4-7　根轨迹图

故 $d_1=-4,d_2=-3.414,d_3=-0.586$,显然分离点位于实轴上 $[-1,0]$ 间,故取 $d=-0.586$。

根据上述讨论,可绘制出系统根轨迹,如图 4-7 所示。

图 4-7 的绘制程序：

```
num＝[1 2];
den＝conv([1 0],conv([1 1],[1 4]));
rlocus(num,den);
```

法则 6   根轨迹与虚轴的交点：若根轨迹与虚轴相交,则意味着闭环特征方程出现纯虚根。因此,可先在闭环特征方程中令 $s＝j\omega$,然后分别令方程的实部和虚部均为零,从中求得交点的坐标值及其相应的 K^* 值。此外,根轨迹与虚轴相交表明系统在相应 K^* 值下处于临界稳定状态,故亦可用劳斯稳定判据去求出交点的坐标值及其相应的 K^* 值。此处的根轨迹增益称为临界根轨迹增益。

例 4-4   某单位反馈系统开环传递函数为

$$G(s)=\frac{K^*}{s(s+1)(s+5)}$$

试概略绘制系统根轨迹。

解   根轨迹绘制如下：

(1) 实轴上的根轨迹： $(-\infty,-5]$,$[-1,0]$

(2) 渐近线：
$$\begin{cases}\sigma_a=\dfrac{-1-5}{3}=-2\\[2mm]\varphi_a=\dfrac{(2k+1)\pi}{3}=\pm\dfrac{\pi}{3},\ \pi\end{cases}$$

(3) 分离点： $\dfrac{1}{d}+\dfrac{1}{d+1}+\dfrac{1}{d+5}=0$

经整理得

$$3d^2+12d+5=0$$

解出 $d_1=-3.5,\quad d_2=-0.47$

显然分离点位于实轴上 $[-1,0]$ 间,故取 $d=-0.47$。

(4) 与虚轴交点：

方法 1   系统闭环特征方程为

$$D(s)=s^3+6s^2+5s+K^*=0$$

令 $s＝j\omega$,则

$$D(j\omega)=(j\omega)^3+6(j\omega)^2+5(j\omega)+K^*=-j\omega^3-6\omega^2+j5\omega+K^*=0$$

令实部、虚部分别为零,有

$$\begin{cases}K^*-6\omega^2=0\\5\omega-\omega^3=0\end{cases}$$

解之得 $\begin{cases}\omega=0\\K^*=0\end{cases}$,$\quad\begin{cases}\omega=\pm\sqrt{5}\\K^*=30\end{cases}$

显然第一组解是根轨迹的起点,故舍去。根轨迹与虚轴的交点为 $s=\pm j\sqrt{5}$,对应的根轨迹增益 $K^*=30$。

例 4 - 4 的计算程序

```
num=[1];
den=conv([1,0],conv([1 1],[1 5]));
rlocus(num,den)
```

方法 2　用劳斯稳定判据求根轨迹与虚轴的交点。列劳斯表：

$$s^3 \qquad 1 \qquad\qquad 5$$
$$s^2 \qquad 6 \qquad\qquad K^*$$
$$s^1 \qquad (30-K^*)/6 \qquad 0$$
$$s^0 \qquad K^*$$

当 $K^*=30$ 时，s^1 行元素全为零，系统存在共轭虚根。共轭虚根可由 s^2 行的辅助方程求得

$$F(s)=6s^2+K^*\Big|_{K^*=30}=0$$

得 $s=\pm j\sqrt{5}$，为根轨迹与虚轴的交点。根据上述讨论，可绘制出系统根轨迹如图 4 - 8 所示。

法则 7　根轨迹的起始角和终止角：根轨迹离开开环复数极点处的切线与正实轴的夹角，称为起始角，以 θ_{p_i} 表示；根轨迹进入开环复数零点处的切线与正实轴的夹角，称为终止角，以 φ_{z_i} 表示。起始角、终止角可直接利用相角条件求出。

例 4 - 5　设系统开环传递函数为

$$G(s)$$
$$=\frac{K^*(s+1.5)(s+2+j)(s+2-j)}{s(s+2.5)(s+0.5+j1.5)(s+0.5-j1.5)}$$

试概略绘制系统根轨迹。

解　将开环零、极点标于 s 平面上，绘制根轨迹步骤如下：

(1) 实轴上的根轨迹：

$$[-1.5,\ 0],\ (-\infty,\ -2.5]$$

(2) 起始角和终止角：先求起始角。设 s 是由 p_2 出发的根轨迹分支对应 $K^*=\varepsilon$ 时的一点，s 到 p_2 的距离无限小，则向量 $\overrightarrow{p_2 s}$ 的相角即为起始角。作各开环零、极点到 s 的向量。由于除 p_2 之外，其余开环零、极点指向 s 的向量与指向 p_2 的向量等价，所以它们指向 p_2 的向量等价于指向 s 的向量。根据开环零、极点坐标可以算出各向量的相角。由相角条件式(4 - 10) 得

$$\sum_{i=1}^{m}\varphi_i-\sum_{j=1}^{n}\theta_j=(\varphi_1+\varphi_2+\varphi_3)-(\theta_{p_2}+\theta_1+\theta_2+\theta_4)=$$
$$(2k+1)\pi$$

解得起始角 $\theta_{p_2}=79°$(见图 4 - 9(a))。

同理，作各开环零、极点到复数零点 $(-2+j)$ 的向量，可算出复数零点 $(-2+j)$ 处的终止角 $\varphi_2=145°$(见图 4 - 9(b))。作出系统的根轨迹如图 4 - 10 所示。

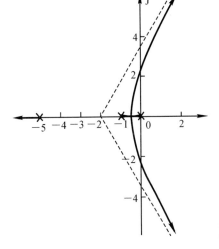

图 4 - 8　根轨迹图

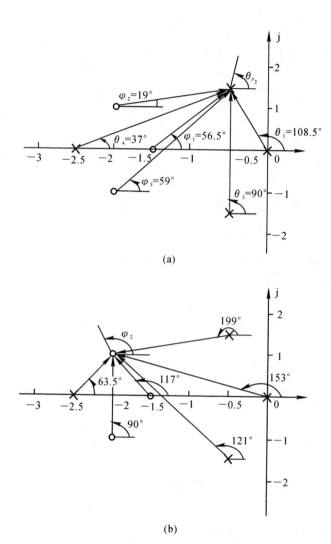

(a)

(b)

图 4 - 9　根轨迹的起始角和终止角

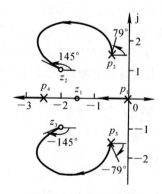

图 4 - 10　根轨迹图

例 4-5 Matlab 程序
```
zero=[-1.5  -2-i  -2+i];
pole=[0  -2.5  -0.5+j*1.5  -0.5-j*1.5];
g=zpk(zero,pole,1); rlocus(g);grid;
```

法则 8   根之和：当系统开环传递函数 $G(s)H(s)$ 的分子、分母阶次差 $(n-m)$ 大于等于 2 时，系统闭环极点之和等于系统开环极点之和，即

$$\sum_{i=1}^{n}\lambda_i = \sum_{i=1}^{n} p_i \qquad (n-m \geqslant 2)$$

式中，$\lambda_1,\lambda_2,\cdots,\lambda_n$ 为系统的闭环极点（特征根）；$p_1,p_2,\cdots,p_n$ 为系统的开环极点。

证明   设系统开环传递函数

$$G(s)H(s)=\frac{K^*(s-z_1)(s-z_2)\cdots(s-z_m)}{(s-p_1)(s-p_2)\cdots(s-p_n)}=\frac{K^*s^m+b_{m-1}K^*s^{m-1}+\cdots+K^*b_0}{s^n+a_{n-1}s^{n-1}+a_{n-2}s^{n-2}+\cdots+a_0}$$

式中

$$a_{n-1}=\sum_{i=1}^{n}(-p_i) \qquad (4-18)$$

设 $n-m=2$，即 $m=n-2$，系统闭环特征方程为

$$D(s)=(s^n+a_{n-1}s^{n-1}+a_{n-2}s^{n-2}+\cdots+a_0)+(K^*s^m+K^*b_{m-1}s^{m-1}+\cdots+K^*b_0)=$$
$$s^n+a_{n-1}s^{n-1}+(a_{n-2}+K^*)s^{n-2}+\cdots+(a_0+K^*b_0)=$$
$$(s-\lambda_1)(s-\lambda_2)\cdots(s-\lambda_n)=0$$

另外，根据闭环系统 n 个闭环特征根 $\lambda_1,\lambda_2,\cdots,\lambda_n$ 可得系统闭环特征方程为

$$D(s)=s^n+\sum_{i=1}^{n}(-\lambda_i)s^{n-1}+\cdots+\prod_{i=1}^{n}(-\lambda_i)=0 \qquad (4-19)$$

可见，当 $n-m \geqslant 2$ 时，特征方程第二项系数与 K^* 无关。比较系数并考虑式 $(4-18)$，有

$$\sum_{i=1}^{n}(-\lambda_i)=\sum_{i=1}^{n}(-p_i)=a_{n-1} \qquad (4-20)$$

式 $(4-20)$ 表明，当 $n-m \geqslant 2$ 时，随着 K^* 的增大，若一部分极点总体向右移动，则另一部分极点必然总体上向左移动，且左、右移动的距离增量之和为 0。

本法则得证。

利用根之和法则可以确定闭环极点的位置，判定分离点所在范围。

例 4-6   某单位反馈系统开环传递函数为

$$G(s)=\frac{K^*}{s(s+1)(s+2)}$$

试概略绘制系统根轨迹，并求临界根轨迹增益及该增益对应的三个闭环极点。

解   系统有 3 条根轨迹分支，且有 $n-m=3$ 条根轨迹趋于无穷远处。绘制根轨迹步骤如下：

（1）实轴上的根轨迹： $(-\infty,-2]$，$[-1,0]$

（2）渐近线：

$$\begin{cases}\sigma_a=\dfrac{-1-2}{3}=-1 \\ \varphi_a=\dfrac{(2k+1)\pi}{3}=\pm\dfrac{\pi}{3},\ \pi\end{cases}$$

（3）分离点：

$$\frac{1}{d} + \frac{1}{d+1} + \frac{1}{d+2} = 0$$

经整理得

$$3d^2 + 6d + 2 = 0$$

故

$$d_1 = -1.577, \quad d_2 = -0.423$$

显然分离点位于实轴上 $[-1,0]$ 间，故取 $d = -0.423$。

由于满足 $n-m \geqslant 2$，闭环根之和为常数，当 K^* 增大时，两支根轨迹向右移动的速度慢于一支向左移动的根轨迹速度，因此分离点 $|d| < 0.5$ 是合理的。

（4）与虚轴交点：系统闭环特征方程为

$$D(s) = s^3 + 3s^2 + 2s + K^* = 0$$

令 $s = j\omega$，则

$$D(j\omega) = (j\omega)^3 + 3(j\omega)^2 + 2(j\omega) + K^* = -j\omega^3 - 3\omega^2 + j2\omega + K^* = 0$$

令实部、虚部分别为零，有

$$\begin{cases} K^* - 3\omega^2 = 0 \\ 2\omega - \omega^3 = 0 \end{cases}$$

解得

$$\begin{cases} \omega = 0 \\ K^* = 0 \end{cases}, \quad \begin{cases} \omega = \pm\sqrt{2} \\ K^* = 6 \end{cases}$$

显然第一组解是根轨迹的起点，故舍去。根轨迹与虚轴的交点为 $\lambda_{1,2} = \pm j\sqrt{2}$，对应的根轨迹增益为 $K^* = 6$。因为当 $0 < K^* < 6$ 时系统稳定，故 $K^* = 6$ 为临界根轨迹增益。根轨迹与虚轴的交点为对应的两个闭环极点，第三个闭环极点可由根之和法则求得：

$$0 - 1 - 2 = \lambda_1 + \lambda_2 + \lambda_3 = \lambda_3 + j\sqrt{2} - j\sqrt{2}$$

$$\lambda_3 = -3$$

系统根轨迹如图 4-11 所示。

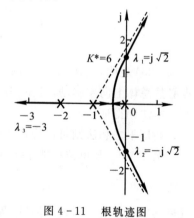

图 4-11　根轨迹图

例 4-6 的计算程序
```
num=[1];
den=conv([1,0],conv([1 1],[1 2]));
rlocus(num,den)
```

根据以上绘制根轨迹的法则，不难绘出系统的根轨迹。具体绘制某一根轨迹时，这 8 条法则并不一定全部用到，要根据具体情况确定应选用的法则。为了便于查阅，将这些法则统一归纳在表 4-2 之中。

表 4-2　绘制根轨迹的基本法则

序　号	内　容	法　则
1	根轨迹的起点和终点	根轨迹起始于开环极点，终止于开环零点
2	根轨迹的分支数、对称性和连续性	根轨迹的分支数与开环零点数 m 和开环极点数 n 中的大者相等，根轨迹是连续的，并且对称于实轴

续 表

序号	内　容	法　　则
3	实轴上的根轨迹	实轴上的某一区域,若其右端开环实数零、极点个数之和为奇数,则该区域必是 180° 根轨迹 ＊ 实轴上的某一区域,若其右端开环实数零、极点个数之和为偶数,则该区域必是 0° 根轨迹
4	根轨迹的渐近线	渐近线与实轴的交点　$\sigma_a = \dfrac{\sum\limits_{j=1}^{n} p_j - \sum\limits_{i=1}^{m} z_i}{n-m}$ 渐近线与实轴夹角 $\begin{cases} \varphi_a = \dfrac{(2k+1)\pi}{n-m} & (180°\ \text{根轨迹}) \\[2mm] {}^* \varphi_a = \dfrac{2k\pi}{n-m} & (0°\ \text{根轨迹}) \end{cases}$ $(k = 0, \pm 1, \pm 2, \cdots)$
5	根轨迹的分离点	分离点的坐标 d 是方程 $$\sum_{j=1}^{n} \frac{1}{d - p_j} = \sum_{i=1}^{m} \frac{1}{d - z_i}$$ 的解
6	根轨迹与虚轴的交点	根轨迹与虚轴交点坐标 ω 及其对应的 K^* 值可用劳斯稳定判据确定,也可令闭环特征方程中 $s = j\omega$,然后分别令其实部和虚部为零求得
7	根轨迹的起始角和终止角	$\sum\limits_{i=1}^{m} \varphi_i - \sum\limits_{j=1}^{n} \theta_j = (2k+1)\pi \quad (k = 0, \pm 1, \pm 2, \cdots)$ ${}^* \sum\limits_{i=1}^{m} \varphi_i - \sum\limits_{j=1}^{n} \theta_j = 2k\pi \quad (k = 0, \pm 1, \pm 2, \cdots)$
8	根之和	$\sum\limits_{i=1}^{n} \lambda_i = \sum\limits_{i=1}^{n} p_i \quad (n - m \geqslant 2)$

4.3　广义根轨迹

前面介绍的仅是系统在负反馈条件下根轨迹增益 K^* 变化时的根轨迹绘制方法。在实际工程系统的分析、设计过程中,有时需要分析正反馈条件下或除系统的根轨迹增益 K^* 以外的其他参量(例如时间常数、测速机反馈系数等)变化对系统性能的影响。这种情形下绘制的根轨迹(包括参数根轨迹和 0° 根轨迹),称为广义根轨迹。

4.3.1　参数根轨迹

除根轨迹增益 K^*(或开环增益 K)以外的其他参量从零变化到无穷大时绘制的根轨迹称为参数根轨迹。

绘制参数根轨迹的法则与绘制常规根轨迹的法则完全相同。只需要在绘制参数根轨迹之前,引入"等效开环传递函数",将绘制参数根轨迹的问题化为绘制 K^* 变化时根轨迹的形式来处理。下面举例说明参数根轨迹的绘制方法。

例 4 - 7 单位反馈系统开环传递函数为

$$G(s) = \frac{\frac{1}{4}(s+a)}{s^2(s+1)}$$

试绘制 $a = 0 \to \infty$ 时的根轨迹。

解 系统的闭环特征方程为

$$D(s) = s^3 + s^2 + \frac{1}{4}s + \frac{1}{4}a = 0$$

构造等效开环传递函数,把含有可变参数的项放在分子上,即

$$G^*(s) = \frac{\frac{1}{4}a}{s\left(s^2+s+\frac{1}{4}\right)} = \frac{\frac{1}{4}a}{s\left(s+\frac{1}{2}\right)^2}$$

由于等效开环传递函数对应的闭环特征方程与原系统闭环特征方程相同,所以称 $G^*(s)$ 为等效开环传递函数,而借助于 $G^*(s)$ 的形式,可以利用常规根轨迹的绘制方法绘制系统的根轨迹。但必须明确,等效开环传递函数 $G^*(s)$ 对应的闭环零点与原系统的闭环零点并不一致。在确定系统闭环零点,估算系统动态性能时,必须回到原系统开环传递函数进行分析。

等效开环传递函数有 3 个开环极点:$p_1=0, p_2=p_3=-1/2$;系统有 3 条根轨迹,均趋于无穷远处。

(1)实轴上的根轨迹: $\left[-\frac{1}{2},0\right]$, $\left(-\infty, -\frac{1}{2}\right]$

(2)渐近线:
$$\begin{cases} \sigma_a = \frac{-\frac{1}{2}-\frac{1}{2}}{3} = -\frac{1}{3} \\ \varphi_a = \frac{(2k+1)\pi}{3} = \pm\frac{\pi}{3}, \pi \end{cases}$$

(3)分离点:
$$\frac{1}{d} + \frac{1}{d+\frac{1}{2}} + \frac{1}{d+\frac{1}{2}} = 0$$

解得
$$d = -1/6$$

由幅值条件得分离点处的 a 值为
$$\frac{a_d}{4} = |d|\left|d+\frac{1}{2}\right|^2 = \frac{1}{54}$$
$$a_d = \frac{2}{27}$$

(4)与虚轴的交点:将 $s=j\omega$ 带入闭环特征方程,得
$$D(j\omega) = (j\omega)^3 + (j\omega)^2 + \frac{1}{4}(j\omega) + \frac{a}{4} = \left(-\omega^2+\frac{a}{4}\right) + j\left(-\omega^3+\frac{1}{4}\omega\right) = 0$$

则有
$$\begin{cases} \text{Re}[D(j\omega)] = -\omega^2 + \frac{a}{4} = 0 \\ \text{Im}[D(j\omega)] = -\omega^3 + \frac{1}{4}\omega = 0 \end{cases}$$

解得
$$\begin{cases} \omega = \pm \dfrac{1}{2} \\ a = 1 \end{cases}$$

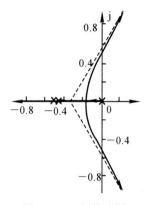

图 4-12　根轨迹图

> 例 4-7 的计算程序
> $\text{num} = [1];$
> $\text{den} = \text{conv}([1\ 0], [1\ 1\ 1/4]);$
> $\text{rlocus}(\text{num}, \text{den})$

系统根轨迹如图 4-12 所示。从根轨迹图中可以看出参数 a 变化对系统性能的影响。

(1) 当 $0 < a \leqslant 2/27$ 时,闭环极点落在实轴上,系统阶跃响应为单调过程。

(2) 当 $2/27 < a < 1$ 时,离虚轴近的一对复数闭环极点逐渐向虚轴靠近,系统阶跃响应为振荡收敛过程。

(3) 当 $a > 1$ 时,有闭环极点落在右半 s 平面,系统不稳定,阶跃响应振荡发散。

从原系统开环传递函数可见:$s = -a$ 是系统的一个闭环零点,其位置是变化的;计算系统性能必须考虑其影响。

4.3.2　零度根轨迹

在负反馈条件下根轨迹方程为 $G(s)H(s) = -1$,相角条件为 $\underline{/G(s)H(s)} = (2k+1)\pi, k = 0, \pm 1, \pm 2, \cdots$,因此称相应的常规根轨迹为 $180°$ 根轨迹;在正反馈条件下,当系统特征方程为 $D(s) = 1 - G(s)H(s) = 0$ 时,根轨迹方程为 $G(s)H(s) = 1$,相角条件为 $\underline{/G(s)H(s)} = 2k\pi, k = 0, \pm 1, \pm 2, \cdots$,相应绘制的根轨迹称为 $0°$(或零度)根轨迹。

$0°$ 根轨迹绘制法则与 $180°$ 根轨迹的绘制法则有所不同。若系统开环传递函数 $G(s)H(s)$ 表达式如式(4.4),则 $0°$ 根轨迹方程为

$$\frac{K^* \prod\limits_{i=1}^{m}(s - z_i)}{\prod\limits_{j=1}^{n}(s - p_j)} = 1 \tag{4-21}$$

相应有:

幅值条件

$$|G(s)H(s)| = K^* \frac{\prod\limits_{i=1}^{m}|(s - z_i)|}{\prod\limits_{j=1}^{n}|(s - p_j)|} = 1 \tag{4-22}$$

相角条件

$$\underline{/G(s)H(s)} = \sum_{i=1}^{m} \underline{/(s - z_i)} - \sum_{j=1}^{n} \underline{/(s - p_i)} =$$
$$\sum_{i=1}^{m} \varphi_i - \sum_{j=1}^{n} \theta_j = 2k\pi \qquad (k = 0, \pm 1, \pm 2, \cdots) \tag{4-23}$$

0°根轨迹的幅值条件与180°根轨迹的幅值条件一致,而二者相角条件不同。因此,绘制180°根轨迹法则中与相角条件无关的法则可直接用来绘制0°根轨迹,而与相角条件有关的法则3、法则4、法则7则需要相应修改。修改调整后的法则如下:

法则3* 实轴上的根轨迹:实轴上的某一区域,若其右边开环实数零、极点个数之和为偶数,则该区域必是根轨迹。

法则4* 根轨迹的渐近线与实轴夹角应改为

$$\varphi_a=\frac{2k\pi}{n-m} \qquad (k=0,\pm1,\pm2,\cdots)$$

法则7* 根轨迹的出射角和入射角用式(4-23)计算。

除上述三个法则外,其他法则不变。为了便于使用,也将绘制0°根轨迹法则归纳于表4-2中,与180°根轨迹不同的绘制法则以星号(*)标明。

例4-8 设系统结构图如图4-13所示,其中

$$G(s)=\frac{K^*(s+2)}{(s+3)(s^2+2s+2)}, \quad H(s)=1$$

试绘制根轨迹。

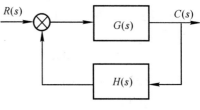

解 系统为正反馈,应绘制0°根轨迹。系统开环传递函数为

$$G(s)H(s)=\frac{K^*(s+2)}{(s+3)(s^2+2s+2)}$$

图4-13 系统结构图

根轨迹绘制如下:

(1)实轴上的根轨迹: $(-\infty,-3]$,$[-2,\infty)$

(2)渐近线:
$$\begin{cases}\sigma_a=\frac{-3-1+j1-1-j1+2}{3-1}=-\frac{3}{2}\\ \varphi_a=\frac{2k\pi}{3-1}=0°,\ 180°\end{cases}$$

(3)分离点: $\frac{1}{d+3}+\frac{1}{d+1-j}+\frac{1}{d+1+j}=\frac{1}{d+2}$

经整理得

$$(d+0.8)(d^2+4.7d+6.24)=0$$

显然分离点位于实轴上,故取 $d=-0.8$。

(4)起始角:根据绘制0°根轨迹的法则7*,对应极点 $p_1=-1+j$,根轨迹的起始角为

$$\theta_{p_1}=0°+45°-(90°+26.6°)=-71.6°$$

根据对称性,根轨迹从极点 $p_2=-1-j$ 的起始角为 $\theta_{p_2}=71.6°$。系统根轨迹如图4-14所示。

(5)临界开环增益:由图4-14可见,坐标原点对应的根轨迹增益为临界值,可

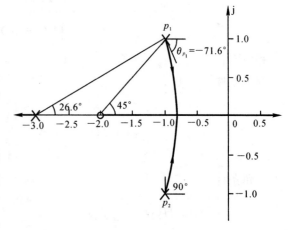

图4-14 根轨迹图

由幅值条件求得

$$K_c^* = \frac{|0-(-1+j)||0-(-1-j)||0-(-3)|}{|0-(-2)|} = 3$$

由于 $K=K^*/3$，于是临界开环增益 $K_c=1$。因此，为了使该正反馈系统稳定，开环增益应小于 1。

例 4 - 9　飞机纵向控制系统结构图如图 4 - 15(a) 所示，设开环传递函数为

$$G(s)H(s) = \frac{-K(s^2+2s-1.25)}{s(s^2+3s+15)}$$

试绘出系统的根轨迹图。

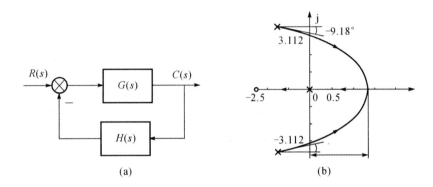

图 4 - 15　例 4 - 9 图

(a) 系统结构图；　(b) 根轨迹图

解　系统的特征方程为 $1+G(s)H(s)=0$，系统根轨迹为 $G(s)H(s)=-1$。

$$G(s)H(s) = -K^* \frac{(s^2+2s-1.25)}{s(s^2+3s+15)} = -1$$

有

$$K^* \frac{(s+2.5)(s-0.5)}{s(s+1.5\pm j3.357)} = 1$$

可见，应该画 0° 根轨迹。

(1) 实轴上的根轨迹：　　　　$[-2.5, 0]$　$[0.5, \infty)$

(2) 起始角：利用 0° 根轨迹相角条件，得

$$\varphi_1 + \varphi_2 - (\theta_1 + \theta_2 + \theta_3) = 2k\pi$$

即

$$74.35° + 119.26° - (112.79° + \theta_2 + 90°) = 0°$$

解得

$$\theta_2 = -9.18°$$

(3) 与虚轴交点：系统特征方程为

$$D(s) = s^3 + (3-K^*)s^2 + (15-2K^*)s + 1.25K^* = 0$$

令

$$\begin{cases} \text{Im}[D(j\omega)] = -\omega^3 + (15-2K^*)\omega = 0 \\ \text{Re}[D(j\omega)] = -(3-K^*)\omega^2 + 1.25K^* = 0 \end{cases}$$

解得

$$\begin{cases} K^* = 2.657 \\ \omega = 3.112 \end{cases}$$

与虚轴交点为 $(0, \pm j3.112)$。

4.4　利用根轨迹分析系统性能

利用根轨迹,可以定性分析当系统某一参数变化时系统动态性能的变化趋势,在给定该参数值时可以确定相应的闭环极点,再加上闭环零点,可得到相应零、极点形式的闭环传递函数。本节讨论如何利用根轨迹分析、估算系统性能,同时分析附加开环零、极点对根轨迹及系统性能的影响。

4.4.1　利用闭环主导极点估算系统的性能指标

如果高阶系统闭环极点满足具有闭环主导极点的分布规律,就可以忽略非主导极点及偶极子的影响,把高阶系统简化为阶数较低的系统,近似估算系统性能指标。

例 4-10　已知单位反馈系统的开环传递函数为

$$G(s) = \frac{K}{s(s+1)(0.5s+1)}$$

试用根轨迹法确定系统在稳定欠阻尼状态下的开环增益 K 的范围,并计算阻尼比 $\xi=0.5$ 的 K 值以及相应的闭环极点,估算此时系统的动态性能指标。

解　将开环传递函数写成零、极点形式,得

$$G(s) = \frac{2K}{s(s+1)(s+2)} = \frac{K^*}{s(s+1)(s+2)}$$

式中,$K^*=2K$ 为根轨迹增益。

(1) 将开环零、极点在 s 平面上标出;

(2) $n=3$,有三条根轨迹分支,三条根轨迹均趋向于无穷远处;

(3) 实轴上的根轨迹区段为 $(-\infty,-2]$,$[-1,0]$;

(4) 渐近线:
$$\begin{cases} \sigma_a = \dfrac{-1-2}{3} = -1 \\ \varphi_a = \dfrac{(2k+1)\pi}{3} = \pm\dfrac{\pi}{3},\ \pi \end{cases}$$

(5) 分离点:
$$\frac{1}{d} + \frac{1}{d+1} + \frac{1}{d+2} = 0$$

经整理得

$$3d^2 + 6d + 2 = 0$$

解之得

$$d_1 = -1.577,\quad d_2 = -0.432$$

显然分离点为 $d=-0.432$,由幅值条件可求得分离点处的 K^* 值,有
$$K_d^* = |d||d+1||d+2| = 0.4$$

(6) 与虚轴的交点:闭环特征方程为

$$D(s) = s^3 + 3s^2 + 2s + K^* = 0$$

令
$$\begin{cases} \mathrm{Re}[D(j\omega)] = -3\omega^2 + K^* = 0 \\ \mathrm{Im}[D(j\omega)] = -\omega^3 + 2\omega = 0 \end{cases}$$

解得
$$\begin{cases} \omega = \pm\sqrt{2} \\ K^* = 6 \end{cases}$$

系统根轨迹如图 4 - 16 所示。

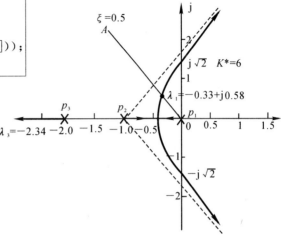

```
例 4 - 10 的计算程序:
    num = [1];
    den = conv([1 0],conv([1 1],[1 2]));
    rlocus(num,den);
```

从根轨迹图上可以看出稳定欠阻尼状态的根轨迹增益的范围为 $0.4 < K^* < 6$,相应开环增益范围为 $0.2 < K < 3$。

图 4 - 16　三阶系统根轨迹图

为了确定满足阻尼比 $\xi = 0.5$ 条件时系统的 3 个闭环极点,首先作出 $\xi = 0.5$ 的等阻尼线 OA,它与负实轴夹角为

$$\beta = \arccos\xi = 60°$$

如图 4 - 16 所示。等阻尼线 OA 与根轨迹的交点即为相应的闭环极点,可设相应两个复数闭环极点分别为

$$\lambda_1 = -\xi\omega_n + j\omega_n\sqrt{1-\xi^2} = -0.5\omega_n + j0.866\omega_n$$

$$\lambda_2 = -\xi\omega_n - j\omega_n\sqrt{1-\xi^2} = -0.5\omega_n - j0.866\omega_n$$

闭环特征方程为

$$D(s) = (s-\lambda_1)(s-\lambda_2)(s-\lambda_3) = s^3 + (\omega_n-\lambda_3)s^2 + (\omega_n^2-\lambda_3\omega_n)s - \lambda_3\omega_n^2 =$$
$$s^3 + 3s^2 + 2s + K^* = 0$$

比较系数有

$$\begin{cases} \omega_n - \lambda_3 = 3 \\ \omega_n^2 - \lambda_3\omega_n = 2 \\ -\lambda_3\omega_n^2 = K^* \end{cases}$$

解得

$$\begin{cases} \omega_n = \dfrac{2}{3} \\ \lambda_3 = -2.33 \\ K^* = 1.04 \end{cases}$$

故 $\xi = 0.5$ 时的 K 值以及相应的闭环极点为

$$K = K^*/2 = 0.52$$

$$\lambda_1 = -0.33 + j0.58,\quad \lambda_2 = -0.33 - j0.58,\quad \lambda_3 = -2.33$$

在所求得的 3 个闭环极点中,λ_3 至虚轴的距离与 λ_1(或 λ_2)至虚轴的距离之比为

$$\frac{2.34}{0.33} \approx 7(倍)$$

可见,λ_1,λ_2 是系统的主导闭环极点。于是,可由 λ_1,λ_2 所构成的二阶系统来估算原三阶系统的动态性能指标。原系统闭环增益为 1,因此相应的二阶系统闭环传递函数为

$$\Phi_2(s) = \frac{0.33^2 + 0.58^2}{(s + 0.33 - j0.58)(s + 0.33 + j0.58)} = \frac{0.667^2}{s^2 + 0.667s + 0.667^2}$$

将 $\begin{cases} \omega_n = 0.667 \\ \xi = 0.5 \end{cases}$ 代入公式得

$$\sigma\% = e^{-\xi\pi/\sqrt{1-\xi^2}} = e^{-0.5\times 3.14/\sqrt{1-0.5^2}} = 16.3\%$$

$$t_s = \frac{3.5}{\xi\omega_n} = \frac{3.5}{0.5\times 0.667} = 10.5 \text{ s}$$

原系统为 I 型系统,系统的静态速度误差系数计算为

$$K_v = \lim_{s\to 0} sG(s) = \lim_{s\to 0} s\frac{K}{s(s+1)(0.5s+1)} = K = 0.525$$

系统在单位斜坡信号作用下的稳态误差为

$$e_{ss} = \frac{1}{K_v} = \frac{1}{K} = 1.9$$

例4-11　控制系统结构图如图4-17(a)所示,试绘制系统根轨迹,并确定 $\xi = 0.5$ 时系统的开环增益 K 值及对应的闭环传递函数。

解　开环传递函数为

$$G(s)H(s) = \frac{K^*(s+4)}{s(s+2)(s+3)}\frac{s+2}{s+4} = \frac{K^*}{s(s+3)} \quad \begin{cases} K = K^*/3 \\ v = 1 \end{cases}$$

根据法则1,系统有 2 条根轨迹分支,均趋于无穷远处。

实轴上的根轨迹:　　　　　　　$[-3, 0]$

分离点:　　　　　　　$\dfrac{1}{d} + \dfrac{1}{d+3} = 0$

解得　　　　　　　$d = -3/2$

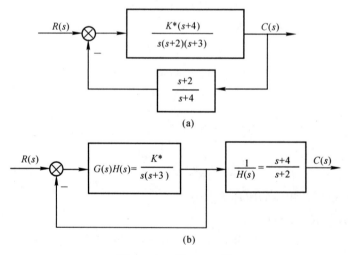

图 4-17　例 4-11 图
(a) 系统结构图;　(b) 等效系统结构图

系统根轨迹如图 4-18 所示。

```
例 4-11 的计算程序
num=[1];
den=conv ([1 0],[1-3]);
rlocus (num,den)
```

当 $\xi=0.5$ 时，$\beta=60°$。作 $\beta=60°$ 直线与根轨迹交点坐标为

$$\lambda_1 = -\frac{3}{2}+j\frac{3}{2}\tan60° = -\frac{3}{2}+j\frac{3}{2}\sqrt{3}$$

$$K^* = \left|-\frac{3}{2}+j\frac{3}{2}\sqrt{3}\right|\left|-\frac{3}{2}+j\frac{3}{2}\sqrt{3}+3\right| = 9$$

$$K = \frac{K^*}{3} = 3$$

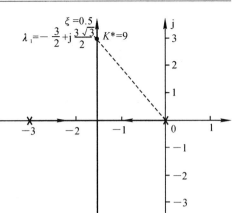

图 4-18　根轨迹图

闭环传递函数为

$$\Phi(s) = \frac{\dfrac{K^*(s+4)}{s(s+2)(s+3)}}{1+\dfrac{K^*}{s(s+3)}} =$$

$$\frac{K^*(s+4)}{(s^2+3s+K^*)(s+2)} =$$

$$\frac{9(s+4)}{(s^2+3s+9)(s+2)}$$

注意：本题开环传递函数中出现了零、极点对消现象。两条根轨迹反映的只是随根轨迹增益 K^* 变化的两个闭环特征根。这时应先导出 $\Phi(s)$，找出全部闭环零、极点，然后再计算系统动态性能指标。

4.4.2　开环零、极点分布对系统性能的影响

开环零、极点的分布决定着系统根轨迹的形状。如果系统的性能不尽如人意，可以通过调整控制器的结构和参数，改变相应的开环零、极点的分布，调整根轨迹的形状，改善系统的性能。

1. 增加开环零点对根轨迹的影响

例 4-12　三个单位反馈系统的开环传递函数分别为

$$G_1(s)=\frac{K^*}{s(s+0.8)}, \quad G_2(s)=\frac{K^*(s+2+74)(s+2-j4)}{s(s+0.8)}, \quad G_3(s)=\frac{K^*(s+4)}{s(s+0.8)}$$

试分别绘制三个系统的根轨迹。

解　三个系统的零、极点分布及根轨迹分别如图 4-19(a)(b)(c)所示。

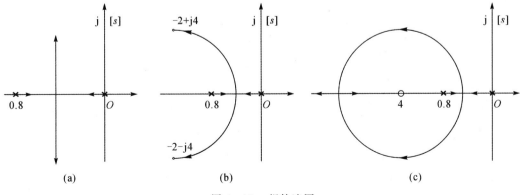

图 4-19　根轨迹图

从图 4-19 中可以看出，增加一个开环零点使系统的根轨迹向左偏移。这样，提高了系统的稳定度，有利于改善系统的动态性能，而且，开环负实零点离虚轴越近，这种作用越显著；若增加的开环零点和某个极点重合或距离很近时，构成偶极子，则二者作用相互抵消。因此，可以通过加入开环零点的方法，抵消有损于系统性能的极点。

> 例 4-12 的计算程序：
> den=[1 0.8 0];
> g=tf(1,den);rlocus(g);figure;
> g=tf([1 4 20],den);rlocus(g);figure;
> g=tf([1 4],den);rlocus(g);

2. 增加开环极点对根轨迹的影响

例 4-13 三个单位反馈系统的开环传递函数分别为

$$G_1(s)=\frac{K^*}{s(s+1)}, \quad G_2(s)=\frac{K^*}{s(s+1)(s+2)}, \quad G_3(s)=\frac{K^*}{s^2(s+1)}$$

试分别绘制三个系统的根轨迹。

解 三个系统的零、极点分布及根轨迹分别如图 4-20(a)(b)(c) 所示。

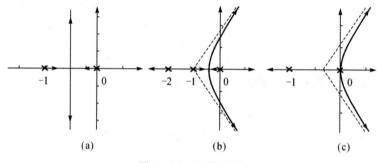

(a)　　　　　　　(b)　　　　　　　(c)

图 4-20 根轨迹图

由图 4-20 中可以看出，增加一个开环极点使系统的根轨迹向右偏移。这样，降低了系统的稳定度，不利于改善系统的动态性能，而且，开环负实极点离虚轴越近，这种作用越显著。

> 例 4-13 的计算程序
> g=zpk([ ],[0,-1],1); rlocus(g);
> grid; pause(2); figure;
> g=zpk([ ],[0 -1 -2],1); rlocus(g);
> gird; pause(2); figure;
> g=zpk([ ],[0 0 -1],1); rlocus(g);grid;

例 4-14 三个系统的开环传递函数分别为

$$G(s)H_1(s)=\frac{K^*}{s(s+1)}, \quad G(s)H_2(s)=\frac{K^*(s+2)}{s(s+1)(s+3)}, \quad G(s)H_3(s)=\frac{K^*(s+3)}{s(s+1)(s+2)}$$

试分别绘制三个系统的根轨迹。

解 三个系统的零、极点分布及根轨迹分别如图 4-21(a)(b)(c) 所示。

从图 4-21(b) 中可以看出，当 $|z_c|<|p_c|$ 时，增加的开环零点靠近虚轴，起主导作用。此时，零点矢量幅角大于极点矢量幅角，即 $\underline{/(s-z_c)}>\underline{/(s-p_c)}(\varphi_c>\theta_c)$。这对零、极点为原

开环传递函数附加超前角 $+(\varphi_c-\theta_c)$，相当于附加开环零点的作用，使根轨迹向左偏移，改善了系统动态性能。当 $|z_c|>|p_c|$ 时，极点为原开环传递函数附加滞后角 $-(\varphi_c-\theta_c)$，相当于附加开环极点的作用，使根轨迹向右偏移。

例 4 - 14 的计算程序
```
g＝zpk([ ],[0 −1],1);rlocus(g);grid;pause(2);figure;
g＝zpk([−2],[0 −1 −3],1);rlocus(g);grid;pause(2);figure;
g＝zpk([−3],[0 −1 −2],1);rlocus(g);grid;
```

因此，合理选择校正装置参数，设置相应的开环零、极点位置，可以改善系统动态性能。

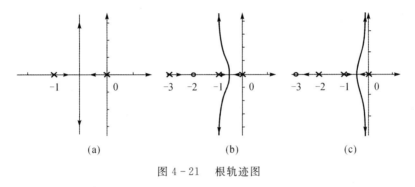

图 4 - 21   根轨迹图

本 章 小 结

本章详细介绍了根轨迹的基本概念、根轨迹的绘制方法以及根轨迹法在控制系统性能分析中的应用。根轨迹法是一种图解方法，可以避免繁重的计算工作，工程上使用比较方便。根轨迹法特别适用于分析当某一个参数变化时，系统性能的变化趋势。

根轨迹是系统某个变量从 $0\to\infty$ 变化时闭环特征根相应在 s 平面上移动描绘出的轨迹。根轨迹法的基本思路是，在已知系统开环零、极点分布的情况下，依据绘制根轨迹的基本法则绘出系统的根轨迹；分析系统性能随参数的变化趋势；在根轨迹上确定出满足系统要求的闭环极点位置，补充闭环零点；再利用闭环主导极点的概念，对系统控制性能进行定性分析和定量估算。

绘制根轨迹是用轨迹法分析系统的基础。牢固掌握并熟练应用绘制根轨迹的基本法则，就可以快速绘出根轨迹的大致形状。

在控制系统中适当增加一些开环零、极点，可以改变根轨迹的形状，从而达到改善系统性能的目的。一般情况下，增加开环零点可使根轨迹左移，有利于改善系统的相对稳定性和动态性能；相反地，单纯加入开环极点，则根轨迹右移，不利于系统的相对稳定性及动态性能。

习 题

4 - 1   已知单位负反馈系统的闭环零点为 −1，闭环根轨迹起点为 0，−2，−3，试确定系统稳定时开环增益的取值范围。

4 - 2   已知某控制系统的开环零、极点如图 4 - 22 所示，概略绘制其根轨迹图。

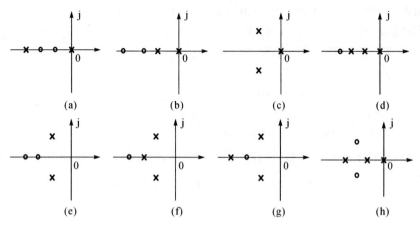

图 4-22 开环零、极点分布图

4-3 已知单位反馈系统的开环传递函数,试概略绘出系统根轨迹。

(1) $G(s) = \dfrac{K}{s(0.2s+1)(0.5s+1)}$;

(2) $G(s) = \dfrac{K^*(s+5)}{s(s+2)(s+3)}$;

(3) $G(s) = \dfrac{K(s+1)}{s(2s+1)}$;

(4) $G(s) = \dfrac{K^*(s+20)}{s(s+10+j10)(s+10-j10)}$;

(5) $G(s)H(s) = \dfrac{K^*(s+2)}{s(s+3)(s^2+2s+2)}$。

4-4 已知系统结构如图 4-23 所示,试绘制 K 由 $0 \to +\infty$ 变化的根轨迹,并确定系统阶跃响应分别为衰减振荡、单调衰减时 K 的取值范围。

4-5 已知线性单位负反馈系统的开环传递函数为

$$G(s) = \dfrac{K(0.2s+1)}{s(0.5s+1)(0.1s+1)}$$

概略绘制系统的根轨迹。

4-6 已知线性单位负反馈系统的开环传递函数为

$$G(s) = \dfrac{K^*}{s(s^2+3s+9)}$$

使闭环系统稳定,求开环增益 K 的取值范围。

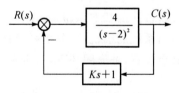

图 4-23 控制系统结构

4-7 已知系统的特征多项式,概略绘制系统的根轨迹:

(1) $s^3 + 2s^2 + 3s + Ks + 2K = 0$;

(2) $s^3 + 3s^2 + (K+2)s + 10K = 0$。

4-8 控制系统的结构图如图 4-24 所示。

(1) 概略绘制系统的根轨迹;

(2) 求使系统产生纯虚根和重实根的 K^* 值。

4-9 已知单位负反馈系统的开环传递函数为

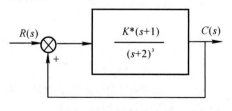

图 4-24 系统结构图

$$G(s) = \frac{K^*}{s(s+2)}。$$

（1）概略绘制系统的根轨迹。

（2）求使系统产生纯虚根和重实根的 K^* 值。

4 - 10　已知单位负反馈系统的开环传递函数，绘制参数 b 的根轨迹，并求出 $b=2$ 时该系统的闭环传递函数。

$$(1)G(s) = \frac{20}{(s+4)(s+b)};$$

$$(2)G(s) = \frac{30(s+b)}{s(s+10)}。$$

4 - 11　某系统特征方程为

$$A(s) = s^3 + 5s^2 + (6+a)s + a = 0$$

其系数均为实数，使特征方程的根全为实数，确定参数 a 的取值范围。

4 - 12　已知单位反馈控制系统系统的开环传递函数为

$$G(s) = \frac{K}{(0.5s+1)^4}$$

应用根轨迹法分析系统稳定性，并求当 $\sigma\% = 16.3\%$ 时的 K 值。

第5章 线性系统的频域分析

时域分析法具有直观、准确的优点。如果描述系统的微分方程是一阶或二阶的,求解后可利用时域指标直接评估系统的性能。然而实际系统往往都是高阶的,要建立和求解高阶系统的微分方程比较困难。而且,按照给定的时域指标设计高阶系统也不是容易实现的。

本章介绍的频域分析法,可以弥补时域分析法的不足。频域法是基于频率特性或频率响应对系统分析和设计的一种图解方法,故又称为频率响应法。

频率法的优点较多。首先,只要求出系统的开环频率特性,就可以判断闭环系统是否稳定。其次,由系统的频率特性所确定的频域指标与系统的时域指标之间存在着一定的对应关系,而系统的频率特性又很容易和它的结构、参数联系起来,因而可以根据频率特性曲线的形状去选择系统的结构和参数,使之满足时域指标的要求。此外,频率特性不但可由微分方程或传递函数求得,而且还可以用实验方法求得。这对于某些难以用机理分析方法建立微分方程或传递函数的元件(或系统)来说,具有重要的意义。因此,频率法得到了广泛的应用,它也是经典控制理论中的重点内容。

5.1 频率特性的基本概念

5.1.1 频率特性的定义

为了说明什么是频率特性,先看一个 RC 电路,如图 5-1 所示。设电路的输入、输出电压分别为 $u_r(t)$ 和 $u_c(t)$,电路的传递函数为

$$G(s) = \frac{U_c(s)}{U_r(s)} = \frac{1}{Ts+1}$$

式中,$T=RC$ 为电路的时间常数。

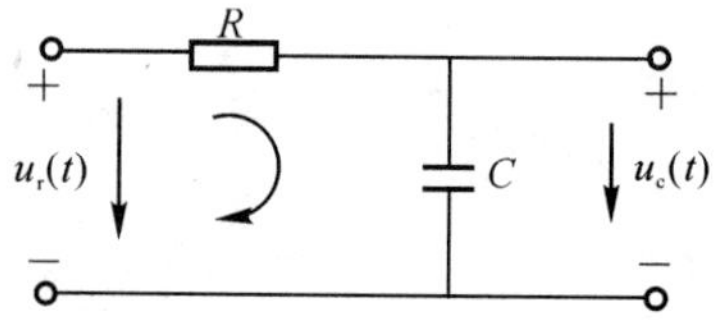

若给电路输入一个振幅为 X、频率为 ω 的正弦信号,即

$$u_r(t) = X\sin\omega t \qquad (5-1)$$

图 5-1 RC 电路

当初始条件为 0 时,输出电压的拉氏变换为

$$U_c(s) = \frac{1}{Ts+1}U_r(s) = \frac{1}{Ts+1}\frac{X\omega}{s^2+\omega^2}$$

对上式取拉氏反变换,得出输出时域解为

$$u_c(t) = \frac{XT\omega}{1+T^2\omega^2}e^{-\frac{t}{T}} + \frac{X}{\sqrt{1+T^2\omega^2}}\sin(\omega t - \arctan T\omega)$$

上式右端第一项是瞬态分量,第二项是稳态分量。当 $t \to \infty$ 时,第一项趋于 0,电路稳态输出为

$$u_{cs}(t) = \frac{X}{\sqrt{1+T^2\omega^2}}\sin(\omega t - \arctan T\omega) = B\sin(\omega t + \varphi) \qquad (5-2)$$

式中，$B=\dfrac{X}{\sqrt{1+T^2\omega^2}}$ 为输出电压的振幅；φ 为 $u_c(t)$ 与 $u_r(t)$ 之间的相位差。

式(5-2)表明：RC 电路在正弦信号 $u_r(t)$ 作用下，过渡过程结束后，输出的稳态响应仍是一个与输入信号同频率的正弦信号，只是幅值变为输入正弦信号幅值的 $1/\sqrt{1+T^2\omega^2}$，相位则滞后了 $\arctan T\omega$。

上述结论具有普遍意义。事实上，一般线性系统(或元件)输入正弦信号 $x(t)=X\sin\omega t$ 的情况下，系统的稳态输出(即频率响应)$y(t)=Y\sin(\omega t+\varphi)$ 也一定是同频率的正弦信号，只是幅值和相角不一样。

如果对输出、输入正弦信号的幅值比 $A=Y/X$ 和相角差 φ 作进一步的研究，则不难发现，在系统结构参数给定的情况下，A 和 φ 仅仅是 ω 的函数，它们反映出线性系统在不同频率下的特性，分别称为幅频特性和相频特性，分别用 $A(\omega)$ 和 $\varphi(\omega)$ 表示。

由于输入、输出信号(稳态时)均为正弦函数，故可用电路理论的符号法将其表示为复数形式，即输入为 $X\mathrm{e}^{\mathrm{j}0}$，输出为 $Y\mathrm{e}^{\mathrm{j}\varphi}$。则输出与输入的复数之比为

$$\frac{Y\mathrm{e}^{\mathrm{j}\varphi}}{X\mathrm{e}^{\mathrm{j}0}}=\frac{Y}{X}\mathrm{e}^{\mathrm{j}\varphi}=A(\omega)\mathrm{e}^{\mathrm{j}\varphi(\omega)}$$

这正是系统(或元件)的幅频特性和相频特性。通常将幅频特性 $A(\omega)$ 和相频特性 $\varphi(\omega)$ 统称为系统(或元件)的频率特性。

综上所述，频率特性定义如下：线性定常系统(或元件)的频率特性是在零初始条件下稳态输出正弦信号与输入正弦信号的复数比。用 $G(\mathrm{j}\omega)$ 表示，则有

$$G(\mathrm{j}\omega)=A(\omega)\mathrm{e}^{\mathrm{j}\varphi(\omega)}=A(\omega)\underline{/\varphi(\omega)} \tag{5-3}$$

频率特性描述了在不同频率下系统(或元件)传递正弦信号的能力。

除了用式(5-3)的指数型或幅角型形式描述以外，频率特性 $G(\mathrm{j}\omega)$ 还可用实部和虚部形式来描述，即

$$G(\mathrm{j}\omega)=P(\omega)+\mathrm{j}Q(\omega) \tag{5-4}$$

式中，$P(\omega)$ 和 $Q(\omega)$ 分别称为系统(或元件)的实频特性和虚频特性。由图 5-2 的几何关系知，幅频、相频特性与实频、虚频特性之间的关系为

$$P(\omega)=A(\omega)\cos\varphi(\omega) \tag{5-5}$$

$$Q(\omega)=A(\omega)\sin\varphi(\omega) \tag{5-6}$$

$$A(\omega)=\sqrt{P^2(\omega)+Q^2(\omega)} \tag{5-7}$$

$$\varphi(\omega)=\arctan\frac{Q(\omega)}{P(\omega)} \tag{5-8}$$

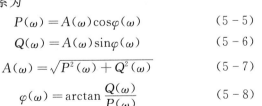

图 5-2　$G(\mathrm{j}\omega)$ 在复平面上的表示

5.1.2　频率特性和传递函数的关系

设系统的输入信号、输出信号分别为 $x(t)$ 和 $y(t)$，其拉氏变换分别为 $X(s)$ 和 $Y(s)$，系统的传递函数可以表示为

$$G(s)=\frac{Y(s)}{X(s)}=\frac{M(s)}{(s+p_1)(s+p_2)\cdots(s+p_n)} \tag{5-9}$$

式中，$M(s)$ 表示 $G(s)$ 的分子多项式；$-p_1,-p_2,\cdots,-p_n$ 为系统开环极点。为方便讨论并且

不失一般性,设所有极点都是互不相同的实数。

在正弦信号 $x(t) = X\sin\omega t$ 作用下,由式(5-9)可得输出信号的拉氏变换为

$$Y(s) = \frac{M(\omega)}{(s+p_1)(s+p_2)\cdots(s+p_n)} \frac{X\omega}{(s+j\omega)(s-j\omega)} =$$

$$\frac{C_1}{s+p_1} + \frac{C_2}{s+p_2} + \cdots \frac{C_n}{s+p_n} + \frac{C_a}{s+j\omega} + \frac{C_{-a}}{s-j\omega} \tag{5-10}$$

式中,$C_1, C_2, \cdots, C_n, C_a, C_{-a}$ 均为待定系数。

对式(5-10)求拉氏反变换,可得输出为

$$y(t) = C_1 e^{-p_1 t} + C_2 e^{-p_2 t} + \cdots + C_n e^{-p_n t} + C_a e^{j\omega} + C_{-a} e^{-j\omega} \tag{5-11}$$

假设系统稳定,当 $t \to \infty$ 时,式(5-10)右端除了最后两项外,其余各项都将衰减至 0。因此 $y(t)$ 的稳态分量为

$$y_s(t) = \lim_{t\to\infty} y(t) = C_a e^{j\omega} + C_{-a} e^{-j\omega} \tag{5-12}$$

其中,系数 C_a 和 C_{-a} 分别为

$$C_a = G(s) \frac{X\omega}{(s+j\omega)(s-j\omega)}(s+j\omega)\Big|_{s=-j\omega} = -\frac{G(-j\omega)X}{2j} \tag{5-13}$$

$$C_{-a} = G(s) \frac{X\omega}{(s+j\omega)(s-j\omega)}(s-j\omega)\Big|_{s=j\omega} = -\frac{G(j\omega)X}{2j} \tag{5-14}$$

$G(j\omega)$ 是复数,可写为

$$G(j\omega) = |G(j\omega)| e^{j\angle G(j\omega)} = A(\omega)e^{j\varphi(\omega)} \tag{5-15}$$

$G(j\omega)$ 与 $G(-j\omega)$ 共轭,故有

$$G(-j\omega) = A(\omega)e^{-j\varphi(\omega)} \tag{5-16}$$

将式(5-15)、式(5-16)分别代回式(5-13)、式(5-14),得

$$C_a = -\frac{X}{2j}A(\omega)e^{-j\varphi(\omega)}$$

$$C_{-a} = \frac{X}{2j}A(\omega)e^{j\varphi(\omega)}$$

再将 C_a, C_{-a} 代入式(5-12),则有

$$y_s(t) = A(\omega)X \frac{e^{j[\omega t+\varphi(\omega)]} - e^{j[\omega t+\varphi(\omega)]}}{2j} = A(\omega)X\sin[\omega t + \varphi(\omega)] = Y\sin[\omega t + \varphi(\omega)]$$

$$\tag{5-17}$$

根据频率特性的定义,由式(5-17)可直接写出线性系统的幅频特性和相频特性,即

$$\frac{Y}{X} = A(\omega) = |G(j\omega)| \tag{5-18}$$

$$\omega t + \varphi(\omega) - \omega t = \varphi(\omega) = \angle G(j\omega) \tag{5-19}$$

从式(5-18)、式(5-19)可以看出频率特性和传递函数的关系为

$$G(j\omega) = G(s)|_{s=j\omega} \tag{5-20}$$

即传递函数的复变量 s 用 $j\omega$ 代替后,就相应变为频率特性。因此,频率特性也是描述线性控制系统的数学模型形式之一。

5.1.3　频率特性的图形表示方法

用频率法分析、设计控制系统时,常常不是从频率特性的函数表达式出发,而是将频率特

性绘制成一些曲线,借助于这些曲线对系统进行图解分析。因此必须熟悉频率特性的各种图形表示方法和图解运算过程。这里以如图 5-1 所示的 RC 电路为例,介绍控制工程中常见的四种频率特性图示法(见表 5-1),其中第 2,3 种图示方法在实际中应用最为广泛。

表 5-1　常用频率特性曲线及其坐标

序　号	名　　称	图形常用名	坐 标 系
1	幅频特性曲线 相频特性曲线	频率特性图	直角坐标
2	幅相频率特性曲线	极坐标图、奈奎斯特(简称奈氏)图	极坐标
3	对数幅频特性曲线 对数相频特性曲线	对数坐标图、Bode 图	半对数坐标
4	对数幅相频率特性曲线	对数幅相图、尼柯尔斯图	对数幅相坐标

1. 频率特性曲线

频率特性曲线包括幅频特性曲线和相频特性曲线。幅频特性是频率特性幅值 $|G(j\omega)|$ 随 ω 的变化规律;相频特性描述频率特性相角 $\underline{/G(j\omega)}$ 随 ω 的变化规律。图 5-1 所示电路的频率特性曲线如图 5-3 所示。

2. 幅相频率特性曲线

幅相频率特性曲线又称奈奎斯特(Nyquist)曲线,在复平面上以极坐标的形式表示。设系统的频率特性为

$$G(j\omega) = A(\omega)e^{j\varphi(\omega)} \tag{5-21}$$

对于某个特定频率 ω_i 下的 $G(j\omega_i)$,可以在复平面用一个向量表示,向量的长度为 $A(\omega_i)$,相角为 $\varphi(\omega_i)$。当 $\omega = 0 \to \infty$ 变化时,向量 $G(j\omega)$ 的端点在复平面 G 上描绘出来的轨迹就是幅相频率特性曲线。通常把 ω 作为参变量标在曲线相应点的旁边,并用箭头表示 ω 增大时特性曲线的走向。

图 5-4 中的实线就是图 5-1 所示电路的幅相频率特性曲线。

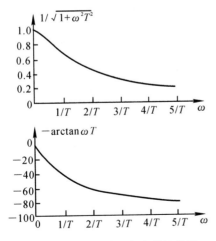

图 5-3　RC 电路的频率特性曲线

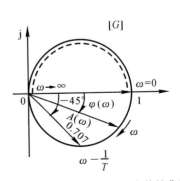

图 5-4　RC 电路的幅相频率特性曲线

3. 对数频率特性曲线

对数频率特性曲线又称伯德（Bode）曲线。它由对数幅频特性和对数相频特性两条曲线所组成，是频率法中应用最广泛的一组图线。Bode 图是在半对数坐标纸上绘制出来的。横坐标采用对数刻度，纵坐标采用线性的均匀刻度。Bode 图中，对数幅频特性是 $G(j\omega)$ 的对数值 $20\lg|G(j\omega)|$ 和频率 ω 的关系曲线；对数相频特性则是 $G(j\omega)$ 的相角 $\varphi(\omega)$ 和频率 ω 的关系曲线。在绘制 Bode 图时，为了作图和读数方便，常将两种曲线画在半对数坐标纸上，采用同一横坐标作为频率轴，横坐标虽采用对数分度，但以 ω 的实际值标定，单位为 rad/s。

坐标轴上任何两点 ω_1 和 ω_2（设 $\omega_2 > \omega_1$）之间的距离为 $\lg\omega_2 - \lg\omega_1$，而不是 $\omega_2 - \omega_1$。横坐标上若两对频率间距离相同，则其比值相等。频率 ω 每变化 10 倍称为一个十倍频程，记作 dec。每个 dec 沿横坐标走过的间隔为一个单位长度，如图 5-5 所示。

由于横坐标按 ω 的对数分度，故对 ω 而言是不均匀的，但对 $\lg\omega$ 来说却是均匀的线性刻度。

对数幅频特性将 $A(\omega)$ 取常用对数，并乘上 20 倍，使其变成对数幅值 $L(\omega)$ 作为纵坐标值。$L(\omega) = 20\lg A(\omega)$ 称为对数幅值，单位是 dB（分贝）。幅值 $A(\omega)$ 每增大 10 倍，对数幅值 $L(\omega)$ 就增加 20 dB。对数相频特性的纵坐标为相角 $\varphi(\omega)$，单位是（°）（度），采用线性刻度。

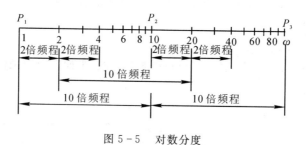

图 5-5　对数分度

图 5-1 所示电路的对数频率特性曲线如图 5-6 所示。绘制方法将在下一节介绍。

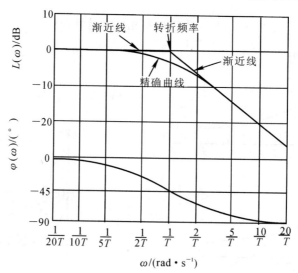

图 5-6　$\dfrac{1}{j\omega T+1}$ 的对数频率特性曲线

采用对数坐标图的优点较多，主要表现在以下几方面。

（1）由于横坐标采用对数刻度，将低频段相对拓宽了（低频段频率特性的形状对于控制系统性能的研究具有较重要的意义），而将高频段相对压缩了，所以可以在较宽的频段范围中研究系统的频率特性。

（2）由于对数可将乘除运算变成加减运算，当绘制由多个环节串联而成的系统的对数坐标图时，只要将各环节对数坐标图的纵坐标相加、减即可，从而简化了画图的过程。

（3）在对数坐标图上，所有典型环节的对数幅频特性乃至系统的对数幅频特性均可用分段直线近似表示。这种近似具有相当好的精确度。若对分段直线进行修正，即可得到精确的特性曲线。

（4）若将实验所得的频率特性数据整理并用分段直线画出对数频率特性，很容易写出实验对象的频率特性表达式或传递函数。

4.对数幅相特性曲线

对数幅相特性曲线又称尼柯尔斯（Nichols）曲线。绘有这一特性曲线的图形称为对数幅相图或尼柯尔斯图。

图 5-7 Matlab 程序
g = tf(1,[1 1]); nichols(g);

对数幅相特性是由对数幅频特性和对数相频特性合并而成的曲线。对数幅相坐标的横轴为相角 $\varphi(\omega)$，纵轴为对数幅频值 $L(\omega)=20\lg A(\omega)$，单位是 dB。横坐标和纵坐标均是线性刻度。图 5-1 所示电路的对数幅相特性如图 5-7 所示。采用对数幅相特性可以利用尼柯尔斯图线方便地求得系统的闭环频率特性及其有关的特性参数，用以评估系统的性能。

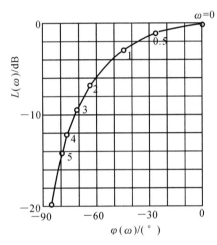

图 5-7　$1/(j\omega+1)$ 的幅相特性

5.2　幅相频率特性（Nyquist 图）

开环系统的幅相特性曲线是系统频域分析的依据，掌握典型环节的幅相特性是绘制开环系统幅相特性曲线的基础。

在典型环节或开环系统的传递函数中，令 $s=j\omega$，即得到相应的频率特性。令 ω 由小到大取值，计算相应的幅值 $A(\omega)$ 和相角 $\varphi(\omega)$，在 G 平面描点画图，就可以得到典型环节或开环系统的幅相特性曲线。

5.2.1　典型环节的幅相特性曲线

1.比例环节

比例环节的传递函数为

$$G(s)=K \tag{5-22}$$

其频率特性为

$$G(\mathrm{j}\omega) = K + \mathrm{j}0 = K\mathrm{e}^{\mathrm{j}0}$$
$$\left.\begin{array}{l} A(\omega) = \mid G(\mathrm{j}\omega) \mid = K \\ \varphi(\omega) = \underline{/G(\mathrm{j}\omega)} = 0° \end{array}\right\} \qquad (5-23)$$

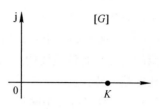

图 5 - 8　比例环节的幅相频率特性曲线

比例环节的幅相特性是 G 平面实轴上的一个点,如图5-8所示。它表明比例环节稳态正弦响应的振幅是输入信号的 K 倍,且响应与输入同相位。

2. 微分环节

微分环节的传递函数为

$$G(s) = s \qquad (5-24)$$

其频率特性为

$$G(\mathrm{j}\omega) = 0 + \mathrm{j}\omega = \omega\mathrm{e}^{\mathrm{j}90°}$$
$$\left.\begin{array}{l} A(\omega) = \omega \\ \varphi(\omega) = 90° \end{array}\right\} \qquad (5-25)$$

微分环节的幅值与 ω 成正比,相角恒为 $90°$。当 $\omega = 0 \rightarrow \infty$ 时,幅相特性从 G 平面的原点起始,一直沿虚轴趋于 $+\mathrm{j}\infty$ 处,如图 5 - 9 中曲线 ① 所示。

3. 积分环节

积分环节的传递函数为

$$G(s) = \frac{1}{s} \qquad (5-26)$$

其频率特性为

$$G(\mathrm{j}\omega) = 0 + \frac{1}{\mathrm{j}\omega} = \frac{1}{\omega}\mathrm{e}^{-\mathrm{j}90°}$$
$$\left.\begin{array}{l} A(\omega) = \frac{1}{\omega} \\ \varphi(\omega) = -90° \end{array}\right\} \qquad (5-27)$$

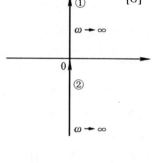

图 5 - 9　微分、积分环节幅相特性曲线

积分环节的幅值与 ω 成反比,相角恒为 $-90°$。当 $\omega = 0 \rightarrow \infty$ 时,幅相特性从虚轴 $-\mathrm{j}\infty$ 处出发,沿负虚轴逐渐趋于坐标原点,如图5-9中曲线 ② 所示。

4. 惯性环节

惯性环节的传递函数为

$$G(s) = \frac{1}{Ts+1} \qquad (5-28)$$

其频率特性为

$$G(\mathrm{j}\omega) = \frac{1}{1+\mathrm{j}T\omega} = \frac{1}{\sqrt{1+T^2\omega^2}}\mathrm{e}^{-\mathrm{jarctan}T\omega}$$
$$\left.\begin{array}{l} A(\omega) = \frac{1}{\sqrt{1+T^2\omega^2}} \\ \varphi(\omega) = -\arctan T\omega \end{array}\right\} \qquad (5-29)$$

当 $\omega = 0$ 时,幅值 $A(\omega) = 1$,相角 $\varphi(\omega) = 0°$;当 $\omega \rightarrow \infty$ 时,$A(\omega) = 0$,$\varphi(\omega) = -90°$。可以证明,惯性环节幅相特性曲线是一个以点 $(1/2, \mathrm{j}0)$ 为圆心、$1/2$ 为半径的半圆,如图 5 - 10 所

示。证明如下：

设
$$G(j\omega) = \frac{1}{1 + jT\omega} = \frac{1 - jT\omega}{1 + T^2\omega^2} = X + jY$$

其中
$$X = \frac{1}{1 + T^2\omega^2} \qquad (5 - 30)$$

$$Y = \frac{-T\omega}{1 + T^2\omega^2} = -T\omega X \qquad (5 - 31)$$

由式(5 - 31)，可得
$$-T\omega = \frac{Y}{X} \qquad (5 - 32)$$

将式(5 - 32)代入式(5 - 30)整理后，可得

$$\left(X - \frac{1}{2}\right)^2 + Y^2 = \left(\frac{1}{2}\right)^2 \qquad (5 - 33)$$

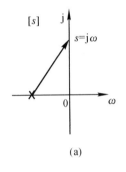 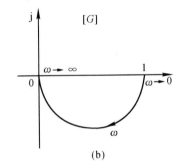 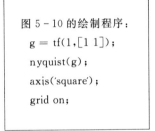

```
图 5 - 10 的绘制程序：
g = tf(1,[1 1]);
nyquist(g);
axis('square');
grid on;
```

图 5 - 10　惯性环节的极点分布和幅相特性曲线

式(5 - 33)表明，惯性环节的幅相频率特性符合圆的方程，圆心在实轴上 1/2 处，半径为 1/2。X 为正值时，Y 只能取负值，这意味着曲线限于实轴的下方，只是半个圆。

例 5 - 1　已知某环节的幅相特性曲线如图 5 - 11 所示。当输入频率 $\omega = 1$ 的正弦信号时，该环节稳态响应的相位滞后 30°，试确定环节的传递函数。

解　根据幅相特性曲线的形状，可以断定该环节传递函数形式为

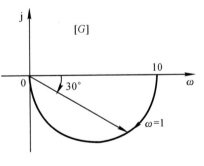

图 5 - 11　某环节幅相特性曲线

$$G(j\omega) = \frac{K}{Ts + 1}$$

依题意有
$$A(0) = |G(j0)| = K = 10$$
$$\varphi(1) = -\arctan T = -30°$$

可得
$$K = 10, \quad T = \sqrt{3}/3$$

故
$$G(s) = \frac{10}{\frac{\sqrt{3}}{3}s + 1}$$

惯性环节是一种低通滤波器，低频信号容易通过，而高频信号通过后幅值衰减较大。对于不稳定的惯性环节，其传递函数为

$$G(s) = \frac{1}{Ts - 1}$$

其频率特性为

$$G(j\omega) = \frac{1}{-1 + jT\omega}$$

$$\left. \begin{array}{l} A(\omega) = \dfrac{1}{\sqrt{1 + T^2\omega^2}} \\[3mm] \varphi(\omega) = -180° + \arctan T\omega \end{array} \right\} \qquad (5-34)$$

当 $\omega = 0$ 时,幅值 $A(\omega) = 1$,相角 $\varphi(\omega) = -180°$;当 $\omega \to \infty$ 时,$A(\omega) = 0$,$\varphi(\omega) = -90°$。

分析 s 平面复向量 $\overrightarrow{s - p_1}$(由 $p_1 = 1/T$ 指向 $s = j\omega$)随 ω 增加时其幅值和相角的变化规律,可以确定幅相特性曲线的变化趋势,如图 5-12 (a)(b) 所示。

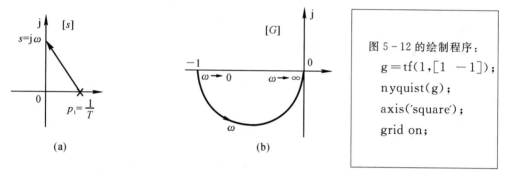

图 5-12 的绘制程序:
g = tf(1,[1 -1]);
nyquist(g);
axis('square');
grid on;

图 5-12 不稳定惯性环节的极点分布和幅相特性

可见,与稳定惯性环节的幅相特性相比,不稳定惯性环节的幅值不变,但相角不同。

5. 一阶复合微分环节

一阶复合微分环节的传递函数为

$$G(s) = Ts + 1 \qquad (5-35)$$

其频率特性为

$$G(j\omega) = 1 + jT\omega = \sqrt{1 + T^2\omega^2}\, e^{j\arctan T\omega}$$

$$\left. \begin{array}{l} A(\omega) = \sqrt{1 + T^2\omega^2} \\[2mm] \varphi(\omega) = \arctan T\omega \end{array} \right\} \qquad (5-36)$$

一阶复合微分环节幅相特性的实部为常数 1,虚部与 ω 成正比,如图 5-13 中曲线 ① 所示。

不稳定一阶复合微分环节的传递函数为

$$G(s) = Ts - 1 \qquad (5-37)$$

其频率特性为

$$G(j\omega) = -1 + jT\omega$$

$$\left. \begin{array}{l} A(\omega) = \sqrt{1 + T^2\omega^2} \\[2mm] \varphi(\omega) = 180° - \arctan T\omega \end{array} \right\} \qquad (5-38)$$

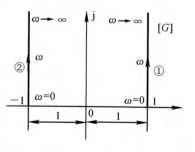

图 5-13 一阶微分环节的幅相特性曲线

其幅相特性的实部为 -1,虚部与 ω 成正比,如图 5-13 中曲线 ② 所示。不稳定环节的频率特性都是非最小相角的。

6. 二阶振荡环节

二阶振荡环节的传递函数为

$$G(s) = \frac{1}{T^2 s^2 + 2T\xi s + 1} = \frac{\omega_n^2}{s^2 + 2\xi\omega_n s + \omega_n^2} \quad (0 < \xi < 1) \tag{5-39}$$

式中,$\omega_n = 1/T$ 为环节的无阻尼自然频率;ξ 为阻尼比,$0 < \xi < 1$。

相应的频率特性为

$$G(j\omega) = \frac{1}{\left(1 - \dfrac{\omega^2}{\omega_n^2}\right) + j2\xi\dfrac{\omega}{\omega_n}} \tag{5-40}$$

$$\left. \begin{array}{l} A(\omega) = \dfrac{1}{\sqrt{\left(1 - \dfrac{\omega^2}{\omega_n^2}\right)^2 + 4\xi^2\dfrac{\omega^2}{\omega_n^2}}} \\[4em] \varphi(\omega) = -\arctan\dfrac{2\xi\dfrac{\omega}{\omega_n}}{1 - \dfrac{\omega^2}{\omega_n^2}} \end{array} \right\} \tag{5-41}$$

当 $\omega = 0$ 时, $\qquad\qquad G(j0) = 1\angle 0°$

当 $\omega = \omega_n$ 时, $\qquad\qquad G(j\omega_n) = 1/(2\xi)\ \underline{/-90°}$

当 $\omega \to \infty$ 时, $\qquad\qquad G(j\infty) = 0\ \underline{/-180°}$

分析二阶振荡环节极点分布以及当 $s = j\omega = j0 \to j\infty$ 变化时,向量 $\overrightarrow{s - p_1}, \overrightarrow{s - p_2}$ 的模和相角的变化规律,可以绘出 $G(j\omega)$ 的幅相特性曲线。二阶振荡环节幅相特性的形状与 ξ 值有关,当 ξ 值分别取 $0.4, 0.6$ 和 0.8 时,幅相特性曲线如图 $5-14$ 所示。

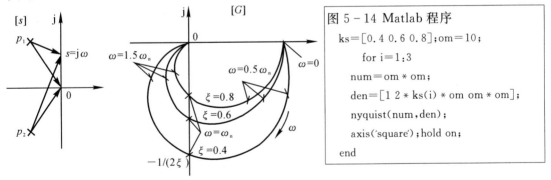

图 5-14　振荡环节极点分布和幅相特性曲线

(1) 谐振频率 ω_r 和谐振峰值 M_r。由图 $5-14$ 可看出,当 ξ 值较小时,随 $\omega = 0 \to \infty$ 变化,$G(j\omega)$ 的幅值 $A(\omega)$ 先增加然后再逐渐衰减直至零。$A(\omega)$ 达到极大值时对应的幅值称为谐振峰值,记为 M_r;对应的频率称为谐振频率,记为 ω_r。以下推导 M_r, ω_r 的计算公式,因为

$$A(\omega) = |G(j\omega)| = \frac{1}{\sqrt{\left[1 - \dfrac{\omega^2}{\omega_n^2}\right]^2 + 4\xi^2\dfrac{\omega^2}{\omega_n^2}}} \tag{5-42}$$

求 $A(\omega)$ 的极大值相当于求 $\left(1 - \dfrac{\omega^2}{\omega_n^2}\right)^2 + 4\xi^2\dfrac{\omega^2}{\omega_n^2}$ 的极小值,令

$$\frac{\mathrm{d}}{\mathrm{d}\omega}\left\{\left(1-\frac{\omega^2}{\omega_n^2}\right)^2+4\xi^2\,\frac{\omega^2}{\omega_n^2}\right\}=0$$

推导可得

$$\omega_r=\omega_n\sqrt{1-2\xi^2}\quad(0<\xi<0.707)\qquad(5-43)$$

将式(5-43)代入式(5-42)可得

$$M_r=A(\omega_r)=\frac{1}{2\xi\sqrt{1-\xi^2}}\qquad(5-44)$$

M_r 与 ξ 的关系如图5-15所示。当 $\xi \leqslant 0.707$ 时,对应的振荡环节存在 ω_r 和 M_r;当 ξ 减小时,ω_r 增加,趋向于 ω_n 值,M_r 则越来越大,趋向于 ∞;当 $\xi=0$ 时,$M_r\to\infty$,这对应无阻尼系统的共振现象。

图5-15 Matalb 程序
```
ks=0.04:0.01:0.707;
for i=1:length(ks)
  Mr(i)=1/(2*ks(i)*sqrt(1-ks(i)*ks(i)));
end
plot(ks,Mr,'b-');grid;
xlabel('阻尼比'),ylabel('Mr');
```

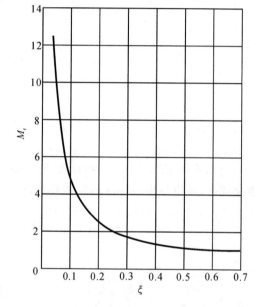

图5-15 二阶系统 M_r 与 ξ 的关系

(2) 不稳定二阶振荡环节的幅相特性。

不稳定二阶振荡环节的传递函数为

$$G(s)=\frac{\omega_n^2}{s^2-2\xi\omega_n s+\omega_n^2}$$

其频率特性为

$$G(j\omega)=\frac{1}{1-\frac{\omega^2}{\omega_n^2}-j2\xi\frac{\omega}{\omega_n}}$$

$$\begin{cases}A(\omega)\quad\text{(同稳定环节)}\\[2mm]\varphi(\omega)=-360°+\arctan\dfrac{2\xi\dfrac{\omega}{\omega_n}}{1-\dfrac{\omega^2}{\omega_n^2}}\end{cases}$$

不稳定二阶振荡环节是"非最小相角环节",其相角从 $-360°$ 连续变化到 $-180°$。不稳定振荡环节的极点分布与幅相特性曲线如图5-16所示。

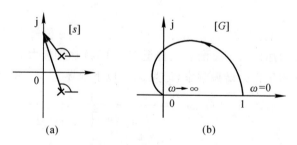

图5-16 不稳定振荡环节的极点分布与幅相特性曲线

（3）由幅相特性曲线确定 $G(s)$。

例 5-2　由实验得到某环节的幅相特性曲线如图 5-17 所示，试确定环节的传递函数 $G(s)$，并确定其 ω_r，M_r。

解　根据幅相特性曲线的形状可以确定 $G(s)$ 的形式为

$$G(s) = \frac{K\omega_n^2}{s^2 + 2\xi\omega_n s + \omega_n^2}$$

其频率特性为

$$A(\omega) = \frac{K}{\sqrt{\left(1 - \dfrac{\omega^2}{\omega_n^2}\right)^2 + 4\xi^2 \dfrac{\omega^2}{\omega_n^2}}} \qquad (5-45)$$

$$\varphi(\omega) = -\arctan \frac{2\xi \dfrac{\omega}{\omega_n}}{1 - \dfrac{\omega^2}{\omega_n^2}} \qquad (5-46)$$

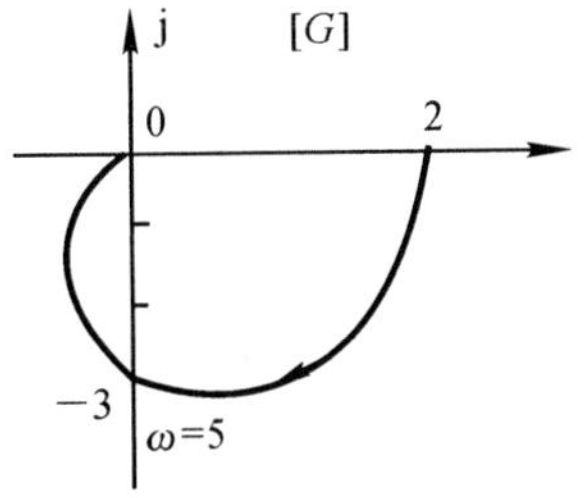

图 5-17　幅相特性曲线

将图中条件 $A(0) = 2$ 代入式(5-45)，得　　　　$K = 2$

将 $\varphi(5) = -90°$ 代入式(5-46)，得　　　　$\omega_n = 5$

故 $A(\omega_n) = 3$ 代入式(5-45)，有　　　　$\dfrac{K}{2\xi} = 3$

$$\xi = \frac{K}{2 \times 3} = \frac{2}{2 \times 3} = \frac{1}{3}$$

$$G(s) = \frac{2 \times 5^2}{s^2 + 2 \times \dfrac{1}{3} \times 5s + 5^2} = \frac{50}{s^2 + 3.33s + 25}$$

由式(5-43)得　　　　$\omega_r = \omega_n\sqrt{1 - 2\xi^2} = 5\sqrt{1 - 2 \times \left(\dfrac{1}{3}\right)^2} = \dfrac{5}{3}\sqrt{7}$

由式(5-44)得　　　　$M_r = \dfrac{1}{2\xi\sqrt{1-\xi^2}} = \dfrac{1}{2 \times \dfrac{1}{3}\sqrt{1 - \left(\dfrac{1}{3}\right)^2}} = \dfrac{9}{8}\sqrt{2}$

7. 二阶复合微分环节

二阶复合微分环节的传递函数为

$$G(s) = T^2 s^2 + 2\xi T s + 1 = \frac{s^2}{\omega_n^2} + 2\xi \frac{s}{\omega_n} + 1$$

频率特性为

$$G(j\omega) = \left(1 - \frac{\omega^2}{\omega_n^2}\right) + j2\xi \frac{\omega}{\omega_n}$$

$$\begin{cases} A(\omega) = \sqrt{\left(1 - \dfrac{\omega^2}{\omega_n^2}\right)^2 + 4\xi^2 \dfrac{\omega^2}{\omega_n^2}} \\[4mm] \varphi(\omega) = \arctan \dfrac{2\xi \dfrac{\omega}{\omega_n}}{1 - \dfrac{\omega^2}{\omega_n^2}} \end{cases}$$

二阶复合微分环节的零点分布以及幅相特性曲线如图 5-18 所示。

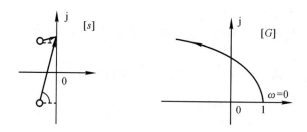

图 5-18   二阶复合微分环节的零点分布及幅相特性曲线

不稳定二阶复合微分环节的频率特性为

$$G(j\omega) = 1 - \frac{\omega^2}{\omega_n^2} - j2\xi\frac{\omega}{\omega_n}$$

$$\begin{cases} A(\omega) = \sqrt{\left(1 - \frac{\omega^2}{\omega_n^2}\right)^2 + 4\xi^2\frac{\omega^2}{\omega_n^2}} \\ \\ \varphi(\omega) = 360° - \arctan\dfrac{2\xi\dfrac{\omega}{\omega_n}}{1 - \dfrac{\omega^2}{\omega_n^2}} \end{cases}$$

零点分布及幅相特性曲线如图 5-19 所示。

8. 延迟环节

延迟环节的传递函数

$$G(s) = e^{-\tau s}$$

频率特性为

$$G(j\omega) = e^{-j\tau\omega}$$

$$\begin{cases} A(\omega) = 1 \\ \varphi(\omega) = -\tau\omega \end{cases}$$

其幅相特性曲线是圆心在原点的单位圆,如图 5-20 所示,ω 值越大,其相角滞后量越大。

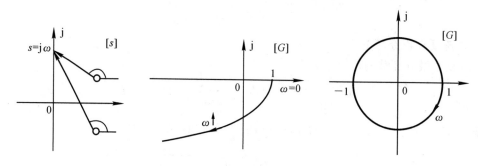

图 5-19   不稳定二阶复合微分环节的幅相特性曲线   图 5-20   延迟环节幅相特性曲线

5.2.2   开环系统的幅相特性曲线

如果已知开环频率特性 $G(j\omega)$,可令 ω 由小到大取值,算出 $A(\omega)$ 和 $\varphi(\omega)$ 相应值,在 G 平面描点绘图可以得到准确的开环系统幅相特性。

实际系统分析过程中,往往只需要知道幅相特性的大致图形即可,并不需要绘出准确曲线。可以将开环系统在 s 平面的零极点分布图画出来,令 $s = j\omega$ 沿虚轴变化,当 $\omega = 0 \to \infty$ 时,

分析各零极点指向 $s = \mathrm{j}\omega$ 的复向量的变化趋势,就可以概略画出开环系统的幅相特性曲线。概略绘制的开环幅相曲线应反映开环频率特性的三个重要因素:

(1) 开环幅相曲线的起点($\omega = 0$)和终点($\omega \rightarrow \infty$)。

(2) 开环幅相曲线与实轴的交点。

设当 $\omega = \omega_{\mathrm{g}}$ 时,$G(\mathrm{j}\omega)$ 的虚部为

$$\mathrm{Im}\big[G(\mathrm{j}\omega_{\mathrm{g}})\big] = 0 \tag{5-47}$$

或

$$\varphi(\omega_{\mathrm{g}}) = \underline{/G(\mathrm{j}\omega_{\mathrm{g}})} = k\pi \quad (k = 0, \pm 1, \pm 2, \cdots) \tag{5-48}$$

称 ω_{g} 为相角交界频率,开环频率特性曲线与实轴交点的坐标值为

$$\mathrm{Re}\big[G(\mathrm{j}\omega_{\mathrm{g}})\big] = G(\mathrm{j}\omega_{\mathrm{g}}) \tag{5-49}$$

例 5-3　单位反馈系统的开环传递函数为

$$G(s) = \frac{K}{s^{v}(T_1 s + 1)(T_2 s + 1)} = K \frac{1}{s^{v}} \frac{\dfrac{1}{T_1}}{s + \dfrac{1}{T_1}} \frac{\dfrac{1}{T_2}}{s + \dfrac{1}{T_2}}$$

分别概略绘出当系统型别 $v = 0, 1, 2, 3$ 时的开环幅相特性曲线。

解　讨论 $v = 1$ 时的情形。在 s 平面中画出 $G(s)$ 的零、极点分布图,如图 5-21(a)所示。系统开环频率特性为

$$G(\mathrm{j}\omega) = \frac{K/T_1 T_2}{(s - p_1)(s - p_2)(s - p_3)} = \frac{K/T_1 T_2}{\mathrm{j}\omega\left(\mathrm{j}\omega + \dfrac{1}{T_1}\right)\left(\mathrm{j}\omega + \dfrac{1}{T_2}\right)}$$

在 s 平面原点存在开环极点的情况下,为避免 $\omega = 0$ 时 $G(\mathrm{j}\omega)$ 相角不确定,取 $s = \mathrm{j}\omega = \mathrm{j}0^{+}$ 作为起点进行讨论(0^{+} 到 0 距离无限小,见图 5-21)。

$$\overrightarrow{s - p_1} = \overrightarrow{\mathrm{j}0^{+} + 0} = A_1 \underline{/\varphi_1} = 0 \underline{/90°}$$

$$\overrightarrow{s - p_2} = \overrightarrow{\mathrm{j}0^{+} + \frac{1}{T_1}} = A_2 \underline{/\varphi_2} = \frac{1}{T_1} \underline{/0°}$$

$$\overrightarrow{s - p_3} = \overrightarrow{\mathrm{j}0^{+} + \frac{1}{T_2}} = A_3 \underline{/\varphi_3} = \frac{1}{T_2} \underline{/0°}$$

故得

$$G(\mathrm{j}0^{+}) = \frac{K}{\prod\limits_{i=1}^{3} A_i} \underline{\bigg/ -\sum_{i=1}^{3} \varphi_i} = \infty \underline{/-90°}$$

当 ω 由 0^{+} 逐渐增加时,$\mathrm{j}\omega$,$\mathrm{j}\omega + \dfrac{1}{T_1}$,$\mathrm{j}\omega + \dfrac{1}{T_2}$ 三个矢量的幅值连续增加;除 $\varphi_1 = 90°$ 外,φ_2,φ_3 均由 0 连续增加,分别趋向于 $90°$。

当 $s = \mathrm{j}\omega \rightarrow \mathrm{j}\infty$ 时,有

$$\overrightarrow{s - p_1} = \overrightarrow{\mathrm{j}\infty - 0} = A_1 \underline{/\varphi_1} = \infty \underline{/90°}$$

$$\overrightarrow{s - p_2} = \overrightarrow{\mathrm{j}\infty + \frac{1}{T_1}} = A_2 \underline{/\varphi_2} = \infty \underline{/90°}$$

$$\overrightarrow{s - p_3} = \overrightarrow{\mathrm{j}\infty + \frac{1}{T_2}} = A_3 \underline{/\varphi_3} = \infty \underline{/90°}$$

故得
$$G(\mathrm{j}\infty) = \frac{K}{\prod\limits_{i=1}^{3} A_i} \left/ -\sum_{i=1}^{3}\varphi_i = 0 \right/ -270°$$

由此可以概略绘出 $G(\mathrm{j}\omega)$ 的幅相特性曲线,如图 5-21(b) 中曲线 G_1 所示。

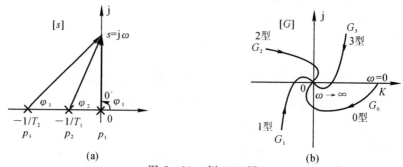

图 5-21　例 5-3 图

(a) $v=1$ 时 $G(s)$ 的零极点图；　(b) 对应不同型别的幅相特性曲线

同理,讨论 $v=0,1,2,3$ 时的情况见表 5-2,相应概略绘出其幅相特性曲线分别如图 5-21(b) 中 G_0,G_1,G_2,G_3 所示。

表 5-2　例 5-3 结果列表

v	$G(\mathrm{j}\omega)$	$G(\mathrm{j}0^+)$	$G(\mathrm{j}\infty)$	零、极点分布
0	$G_0(\mathrm{j}\omega) = \dfrac{K}{(\mathrm{j}T_1\omega+1)(\mathrm{j}T_2\omega+1)}$	$K\angle 0°$	$0 \angle -180°$	
1	$G_1(\mathrm{j}\omega) = \dfrac{K}{\mathrm{j}\omega(\mathrm{j}T_1\omega+1)(\mathrm{j}T_2\omega+1)}$	$\infty \angle -90°$	$0 \angle -270°$	
2	$G_2(\mathrm{j}\omega) = \dfrac{K}{(\mathrm{j}\omega)^2(\mathrm{j}T_1\omega+1)(\mathrm{j}T_2\omega+1)}$	$\infty \angle -180°$	$0 \angle -360°$	
3	$G_3(\mathrm{j}\omega) = \dfrac{K}{(\mathrm{j}\omega)^3(\mathrm{j}T_1\omega+1)(\mathrm{j}T_2\omega+1)}$	$\infty \angle -270°$	$0 \angle -450°$	

当系统在右半 s 平面不存在零、极点时,系统开环传递函数一般可写为

$$G(s) = \frac{K(\tau_1 s+1)(\tau_2 s+1)\cdots(\tau_m s+1)}{s^v(T_1 s+1)(T_2 s+1)\cdots(T_{n-v} s+1)} \quad (n>m)$$

幅相特性曲线的起点 $G(j0^+)$ 完全由 K, v 确定，而终点 $G(j\infty)$ 则由 $n-m$ 来确定。

$$G(j0^+) = \begin{cases} K \angle 0° & (v=0) \\ \infty \angle -90°v & (v>0) \end{cases}$$

$$G(j\infty) = 0 \angle -90°(n-m)$$

而在 $\omega = 0^+ \to \infty$ 过程中 $G(j\omega)$ 的变化趋势，可以根据各开环零点、极点指向 $s=j\omega$ 的向量之模、相角的变化规律概略绘出。

例 5 - 4　已知单位反馈系统的开环传递函数为

$$G_k(s) = \frac{k(1+2s)}{s^2(0.5s+1)(s+1)}$$

试概略绘出系统开环幅相特性曲线。

解　系统型别 $v=2$，零点、极点分布如图 $5-22$(a) 所示。显然

（1）起点：$\qquad\qquad\qquad G_k(j0^+) = \infty \angle -180°$

（2）终点：$\qquad\qquad\qquad G_k(j\infty) = 0 \angle -270°$

（3）与坐标轴的交点：

$$G_k(j\omega) = \frac{k}{\omega^2(1+0.25\omega^2)(1+\omega^2)}[-(1+2.5\omega^2) - j\omega(0.5-\omega^2)]$$

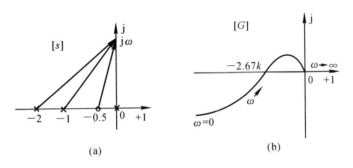

图 $5-22$　极点、零点分布图与幅相特性曲线

例 5 - 4 Matlab 程序
```
num = [2 1];
den = conv([1 0 0],conv([0.5 1],[1 1]));
nyquist(num,den,{0.15 10000});
```

令虚部为 0，可解出当 $\omega_g^2 = 0.5$（即 $\omega_g = 0.707$）时，幅相特性曲线与实轴有一交点，交点坐标为

$$\text{Re}[G_k(j\omega_g)] = -2.67\,k$$

其幅相特性曲线如图 $5-22$(b) 所示。

5.3　对数频率特性（Bode 图）

5.3.1　典型环节的 Bode 图

1. 比例环节

比例环节频率特性为

$$G(j\omega) = K$$

显然,它与频率无关,其对数幅频特性和对数相频特性分别为

$$\left.\begin{array}{l} L(\omega) = 20\lg K \\ \varphi(\omega) = 0° \end{array}\right\}$$

其 Bode 图如图 5-23 所示。

2. 微分环节

微分环节 $j\omega$ 的对数幅频特性与对数相频特性分别为

$$L(\omega) = 20\lg\omega$$

$$\varphi(\omega) = 90°$$

对数幅频曲线在 $\omega = 1$ 处通过 0 dB 线,斜率为 20 dB/dec;对数相频特性为 $+90°$ 直线。其 Bode 图如图 5-24 中曲线 ① 所示。

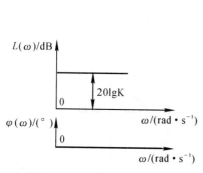

图 5-23 比例环节 Bode 图

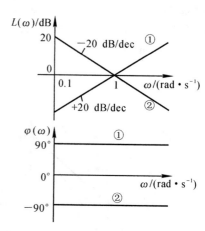

图 5-24 微分 ①、积分 ② 环节 Bode 图

3. 积分环节 $1/j\omega$

积分环节 $\dfrac{1}{j\omega}$ 的对数幅频特性与对数相频特性分别为

$$L(\omega) = -20\lg\omega$$

$$\varphi(\omega) = -90°$$

积分环节对数幅频曲线在 $\omega = 1$ 处通过 0 dB 线,斜率为 -20 dB/dec;对数相频特性为 $-90°$ 直线。其 Bode 图如图 5-24 中曲线 ② 所示。积分环节与微分环节成倒数关系,因此其 Bode 图关于频率轴对称。

4. 惯性环节 $(1+j\omega T)^{-1}$

惯性环节 $(1+j\omega T)^{-1}$ 的对数幅频与对数相频特性表达式为

$$L(\omega) = -20\lg\sqrt{1 + \left(\frac{\omega}{\omega_1}\right)^2} \tag{5-50a}$$

$$\varphi(\omega) = -\arctan\frac{\omega}{\omega_1} \tag{5-50b}$$

式中,$\omega_1 = \dfrac{1}{T}$;$\omega T = \dfrac{\omega}{\omega_1}$。当 $\omega \ll \omega_1$ 时,略去式(5-50a)根号中的 $(\omega/\omega_1)^2$ 项,则有 $L(\omega) \approx$

$-20\lg 1 = 0$ dB，表明 $L(\omega)$ 的低频渐近线是 0 dB 水平线。

当 $\omega \gg \omega_1$ 时，略去式（5 - 47a）根号中的 1 项，有 $L(\omega) = -20\lg(\omega/\omega_1)$，表明 $L(\omega)$ 高频部分的渐近线是斜率为 -20 dB/dec 的直线，两条渐近线的交点频率 $\omega_1 = 1/T$ 称为转折频率。图 5 - 25 中曲线 ① 绘出惯性环节对数幅频特性的渐近线与精确曲线，以及对数相频曲线。由图可见，最大幅值误差发生在 $\omega_1 = 1/T$ 处，其值近似等于 -3 dB，可用图 5 - 26 所示的误差曲线来进行修正。惯性环节的对数相频特性从 $0°$ 变化到 $-90°$，并且关于点 $(\omega_1, -45°)$ 对称。这一点读者可以自己证明。

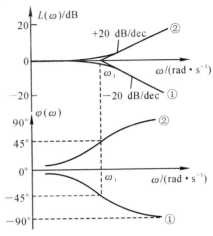

图 5 - 25　$(1 + j\omega T)^{\pm 1}$ 的 Bode 图

5. 一阶复合微分环节 $1 + j\omega$

一阶复合微分环节的对数幅频与对数相频特性表达式为

$$L(\omega) = 20\lg\sqrt{1 + \left(\frac{\omega}{\omega_1}\right)^2}$$

$$\varphi(\omega) = \arctan\frac{\omega}{\omega_1}$$

一阶复合微分环节的 Bode 图如图 5 - 25 中曲线 ② 所示，它与惯性环节的 Bode 图关于频率轴对称。

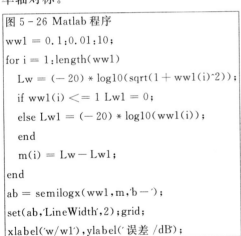

```
图 5 - 26 Matlab 程序
ww1 = 0.1:0.01:10;
for i = 1:length(ww1)
  Lw = (- 20) * log10(sqrt(1 + ww1(i)^2));
  if ww1(i) <= 1 Lw1 = 0;
  else Lw1 = (- 20) * log10(ww1(i));
  end
  m(i) = Lw - Lw1;
end
ab = semilogx(ww1,m,'b-');
set(ab,'LineWidth',2);grid;
xlabel('w/w1'),ylabel('误差 /dB');
```

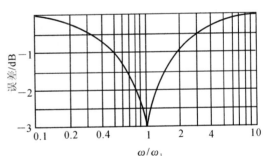

图 5 - 26　惯性环节对数相频特性误差修正曲线

6. 二阶振荡环节 $[1 + 2\xi T j\omega + (j\omega T)^2]^{-1}$

振荡环节的频率特性为

$$G(j\omega) = \frac{1}{1 - \left(\dfrac{\omega}{\omega_n}\right)^2 + j2\xi\left(\dfrac{\omega}{\omega_n}\right)}$$

式中，$\omega_n = \dfrac{1}{T}$，$0 < \xi < 1$。

对数幅频特性为

$$L(\omega) = -20\lg\sqrt{\left[1 - \left(\frac{\omega}{\omega_n}\right)^2\right]^2 + \left(2\xi\frac{\omega}{\omega_n}\right)^2} \qquad (5-51a)$$

对数相频特性为

$$\varphi(\omega) = -\arctan\frac{2\xi\omega/\omega_n}{1 - (\omega/\omega_n)^2} \qquad (5-51b)$$

当 $\frac{\omega}{\omega_n} \ll 1$ 时,略去式(5-48a)中的 $\left(\frac{\omega}{\omega_n}\right)^2$ 和 $2\xi\frac{\omega}{\omega_n}$ 项,则有

$$L(\omega) \approx -20\lg1 = 0 \text{ dB}$$

表明 $L(\omega)$ 的低频段渐近线是一条 0 dB 的水平线。 当 $\frac{\omega}{\omega_n} \gg 1$ 时,略去式(5-51a)中的 1 和

$2\xi\frac{\omega}{\omega_n}$ 项,则有

$$L(\omega) = -20\lg\left(\frac{\omega}{\omega_n}\right)^2 = -40\lg\frac{\omega}{\omega_n}$$

表明 $L(\omega)$ 的高频段渐近线是一条斜率为 -40 dB/dec 的直线。

显然,当 $\omega/\omega_n = 1$ 时,即 $\omega = \omega_n$ 是两条渐近线的相交点,因此,振荡环节的自然频率 ω_n 就是其转折频率。

振荡环节的对数幅频特性不仅与 ω/ω_n 有关,而且与阻尼比 ξ 有关,因此在转折频率附近一般不能简单地用渐近线近似代替,否则可能引起较大的误差,图 5-27 给出当 ξ 取不同值时对数幅频特性的准确曲线和渐近线,由图可见,当 $\xi < 0.707$ 时,曲线出现谐振峰值,ξ 值越小,谐振峰值越大,它与渐近线之间的误差越大。必要时,可以用图 5-28 所示的误差修正曲线进行修正。

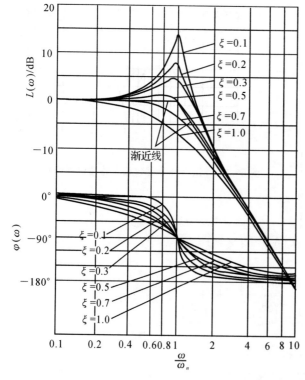
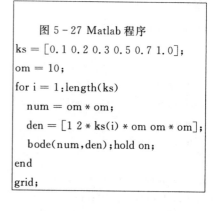

图 5-27 振荡环节的对数幅频特性曲线及相频特性曲线

由式(5-51b)可知,相角 $\varphi(\omega)$ 也是 ω/ω_n 和 ξ 的函数,当 $\omega=0$ 时,$\varphi(\omega)=0$;当 $\omega\to\infty$ 时, $\varphi(\omega)=-180°$;当 $\omega=\omega_n$ 时,不管 ξ 值的大小,$\varphi(\omega_n)$ 总是等于 $-90°$,而且相频特性曲线关于 $(\omega_n,-90°)$ 点对称,如图 5-27 所示。

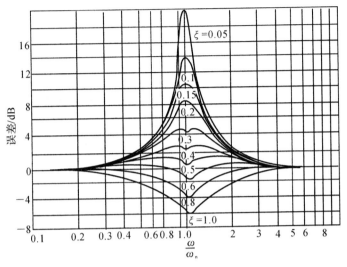

图 5-28   振荡环节的误差修正曲线

图 5-28 Matlab 程序

```
ks=[0.05 0.1 0.15 0.2 0.25 0.3 0.4 0.5 0.6 0.8 1.0];
wwn=0.1:0.01:10;
for i=1:length(ks)
    for k=1:length(wwn)
        Lw=-20 * log10(sqrt((1-wwn(k)^2)^2+(2 * ks(i) * wwn(k))^2));
        if wwn(k)<=1 Lw1=0;
        else Lw1=-40 * log10(wwn(k));
        end
                        m(k)=Lw-Lw1;
    end
    ab=semilogx(wwn,m,'b-');set(ab,'linewidth',1.5);hold on;
end
grid;
```

7. 二阶复合微分环节 $1+2\xi Tj\omega+(j\omega T)^2$

二阶复合微分环节的频率特性为

$$G(j\omega)=1-\left(\frac{\omega}{\omega_n}\right)^2+j2\xi\left(\frac{\omega}{\omega_n}\right)$$

式中,$\omega_n=\dfrac{1}{T}(0<\xi<1)$。

对数幅频特性: $L(\omega)=20\lg\sqrt{\left[1-\left(\dfrac{\omega}{\omega_n}\right)^2\right]^2+\left(2\xi\,\dfrac{\omega}{\omega_n}\right)^2}$

对数相频特性：
$$\varphi(\omega) = \arctan \frac{2\xi\omega/\omega_{\mathrm{n}}}{1-(\omega/\omega_{\mathrm{n}})^2}$$

二阶复合微分环节与振荡环节成倒数关系，其 Bode 图与振荡环节 Bode 图关于频率轴对称。

8.延迟环节

延迟环节的频率特性为

$$G(\mathrm{j}\omega) = \mathrm{e}^{-\mathrm{j}\tau\omega} = A(\omega)\mathrm{e}^{\mathrm{j}\varphi(\omega)}$$

式中 $\qquad A(\omega)=1, \quad \varphi(\omega)=-\tau\omega$

因此 $\qquad L(\omega)=20\lg|G(\mathrm{j}\omega)|=0$ (5-52a)

$$\varphi(\omega)=-\tau\omega \qquad (5-52\mathrm{b})$$

上式表明，延迟环节的对数幅频特性与 0 dB 线重合，对数相频特性值与 ω 成正比，当 $\omega \to \infty$ 时，相角滞后量也趋于 ∞。延迟环节的 Bode 图如图 5-29 所示。

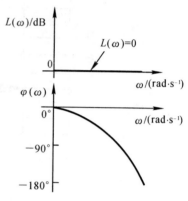

图 5-29　延迟环节的 Bode 图

5.3.2　开环系统的 Bode 图

设开环系统由 n 个环节串联组成，系统频率特性为

$G(\mathrm{j}\omega) = G_1(\mathrm{j}\omega)G_2(\mathrm{j}\omega)\cdots G_n(\mathrm{j}\omega) =$
$\qquad A_1(\omega)\mathrm{e}^{\mathrm{j}\varphi_1(\omega)}A_2(\omega)\mathrm{e}^{\mathrm{j}\varphi_2(\omega)}\cdots A_n(\omega)\mathrm{e}^{\mathrm{j}\varphi_n(\omega)} =$
$\qquad A(\omega)\mathrm{e}^{\mathrm{j}\varphi(\omega)}$

式中， $\qquad A(\omega) = A_1(\omega)A_2(\omega)\cdots A_n(\omega)$

取对数后，有

$$L(\omega) = 20\lg A_1(\omega) + 20\lg A_2(\omega) + \cdots + 20\lg A_n(\omega) = L_1(\omega) + L_2(\omega) + \cdots + L_l(\omega)$$

(5-53a)

$$\varphi(\omega) = \varphi_1(\omega) + \varphi_2(\omega) + \cdots + \varphi_n(\omega) \qquad (5-53\mathrm{b})$$

$A_i(\omega)(i=1,2,\cdots,n)$ 表示各典型环节的幅频特性，$L_i(\omega)$ 和 $\varphi_i(\omega)$ 分别表示各典型环节的对数幅频特性和相频特性。式(5-63b)表明，只要能作出 $G(\mathrm{j}\omega)$ 所包含的各典型环节的对数幅频和对数相频曲线，将它们分别进行代数相加，就可以求得开环系统的 Bode 图。实际上，在熟悉了对数幅频特性的性质后，可以采用更为简捷的办法直接画出开环系统的 Bode 图，具体步骤如下：

（1）将开环传递函数写成尾 1 标准形式，确定系统开环增益 K，把各典型环节的转折频率由小到大依次标在频率轴上。

（2）绘制开环对数幅频特性的渐近线。由于系统低频段渐近线的频率特性为 $K/(\mathrm{j}\omega)^v$，因此，低频段渐近线为过点 $(1,20\lg K)$、斜率为 $-20v$ dB/dec 的直线（v 为积分环节数）。

（3）随后沿频率增大的方向每遇到一个转折频率就改变一次斜率，其规律是，遇到惯性环节的转折频率，则斜率变化量为 -20 dB/dec；遇到一阶微分环节的转折频率，斜率变化量为 $+20$ dB/dec；遇到振荡环节的转折频率，斜率变化量为 -40 dB/dec 等。渐近线最后一段（高频段）的斜率为 $-20(n-m)$ dB/dec；其中 n,m 分别为 $G(s)$ 分母、分子的阶数。

（4）如果需要，可按照各典型环节的误差曲线对相应段的渐近线进行修正，以得到精确的对数幅频特性曲线。

（5）绘制相频特性曲线。先分别绘出各典型环节的相频特性曲线,再沿频率增大的方向逐点叠加,最后将相加点连接成曲线。

下面通过实例说明开环系统 Bode 图的绘制过程。

例 5 - 5   已知开环传递函数为

$$G(s) = \frac{64(s+2)}{s(s+0.5)(s^2+3.2s+64)}$$

试绘制开环系统的 Bode 图。

解   首先将 $G(s)$ 化为尾 1 标准形式,即

$$G(s) = \frac{4\left(\frac{s}{2}+1\right)}{s\left(\frac{s}{0.5}+1\right)\left(\frac{s^2}{8^2}+0.4\times\frac{s}{8}+1\right)}$$

此系统由比例环节、积分环节、惯性环节、一阶微分环节和振荡环节共 5 个环节组成。

确定转折频率:

惯性环节转折频率 $\qquad\qquad \omega_1 = 1/T_1 = 0.5$

一阶复合微分环节转折频率 $\qquad \omega_2 = 1/T_2 = 2$

振荡环节转折频率 $\qquad\qquad \omega_3 = 1/T_3 = 8$

开环增益 $K=4$,系统型别 $v=1$,低频起始段由 $\frac{K}{s} = \frac{4}{s}$ 决定。

绘制 Bode 图的步骤如下(见图 5 - 30):

（1）过 $\omega=1,20\lg K$ 点作一条斜率为 $-20\ \text{dB/dec}$ 的直线,此即为低频段的渐近线。

（2）在 $\omega_1 = 0.5$ 处,将渐近线斜率由 $-20\ \text{dB/dec}$ 变为 $-40\ \text{dB/dec}$,这是惯性环节作用的结果。

（3）在 $\omega_2 = 2$ 处,由于一阶微分环节的作用使渐近线斜率又增加 $20\ \text{dB/dec}$,即由原来的 $-40\ \text{dB/dec}$ 变为 $-20\ \text{dB/dec}$。

（4）在 $\omega_3 = 8$ 处,由于振荡环节的作用,渐近线频率改变 $-40\ \text{dB/dec}$,变为 $-60\ \text{dB/dec}$ 的线段。

（5）若有必要,可利用误差曲线修正。

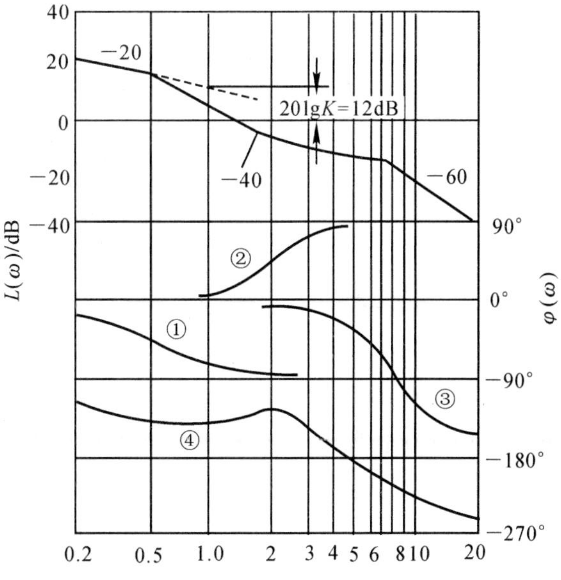

（6）对数相频特性,比例环节相角恒

图 5 - 30   例 5 - 5 图

为零,积分环节相角恒为 $-90°$,惯性环节、一阶微分和振荡环节的对数相频曲线,分别如图 5 - 30 中曲线 ①②③ 所示。开环系统的对数相频曲线由叠加得到,如曲线 ④ 所示。

5.4 最小相角系统和非最小相角系统

当系统开环传递函数中没有在右半 s 平面的极点或零点,且不包含延时环节时,称该系统为最小相角系统,否则称为非最小相角系统。在系统分析中应当注意区分和正确处理非最小相角系统。

例 5 - 6 已知某系统的开环对数频率特性如图 5 - 31 所示,试确定其开环传递函数。

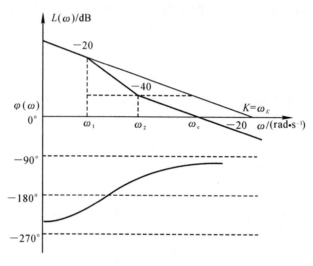

图 5 - 31　对数频率特性

解　根据对数幅频特性曲线,可以写出开环传递函数的表达形式为

$$G(s) = \frac{K\left(\dfrac{s}{\omega_2} \pm 1\right)}{s\left(\dfrac{s}{\omega_1} \pm 1\right)}$$

根据对数频率特性的坐标特点,有 $\dfrac{\omega_K}{\omega_c} = \dfrac{\omega_2}{\omega_1}$,可以确定开环增益 $K = \omega_K = \dfrac{\omega_c \omega_2}{\omega_1}$。

根据相频特性的变化趋势($-270°$ 到 $-90°$),可以判定该系统为非最小相角系统。$G(s)$ 中至少有一个在右半 s 平面的零点或极点。将系统可能的开环零、极点分布画出来,列在表 5 - 3 中。分析相角的变化趋势可见,只有当惯性环节极点在右半 s 平面,一阶复合微分环节零点在左半 s 平面时,相角才符合从 $-270°$ 到 $-90°$ 的变化规律。因此,可以确定系统的开环传递函数为

$$G(s) = \frac{\dfrac{\omega_c \omega_2}{\omega_1}\left(\dfrac{s}{\omega_2} + 1\right)}{s\left(\dfrac{s}{\omega_1} - 1\right)}$$

对于最小相角系统,对数幅频特性与对数相频特性之间存在唯一确定的对应关系,根据对数幅频特性就完全可以确定相应的对数相频特性和传递函数,反之亦然。由于对数幅频特性容易绘制,所以在分析最小相角系统时,通常只画其对数幅频特性,对数相频特性则只需概略画出,或者不画。

表 5 - 3　　例 5 - 6 用表

序号	零、极点分布	$G(j\omega)$	$G(j0)$	$G(j\infty)$
1	$[s]$ 图 $-\omega_2$　$-\omega_1$　0	$\dfrac{K(s/\omega_2+1)}{s(s/\omega_1+1)}$	$\infty \underline{/-90°}$	$0 \underline{/-90°}$
2	$[s]$ 图 $-\omega_1$　0　ω_2	$\dfrac{K(s/\omega_2-1)}{s(s/\omega_1+1)}$	$\infty \underline{/+90°}$	$0 \underline{/-90°}$
3	$[s]$ 图 $-\omega_2$　0　ω_1	$\dfrac{K(s/\omega_2+1)}{s(s/\omega_1-1)}$	$\infty \underline{/-270°}$	$0 \underline{/-90°}$
4	$[s]$ 图 0　ω_1　ω_2	$\dfrac{K(s/\omega_2-1)}{s(s/\omega_1-1)}$	$\infty \underline{/-90°}$	$0 \underline{/-90°}$

5.5　频域稳定判据

5.5.1　奈奎斯特稳定判据

闭环控制系统稳定的充分必要条件是,闭环特征方程的根均具有负的实部,或者说,全部闭环极点都位于左半 s 平面。第 3 章中介绍的劳斯稳定判据,是利用闭环特征方程的系数来判断闭环系统稳定性的。这里要介绍的频域稳定判据则是利用系统的开环信息 —— 开环频率特性 $G(j\omega)$ 来判断闭环系统稳定性的。

频域稳定判据是奈奎斯特于 1932 年提出的,它是频率分析法的重要内容。利用奈奎斯特稳定判据,不但可以判断系统是否稳定(绝对稳定性),也可以确定系统的稳定程度(相对稳定性),还可以用于分析系统的动态性能以及指出改善系统性能指标的途径。因此,奈奎斯特稳定判据是一种重要而实用的稳定性判据,工程上应用十分广泛。

1. 辅助函数

对于图 5 - 32 所示的控制系统结构图,其开环传递函数为

$$G(s) = G_0(s)H(s) = \frac{M(s)}{N(s)} \qquad (5-54)$$

相应的闭环传递函数为

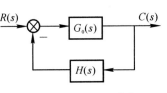

图 5 - 32　控制系统结构图

$$\Phi(s)=\frac{G_0(s)}{1+G(s)}=\frac{G_0(s)}{1+\dfrac{M(s)}{N(s)}}=\frac{N(s)G_0(s)}{N(s)+M(s)} \qquad (5-55)$$

式中，$M(s)$ 为开环传递函数的分子多项式，m 阶；$N(s)$ 为开环传递函数的分母多项式，n 阶，$n \geqslant m$。由式(5-51)、式(5-52)可见，$N(s)+M(s)$ 和 $N(s)$ 分别为闭环和开环特征多项式。现以两者之比构成辅助函数，即

$$F(s)=\frac{M(s)+N(s)}{N(s)}=1+G(s) \qquad (5-56)$$

实际系统传递函数 $G(s)$ 分母阶数 n 总是大于或等于分子阶数 m，因此辅助函数的分子、分母同阶，即其零点数与极点数相等。设 $-z_1,-z_2,\cdots,-z_n$ 和 $-p_1,-p_2,\cdots,-p_n$ 分别为其零、极点，则辅助函数 $F(s)$ 可表示为

$$F(s)=\frac{(s+z_1)(s+z_2)\cdots(s+z_n)}{(s+p_1)(s+p_2)\cdots(s+p_n)} \qquad (5-57)$$

综上所述，辅助函数 $F(s)$ 具有以下特点：

(1) 辅助函数 $F(s)$ 是闭环特征多项式与开环特征多项式之比，其零点和极点分别为闭环极点和开环极点。

(2) $F(s)$ 的零点和极点的个数相同，均为 n 个。

(3) $F(s)$ 与开环传递函数 $G(s)$ 之间只差常量 1。$F(s)=1+G(s)$ 的几何意义为：F 平面上的坐标原点就是 G 平面上的点 $(-1,j0)$，如图 5-33 所示。

2. 幅角定理

辅助函数 $F(s)$ 是复变量 s 的单值有理复变函数。由复变函数理论可知，如果函数 $F(s)$ 在 s 平面上指定域内是非奇异的，那么对于此区域内的任一点 d，都可通过 $F(s)$ 的映射关系在 $F(s)$ 平面上找到一个相应的点 d'（称 d' 为 d 的像）；对于 s 平面上的任意一条

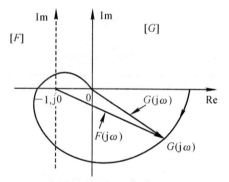

图 5-33　F 平面与 G 平面的关系图

不通过 $F(s)$ 任何奇异点的封闭曲线 Γ，也可通过映射关系在 $F(s)$ 平面(以下称 F 平面)找到一条与它相对应的封闭曲线 Γ'（Γ' 称为 Γ 的像），如图 5-34 所示。

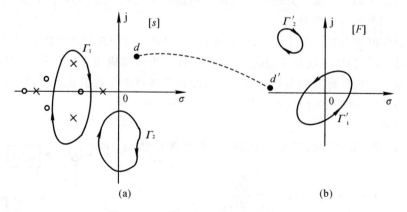

图 5-34　s 平面与 F 平面的映射关系

设 s 平面上不通过 $F(s)$ 任何奇异点的某条封闭曲线 Γ,它包围了 $F(s)$ 在 s 平面上的 Z 个零点和 P 个极点。当 s 以顺时针方向沿封闭曲线 Γ 移动一周时,则在 F 平面上相对应于封闭曲线 Γ 的像 Γ' 将以顺时针的方向围绕原点旋转 R 圈。R 与 Z,P 的关系为

$$R = Z - P \tag{5-58}$$

3. 奈奎斯特稳定判据

为了确定辅助函数 $F(s)$ 位于右半 s 平面内的所有零、极点数,现将封闭曲线 Γ 扩展为整个右半 s 平面。为此,设计 Γ 曲线由以下 3 段所组成:

i —— 正虚轴 $s = j\omega$:频率由 $\omega = 0$ 变化到 $\omega \to \infty$。

ii —— 半径为无限大的右半圆 $s = Re^{j\theta}$:$R \to \infty$,θ 由 $\pi/2$ 变化到 $-\pi/2$。

iii —— 负虚轴 $s = j\omega$:频率由 $\omega \to -\infty$ 变化到 $\omega = 0$。

这样,3 段组成的封闭曲线 Γ(称为奈奎斯特路径,简称奈氏路径)就包含了整个右半 s 平面,如图 5-35 所示。

在 F 平面上绘制与 Γ 相对应的像 Γ':当 s 沿虚轴变化时,由式(5-58),则有

$$F(j\omega) = 1 + G(j\omega) \tag{5-59}$$

式中,$G(j\omega)$ 为系统的开环频率特性。因此,Γ' 将由下面几段组成:

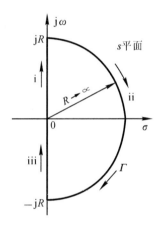

图 5-35　奈奎斯特路径

i —— 与正虚轴对应的是辅助函数的频率特性 $F(j\omega)$,相当于把 $G(j\omega)$ 右移一个单位。

ii —— 与半径为无穷大的右半圆相对应的辅助函数 $F(s) \to 1$。由于开环传递函数的分母阶数高于分子阶数,当 $s \to \infty$ 时,$G(s) \to 0$,故有 $F(s) = 1 + G(s) \to 1$。

iii —— 与负虚轴相对应的是辅助函数频率特性 $F(j\omega)$,对称于实轴的镜像。

图 5-36 绘出了系统开环频率特性曲线 $G(j\omega)$。将曲线右移一个单位,并取镜像,则成为 F 平面上的封闭曲线 Γ',如图 5-37 所示。图中用虚线表示镜像。

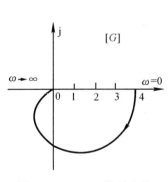

图 5-36　$G(j\omega)$ 特性曲线

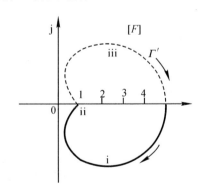

图 5-37　F 平面上的封闭曲线

对于包含了整个右半 s 平面的奈氏路径来说,式(5-58)中的 Z 和 P 分别为闭环传递函数和开环传递函数在右半 s 平面上的极点数,而 R 则是 F 平面上 Γ' 曲线顺时针包围原点的圈数,也就是 G 平面上系统开环幅相特性曲线及其镜像顺时针包围点 $(-1, j0)$ 的圈数。在实际系统

分析过程中,一般只绘制开环幅相特性曲线而不绘制其镜像曲线。考虑到角度定义的方向性,有

$$R = -2N \qquad (5-60)$$

式中,N 是开环幅相特性曲线 $G(j\omega)$(不包括其镜像)包围 G 平面点 $(-1, j0)$ 的圈数(逆时针为正,顺时针为负)。将式 $(5-60)$ 代入式 $(5-58)$,可得奈奎斯特判据(简称奈氏判据):

$$Z = P - 2N \qquad (5-61)$$

式中,Z 是右半 s 平面中闭环极点的个数;P 是右半 s 平面中开环极点的个数;N 是 G 平面上 $G(j\omega)$ 包围点 $(-1, j0)$ 的圈数(逆时针为正)。显然,只有当 $Z = P - 2N = 0$ 时,闭环系统才是稳定的。

例 5-7　设系统开环传递函数为

$$G(s) = \frac{52}{(s+2)(s^2+2s+5)}$$

试用奈氏判据判定闭环系统的稳定性。

解　绘出系统的开环幅相特性曲线,如图 5-38 所示。当 $\omega = 0$ 时,曲线起点在实轴上,$G(j0) = 5.2$。当 $\omega \to \infty$ 时,终点在原点。当 $\omega = 2.5$ 时,曲线和负虚轴相交,交点为 $-j5.06$。当 $\omega = 3$ 时,曲线和负实轴相交,交点为 -2(见图 5-38 中实线部分)。

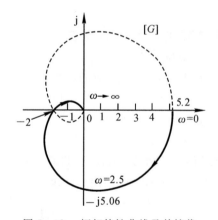

图 5-38　幅相特性曲线及其镜像

在右半 s 平面上,系统的开环极点数为零。开环频率特性 $G(j\omega)$ 随着 $\omega = 0$ 变化到 $\omega \to \infty$ 时,顺时针方向围绕点 $(-1, j0)$ 一圈,即 $N = -1$。用式 $(5-58)$ 可求得闭环系统在右半 s 平面的极点数为

$$Z = P - 2N = 0 - 2 \times (-1) = 2$$

因此闭环系统不稳定。

利用奈氏判据还可以讨论开环增益 K 对闭环系统稳定性的影响。当 K 值变化时,幅频特性成比例变化,而相频特性不受影响。因此,就图 5-39 而论,当频率 $\omega = 3$ 时,曲线与负实轴正好相交在点 $(-2, j0)$,若 K 缩小一半,取 $K = 2.6$ 时,曲线恰好通过点 $(-1, j0)$,这是临界稳定状态;当 $K < 2.6$ 时,幅相特性曲线 $G(j\omega)$ 将从点 $(-1, j0)$ 的右方穿过负实轴,不再包围点 $(-1, j0)$,这时闭环系统是稳定的。

例 5-8　系统结构图如图 5-39 所示,试判断系统的稳定性并讨论 K 值对系统稳定性的

影响。

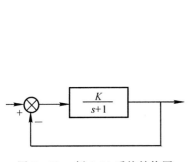

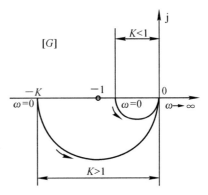

图 5-39　例 5.10 系统结构图　　　　　图 5-40　$K>1$ 和 $K<1$ 时的幅相特性曲线

　　解　　系统是一个非最小相角系统,开环不稳定。开环传递函数在右半 s 平面上有一个极点,$P=1$。幅相特性曲线如图 5-40 所示。当 $\omega=0$ 时,曲线从负实轴点 $(-K,\mathrm{j}0)$ 出发;当 $\omega\to\infty$ 时,曲线以 $-90°$ 趋于坐标原点;幅相特性包围点 $(-1,\mathrm{j}0)$ 的圈数 N 与 K 值有关。图 5-41 绘出了 $K>1$ 和 $K<1$ 的两条曲线,可见:当 $K>1$ 时,曲线逆时针包围了点 $(-1,\mathrm{j}0)$ 的 $1/2$ 圈,即 $N=1/2$,此时 $Z=P-2N=1-2\times(1/2)=0$,故闭环系统稳定;当 $K<1$ 时,曲线不包围点 $(-1,\mathrm{j}0)$,即 $N=0$,此时 $Z=P-2N=1-2\times0=1$,有一个闭环极点在右半 s 平面,故系统不稳定。

5.5.2　奈奎斯特稳定判据的应用

　　如果开环传递函数 $G(s)$ 在虚轴上有极点,则不能直接应用图 5-35 所示的奈氏路径,因为幅角定理要求奈氏轨线不能经过 $F(s)$ 的奇点。为了在这种情况下应用奈氏判据,可以对奈氏路径略作修改,使其沿着半径为无穷小 $(r\to0)$ 的右半圆绕过虚轴上的极点。例如,当开环传递函数中有纯积分环节时,s 平面原点有极点,相应的奈氏路径可以修改,如图 5-41 所示。图中的小半圆绕过了位于坐标原点的极点,使奈氏路径避开了极点,又包围了整个右半 s 平面,前述的奈氏判据结论仍然适用。只是在画幅相特性曲线时,s 取值需要先从 j0 绕半径无限小的圆弧逆时针转 $90°$ 到 $\mathrm{j}0^+$,然后再沿虚轴到 $\mathrm{j}\infty$。这样需要补充 $s=\mathrm{j}0\to\mathrm{j}0^+$ 小圆弧所对应的 $G(\mathrm{j}\omega)$ 特性曲线。

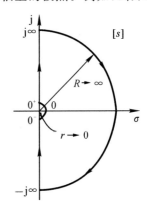

图 5-41　开环含有积分环节时的奈氏路径

　　设系统开环传递函数为

$$G(s)=\dfrac{K\displaystyle\prod_{i=1}^{m}(T_is+1)}{s^v\displaystyle\prod_{j=1}^{n-v}(T_js+1)}$$

式中,v 为系统型别。当沿着无穷小半圆逆时针方向移动时,有 $s=\lim\limits_{r\to0}re^{\mathrm{j}v\theta}$,映射到 G 平面的曲线可以按下式求得:

$$G(s)\Big|_{s=\lim_{r\to 0}re^{j\theta}} = \frac{K\prod_{i=1}^{m}(T_is+1)}{s^v\prod_{j=1}^{n-v}(T_js+1)}\Bigg|_{s=\lim_{r\to 0}re^{j\theta}} = \lim_{r\to 0}\frac{K}{r^v}e^{-jv\theta} = \infty e^{-jv\theta}$$

由上述分析可见,当 s 沿小半圆从 $\omega=0$ 变化到 $\omega=0^+$ 时,θ 角沿逆时针方向从 0 变化到 $\pi/2$,这时 G 平面上的映射曲线将从 $\underline{/G(j0)}$ 位置沿半径无穷大的圆弧按顺时针方向转过 $-v\pi/2$。在确定 $G(j\omega)$ 绕点 $(-1,j0)$ 的圈数 N 的值时,要考虑大圆弧的影响。

例 5 - 9 已知开环传递函数为

$$G(s) = \frac{K}{s(Ts+1)}$$

式中,$K>0,T>0$,绘制奈氏曲线并判别系统的稳定性。

解 该系统 $G(s)$ 在坐标原点处有一个极点,为 1 型系统。取奈氏路径如图 5-42 所示。当 s 沿小半圆移动从 $\omega=0$ 变化到 $\omega=0^+$ 时,在 G 平面上映射曲线为半径 $R\to\infty$ 的 $\pi/2$ 圆弧。幅相特性曲线(包括大圆弧)如图 5-42 所示。此系统开环传递函数在右半 s 平面无极点,$P=0$;$G(s)$ 的奈氏曲线又不包围点 $(-1,j0)$,$N=0$;因此,$Z=P-2N=0$,闭环系统是稳定的。

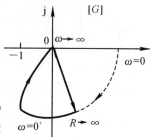

图 5-42   例 5-9 的奈氏图

例 5 - 10 已知系统开环传递函数为

$$G(s)H(s) = \frac{K(s+3)}{s(s-1)}$$

试绘制奈氏图,并分析闭环系统的稳定性。

解 由于 $G(s)H(s)$ 在右半 s 平面有一极点,故 $P=1$。当 $0<K<1$ 时,其奈氏图如图 5-43(a) 所示,图中可见,当从 $\omega=0\to\infty$ 变化时,奈氏曲线顺时针包围点 $(-1,j0)-1/2$ 圈,即 $N=-1/2,Z=P-2N=1+2(1/2)=2$,因此闭环系统不稳定。当 $K>1$ 时,其奈氏图如图 5-43(b) 所示,当从 $\omega=0\to\infty$ 变化时,奈氏曲线逆时针包围点 $(-1,j0)+1/2$ 圈,$N=+1/2,Z=P-2N=1-2(1/2)=0$,此时闭环系统是稳定的。

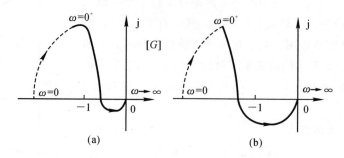

图 5-43   例 5-10 的奈氏图

5.5.3 对数稳定判据

实际上,系统的频域分析设计通常是在 Bode 图上进行的。将奈氏稳定判据引申到 Bode 图上,以 Bode 图的形式表现出来,就成为对数稳定判据。在 Bode 图上,运用奈氏判据的关键

在于如何确定 $G(\mathrm{j}\omega)$ 包围点 $(-1,\mathrm{j}0)$ 的圈数 N。系统开环频率特性的奈氏图与 Bode 图存在一定的对应关系，如图 5-44 所示。

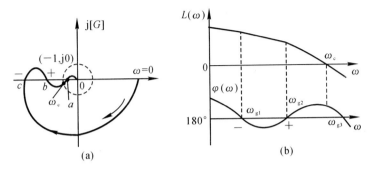

图 5-44　奈氏图与 Bode 图的对应关系

（1）奈氏图上 $|G(\mathrm{j}\omega)|=1$ 的单位圆与 Bode 图上的 0 dB 线相对应。单位圆外部对应于 $L(\omega)>0$，单位圆内部对应于 $L(\omega)<0$。

（2）奈氏图上的负实轴对应于 Bode 图上的 $\varphi(\omega)=-180°$ 线。

在奈氏图中，如果开环幅相特性曲线在点 $(-1,\mathrm{j}0)$ 以左穿过负实轴，则称为"穿越"。若沿 ω 增加方向，曲线自上而下（相位增加）穿过点 $(-1,\mathrm{j}0)$ 以左的负实轴，则称为正穿越；反之，曲线自下而上（相位减小）穿过点 $(-1,\mathrm{j}0)$ 以左的负实轴，则称为负穿越。如果沿 ω 增加方向，幅相特性曲线自点 $(-1,\mathrm{j}0)$ 以左负实轴开始向下或向上，则分别称为半次正穿越或半次负穿越，如图 5-44(a) 所示。

在 Bode 图上，对应在 $L(\omega)>0$ 的频段范围内沿 ω 增加方向，对数相频特性曲线自下而上（相角增加）穿过 $-180°$ 称为正穿越；反之，曲线自上而下（相角减小）穿过 $-180°$ 线为负穿越。同样，若沿 ω 增加方向，对数相频曲线自 $-180°$ 线开始向上或向下，分别称为半次正穿越或半次负穿越，如图 5-44(b) 所示。

在奈氏图上，正穿越一次，对应于幅相特性曲线逆时针包围点 $(-1,\mathrm{j}0)$ 一圈，而负穿越一次，对应于顺时针包围点 $(-1,\mathrm{j}0)$ 一圈，因此幅相特性曲线包围点 $(-1,\mathrm{j}0)$ 的圈数等于正、负穿越次数之差，即

$$N=N_+-N_-$$

式中，N_+ 是正穿越次数；N_- 是负穿越次数。

例 5-11　单位反馈系统的开环传递函数为

$$G(s)=\frac{K^*\left(s+\frac{1}{2}\right)}{s^2(s+1)(s+2)}$$

当 $K^*=0.8$ 时，判断闭环系统的稳定性。

解　首先计算 $G(\mathrm{j}\omega)$ 曲线与实轴交点坐标。

$$G(\mathrm{j}\omega)=\frac{0.8\left(\frac{1}{2}+\mathrm{j}\omega\right)}{-\omega^2(1+\mathrm{j}\omega)(2+\mathrm{j}\omega)}=\frac{-0.8\left[1+\frac{5}{2}\omega^2+\mathrm{j}\omega\left(\frac{1}{2}-\omega^2\right)\right]}{\omega^2[(2-\omega^2)^2+9\omega^2]}$$

令 $\mathrm{Im}[G(\mathrm{j}\omega)]=0$，解出 $\omega=1/\sqrt{2}$。计算相应实部的值 $\mathrm{Re}[G(\mathrm{j}\omega)]=-0.5333$。由此可画出

开环幅相特性和开环对数频率特性分别如图 5-45(b)(c) 所示。系统是 Ⅱ 型的。相应在 $G(j\omega), \varphi(\omega)$ 上补上180°大圆弧,如图5-45(b)(c)中虚线所示。应用对数稳定判据,在 $L(\omega) > 0$ 的频段范围(0 ~ ω_c)内,$\varphi(j\omega)$ 在 $\omega = 0^+$ 处有负、正穿越各 1/2 次,因此

$$N = N_+ - N_- = 1/2 - 1/2 = 0$$

$$Z = P - 2N = 0 - 2 \times 0 = 0$$

可知闭环系统是稳定的。

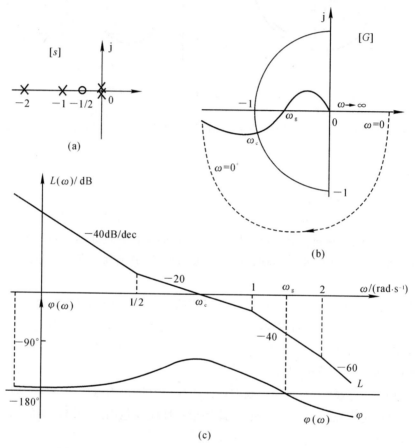

图 5-45 开环零、极点分布及幅相特性和对数频率特性图

5.6 稳 定 裕 度

5.6.1 稳定裕度的定义

控制系统稳定与否是绝对稳定性的概念。而对一个稳定的系统而言,还有一个稳定的程度,即相对稳定性的概念。相对稳定性与系统的动态性能指标有着密切的关系。当设计一个控制系统时,不仅要求它必须是绝对稳定的,而且还应保证系统具有一定的稳定程度。只有这样,才能不会因系统参数的小范围漂移而导致系统性能变差甚至不稳定。

对于一个最小相角系统而言,$G(j\omega)$ 曲线越靠近点(-1,j0),系统阶跃响应的振荡就越强

烈,系统的相对稳定性就越差。因此,可用 $G(j\omega)$ 曲线对点 $(-1,j0)$ 的接近程度来表示系统的相对稳定性。通常,这种接近程度是以相角裕度和幅值裕度来表示的。

相角裕度和幅值裕度是系统开环频率指标,它们与闭环系统的动态性能密切相关。

1. 相角裕度

相角裕度是指开环幅相频率特性 $G(j\omega)$ 的幅值 $A(\omega)=|G(j\omega)|=1$ 时的向量与负实轴的夹角,常用希腊字母 γ 表示。

在 G 平面上画出以原点为圆心的单位圆(见图 5-46)。$G(j\omega)$ 曲线与单位圆相交,交点处的频率 ω_c 称为截止频率,此时有 $A(\omega_c)=1$。按相角裕度的定义,有

$$\gamma=\varphi(\omega_c)-(-180°)=180°+\varphi(\omega_c) \qquad (5-62)$$

由于 $L(\omega_c)=20\lg A(\omega_c)=20\lg1=0$,故在 Bode 图中,相角裕度表现为 $L(\omega)=0$ dB 处的相角 $\varphi(\omega_c)$ 与 $-180°$ 水平线之间的角度差,如图 5-47 所示。上述两图中的 γ 均为正值。

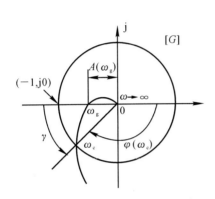

图 5-46　相角裕度和幅值裕度的定义

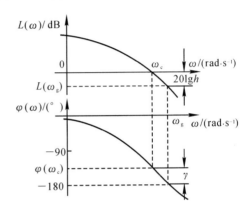

图 5-47　稳定裕度在 Bode 图上的表示

2. 幅值裕度

$G(j\omega)$ 曲线与负实轴交点处的频率 ω_g 称为相角交界频率,此时幅相特性曲线的幅值为 $A(\omega_g)$,如图 5-46 所示。幅值裕度是 $G(j\omega)$ 与负实轴交点至虚轴距离的倒数,即 $1/A(\omega_g)$,常用 h 表示,即

$$h=\frac{1}{A(\omega_g)} \qquad (5-63)$$

在对数坐标图上,有

$$20\lg h=-20\lg|A(\omega_g)|=-L(\omega_g) \qquad (5-64)$$

即 h 的分贝值等于 $L(\omega_g)$ 与 0 dB 之间的距离(0 dB 下为正)。

相角裕度的物理意义在于,稳定系统在截止频率 ω_c 处若相角再滞后一个 γ 角度,则系统处于临界稳定状态;若相角滞后大于 γ,则系统将变成不稳定的。

幅值裕度的物理意义在于,稳定系统的开环增益再增大 h 倍,则 $\omega=\omega_g$ 处的幅值 $A(\omega_g)$ 等于 1,曲线正好通过点 $(-1,j0)$,系统处于临界稳定状态;若开环增益增大 h 倍以上,则系统将变成不稳定的。

对于最小相角系统,要使系统稳定,要求相角裕度 $\gamma>0$,幅值裕度 $h>0$ dB。为保证系统具有一定的相对稳定性,稳定裕度不能太小。在工程设计中,一般取 $\gamma=30°\sim60°$,$h>2$ 对应 $20\lg h \geqslant 6$ dB。

5.6.2 稳定裕度的计算

根据式(5-59),要计算相角裕度 γ,首先要知道截止频率 ω_c。求 ω_c 较方便的方法是先由 $G(s)$ 绘制 $L(\omega)$ 曲线,由 $L(\omega)$ 与 0 dB 线的交点确定 ω_c。而求幅值裕度 h,则要先知道相角交界频率 ω_g,对于阶数不太高的系统,直接解三角方程 $\underline{/G(j\omega_g)}=-180°$ 是求 ω_g 较方便的方法。通常是将 $G(j\omega)$ 写成虚部和实部,令虚部为零而解得 ω_g。

例 5-12 某单位反馈系统的开环传递函数为

$$G(s)=\frac{K_0}{s(s+1)(s+5)}$$

试求 $K_0=10$ 时系统的相角裕度和幅值裕度。

解
$$G(s)=\frac{K_0/5}{s(s+1)\left(\frac{1}{5}s+1\right)} \qquad \begin{cases} K=K_0/5 \\ v=1 \end{cases}$$

绘制开环增益 $K=K_0/5=2$ 时的 $L(\omega)$ 曲线,如图 5-48 所示。

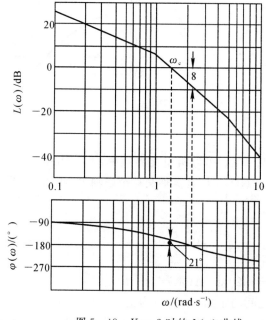

例 5-12 Matlab 程序
```
k = 2;zero = [];
pole = [0  −1  −5];
g        =        zpk(zero,
pole,k * 5);
bode(g);
grid;
```

图 5-48 $K=2$ 时的 $L(\omega)$ 曲线

当 $K=2$ 时,有

$$A(\omega_c)=\frac{2}{\omega_c\sqrt{\omega_c^2+1^2}\sqrt{\left(\frac{\omega_c}{5}\right)^2+1^2}}=$$

$$1\approx\frac{2}{\omega_c\sqrt{\omega_c^2}\sqrt{1^2}}=\frac{2}{\omega_c^2} \quad (0<\omega_c<2)$$

所以
$$\omega_c = \sqrt{2}$$

$$\gamma_1 = 180° + \underline{/G(j\omega_c)} = 180° - 90° - \arctan\omega_c - \arctan\frac{\omega_c}{5} =$$
$$90° - 54.7° - 15.8° = 19.5°$$

又由

$$180° + \underline{/G(j\omega_g)} = 180° - 90° - \arctan\omega_g - \arctan(\omega_g/5) = 0$$

有
$$\arctan\omega_g + \arctan(\omega_g/5) = 90°$$

等式两边取正切,可得

$$\left[\frac{\omega_g + \dfrac{\omega_g}{5}}{1 - \dfrac{\omega_g^2}{5}}\right] = \tan 90° \rightarrow \infty$$

得 $1 - \omega_g^2/5 = 0$,即 $\omega_g = \sqrt{5} = 2.236$。

故得

$$h_1 = \frac{1}{|A(\omega_g)|} = \frac{\omega_g\sqrt{\omega_g^2 + 1}\sqrt{\left(\dfrac{\omega_g}{5}\right)^2 + 1}}{2} = 2.793 = 8.9 \text{ dB}$$

在实际工程设计中,只要绘出 $L(\omega)$ 曲线,直接在图上读数即可,不需要太多计算。

本 章 小 结

频率特性是线性定常系统在正弦函数作用下,稳态输出与输入的复数之比对频率的函数关系。频率特性是传递函数的一种特殊形式,将系统(或环节)传递函数中的复数 s 换成纯虚数 $j\omega$,即可得出系统(或环节)的频率特性。频率特性图形因其采用的坐标不同而分为幅相特性(Nyquist 图)、对数频率特性(Bode 图)和对数幅相特性(Nicols 图)等形式。各种形式之间是互通的,每种形式有其特定的适用场合。开环幅相特性在分析闭环系统的稳定性时比较直观,理论分析时经常采用;Bode 图在分析典型环节参数变化对系统性能的影响时最方便,实际工程应用最广泛;由开环频率特性获取闭环频率指标时,则用对数幅相特性最直接。

奈氏稳定判据是频率法的重要理论基础。利用奈氏稳定判据,除了可判断系统的稳定性外,还可引出相角裕度和幅值裕度的概念,对于多数工程系统而言,可以利用相角裕度和幅值裕度衡量系统的相对稳定性。开环对数频率特性曲线(Bode 图)是控制系统工程设计的重要工具。开环对数幅频特性 $L(\omega)$ 低频段的斜率表征了系统的型别(v),其高度则表征了开环增益的大小,因而低频段全面表征系统稳态性能;$L(\omega)$ 中频段的斜率、宽度以及截止频率,表征着系统的动态性能;高频段则表征了系统抗高频干扰的能力。

利用开环频率特性或闭环频率特性的某些特征量,均可对系统的时域性能指标作出间接的评估。其中开环频域指标主要是相角裕度 γ、截止频率 ω_c。闭环频域指标则主要是谐振峰值 M_r,谐振频率 ω_r 以及带宽频率 ω_b,这些特征量和时域指标 $\sigma\%$、t_s 之间有密切的关系。这种关系对于二阶系统是确切的,而对于高阶系统则是近似的,然而在工程设计中精度完全可以满足要求。

习　　题

5-1　试求图 5-49(a)(b) 所示网络的频率特性。

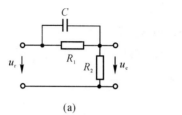 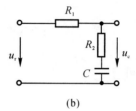

(a)　　　　　　　　　　　　(b)

图 5-49　RC 网络

5-2　某系统结构图如图 5-50 所示,试根据频率特性的物理意义,求下列输入信号作用时,系统的稳态输出 $c_s(t)$ 和稳态误差 $e_s(t)$：

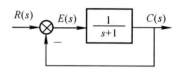

图 5-50　系统结构图

(1)$r(t)=\sin 2t$；

(2)$r(t)=\sin(t+30°)-2\cos(2t-45°)$。

5-3　若系统单位阶跃响应为

$$h(t)=1-1.8e^{-4t}+0.8e^{-9t}　　(t\geqslant 0)$$

试求系统频率特性。

5-4　绘制下列传递函数的幅相曲线：

(1)$G(s)=K/s$；

(2)$G(s)=K/s^2$；

(3)$G(s)=K/s^3$。

5-5　已知系统开环传递函数为

$$G(s)H(s)=\frac{10}{s(2s+1)(s^2+0.5s+1)}$$

试分别计算 $\omega=0.5$ 和 $\omega=2$ 时开环频率特性的幅值 $A(\omega)$ 和相角 $\varphi(\omega)$。

5-6　试绘制下列传递函数的幅相曲线：

(1)$G(s)=\dfrac{5}{(2s+1)(8s+1)}$；

(2)$G(s)=\dfrac{10(1+s)}{s^2}$。

5-7　已知系统开环传递函数为

$$G(s)=\frac{K(-T_2s+1)}{s(T_1s+1)}　　(K,T_1,T_2>0)$$

当 $\omega=1$ 时,$\underline{/G(j\omega)}-180°$,$|G(j\omega)|=0.5$。当输入为单位速度信号时,系统的稳态误差为 1。试写出系统开环频率特性表达式 $G(j\omega)$。

5-8　已知系统开环传递函数为

$$G(s)=\frac{10}{s(s+1)(s^2+1)}$$

试概略绘制系统开环幅相特性曲线。

$5-9$　绘制下列传递函数的渐近对数幅频特性曲线：

(1) $G(s) = \dfrac{2}{(2s+1)(8s+1)}$；

(2) $G(s) = \dfrac{200}{s^2(s+1)(10s+1)}$；

(3) $G(s) = \dfrac{40(s+0.5)}{s(s+0.2)(s^2+s+1)}$；

(4) $G(s) = \dfrac{20(3s+1)}{s^2(6s+1)(s^2+4s+25)(10s+1)}$；

(5) $G(s) = \dfrac{8(s+0.1)}{s(s^2+s+1)(s^2+4s+25)}$。

$5-10$　若传递函数

$$G(s) = \frac{K}{s^v}G_0(s)$$

式中，$G_0(s)$ 为 $G(s)$ 中除比例和积分两种环节外的部分。试证

$$\omega_1 = K^{\frac{1}{v}}$$

式中，ω_1 为近似对数幅频特性曲线最左端直线（或其延长线）与 0 dB 线交点的频率，如图 $5-51$ 所示。

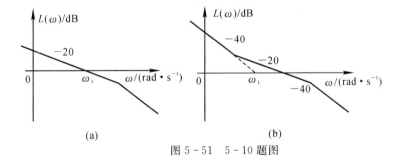

图 $5-51$　$5-10$ 题图

$5-11$　三个最小相角系统传递函数的近似对数幅频曲线分别如图 $5-52$(a)(b)(c) 所示。要求：

(1) 写出对应的传递函数；

(2) 概略绘制对应的对数相频特性曲线。

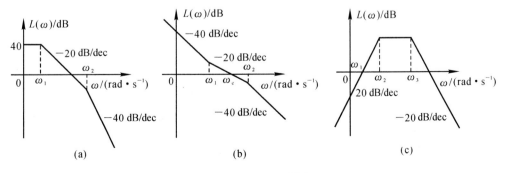

图 $5-52$　$5-11$ 题图

5-12 已知 $G_1(s)$,$G_2(s)$ 和 $G_3(s)$ 均为最小相角传递函数,其近似对数幅频特性曲线如图 5-53 所示。试概略绘制传递函数

$$G_4(s) = \frac{G_1(s)G_2(s)}{1 + G_2(s)G_3(s)}$$

的对数幅频、对数相频和幅相特性曲线。

5-13 试根据奈氏判据,判断图 5-54(1)～(10) 所示曲线对应闭环系统的稳定性。已知曲线(1)～(10)对应的开环传递函数分别如下(按自左至右顺序):

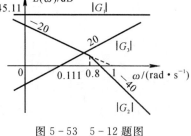

图 5-53 5-12 题图

(1) $G(s) = \dfrac{K}{(T_1 s + 1)(T_2 s + 1)(T_3 s + 1)}$;

(2) $G(s) = \dfrac{K}{s(T_1 s + 1)(T_2 s + 1)}$;

(3) $G(s) = \dfrac{K}{s^2(T s + 1)}$;

(4) $G(s) = \dfrac{K(T_1 s + 1)}{s^2(T_2 s + 1)}$ $(T_1 > T_2)$;

(5) $G(s) = \dfrac{K}{s^3}$;

(6) $G(s) = \dfrac{K(T_1 s + 1)(T_2 s + 1)}{s^3}$;

(7) $G(s) = \dfrac{K(T_5 s + 1)(T_6 s + 1)}{s(T_1 s + 1)(T_2 s + 1)(T_3 s + 1)(T_4 s + 1)}$;

(8) $G(s) = \dfrac{K}{T_1 s - 1}$ $(K > 1)$;

(9) $G(s) = \dfrac{K}{T_1 s - 1}$ $(K < 1)$;

(10) $G(s) = \dfrac{K}{s(T s - 1)}$。

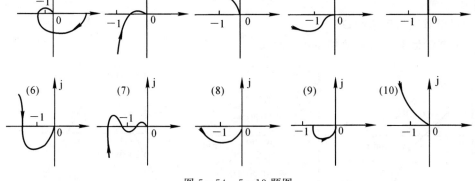

图 5-54 5-13 题图

5-14 已知系统开环传递函数,试根据奈氏判据,确定其闭环稳定的条件:

— 146 —

$$G(s) = \frac{K}{s(Ts+1)(s+1)}$$

(1) $T = 2$ 时, K 值的范围;

(2) $K = 10$ 时, T 值的范围;

(3) K, T 值的范围。

5-15　已知系统开环传递函数为

$$G(s) = \frac{10(s^2 - 2s + 5)}{(s+2)(s-0.5)}$$

试概略绘制幅相特性曲线,并根据奈氏判据判定闭环系统的稳定性。

5-16　某系统的结构图和开环幅相特性曲线如图 5-55(a)(b) 所示。图中

$$G(s) = \frac{1}{s(1+s)^2}, \quad H(s) = \frac{s^3}{(s+1)^2}$$

试判断闭环系统稳定性,并决定闭环特征方程正实部根的个数。

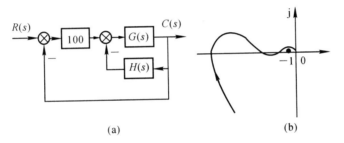

(a)　　　　　　　　　　(b)

图 5-55　系统的结构图和开环幅相曲线

5-17　已知系统开环传递函数为

$$G(s) = \frac{10}{s(0.2s^2 + 0.8s - 1)}$$

试根据奈氏判据确定闭环系统的稳定性。

5-18　已知单位反馈系统的开环传递函数,试判断闭环系统的稳定性。

$$G(s) = \frac{10}{s(s+1)\left(\dfrac{s^2}{4} + 1\right)}$$

5-19　已知反馈系统,其开环传递函数如下:

(1) $G(s) = \dfrac{100}{s(0.2s+1)}$;

(2) $G(s) = \dfrac{50}{(0.2s+1)(s+2)(s+0.5)}$;

(3) $G(s) = \dfrac{10}{s(0.1s+1)(0.25s+1)}$;

(4) $G(s) = \dfrac{100\left(\dfrac{s}{2} + 1\right)}{s(s+1)\left(\dfrac{s}{10} + 1\right)\left(\dfrac{s}{20} + 1\right)}$。

试用奈氏判据或对数稳定判据判断闭环系统的稳定性,并确定系统的相角裕度和幅

值裕度。

5-20 设单位反馈控制系统的开环传递函数为

$$G(s) = \frac{as+1}{s^2}$$

试确定相角裕度为 45° 时的 a 值。

5-21 在已知系统中

$$G(s) = \frac{10}{s(s-1)}, \quad H(s) = 1 + K_h s$$

试确定闭环系统临界稳定时的 K_h。

5-22 若单位反馈系统的开环传递函数为

$$G(s) = \frac{K e^{-0.8s}}{s+1}$$

试确定使系统稳定的 K 的临界值。

5-23 设单位反馈系统的开环传递函数为

$$G(s) = \frac{5s^2 e^{-\tau s}}{(s+1)^4}$$

试确定闭环系统稳定的延迟时间 τ 的范围。

5-24 某单位反馈的最小相角系统,其开环对数幅频特性如图 5-56 所示。要求:

(1) 写出系统开环传递函数;

(2) 利用相角裕度判断系统的稳定性;

(3) 将其对数幅频特性向右平移十倍频程,试讨论对系统性能的影响。

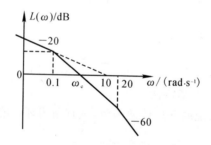

图 5-56 开环对数幅频特性

5-25 对于典型二阶系统,已知参数 $\omega_n = 3$, $\xi = 0.7$,试确定截止频率 ω_c 和相角裕度 γ。

5-26 对于典型二阶系统,已知 $\sigma\% = 15\%$, $t_s = 3$ s,试计算截止频率 ω_c 和相角裕度 γ。

5-27 某单位反馈系统,其开环传递函数为

$$G(s) = \frac{16.7s}{(0.8s+1)(0.25s+1)(0.0625s+1)}$$

试应用尼柯尔斯图线绘制闭环系统对数幅频特性和相频特性曲线。

5-28 某控制系统的结构图如图 5-57 所示,图中

$$G_1(s) = \frac{10(1+s)}{1+8s}, \quad G_2(s) = \frac{4.8}{s\left(1+\dfrac{s}{20}\right)}$$

试按下列数据估算系统时域指标 $\sigma\%$ 和 t_s:

（1）γ 和 ω_c；

（2）M_r 和 ω_c；

（3）闭环幅频特性曲线形状。

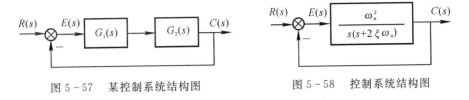

图 5 - 57　某控制系统结构图　　　　　　图 5 - 58　控制系统结构图

5 - 29　已知控制系统结构图如图 5 - 58 所示。当输入 $r(t) = 2\sin t$ 时，系统的稳态输出 $c_s(t) = 4\sin(t - 45°)$。试确定系统的参数 ξ, ω_n。

5 - 30　对于高阶系统，要求时域指标 $\sigma\% = 18\%, t_s = 0.05 \text{ s}$，试将其转换成开环频域指标。

5 - 31　单位反馈系统的闭环对数幅频特性曲线如图 5-59 所示。若要求系统具有 30° 的相角裕度，试计算开环增益应增大的倍数。

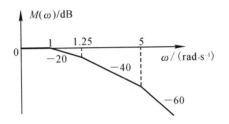

图 5 - 59　单位反馈系统的闭环对数幅频特性

第6章　线性系统的串联校正

本章介绍基于频域方法的串联校正。

校正装置放在前向通道中,使之与系统被控对象等固有部分相串联,这种校正方式称为串联校正,如图 6-1 所示。图中 $G_c(s)$ 是校正装置的传递函数。

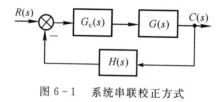

图 6-1　系统串联校正方式

6.1　串联超前校正

1. 超前网络特性

图 6-2 所示是 RC 超前网络的电路图。如果输入信号源的内阻为零,输出端负载阻抗为无穷大,则超前网络的传递函数可写为

$$G_{c1}(s) = \frac{1}{a} \frac{1 + aTs}{1 + Ts} \tag{6-1}$$

式中

$$a = \frac{R_1 + R_2}{R_2} > 1, \quad T = \frac{R_1 R_2}{R_1 + R_2} C$$

通常,a 称为分度系数;T 是时间常数。由式(6-1)可见,采用无源超前网络进行串联校正时,整个系统的开环增益要下降到原来的 $1/a$,因此需要提高放大器增益加以补偿。超前网络的零、极点分布图如图 6-3 所示。由于 $a > 1$,故超前网络的负实零点总是位于负实极点之右,两者之间的距离由常数 a 决定。改变 a 和 T 的数值,可以调节超前网络零、极点在负实轴上的位置。

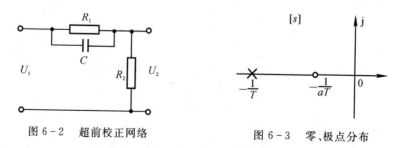

图 6-2　超前校正网络　　　　图 6-3　零、极点分布

根据式(6-1)可以画出超前网络 $aG_c(s)$ 的对数频率特性,如图 6-4(a)所示。显然,超前

网络对频率在 $1/(aT)$ 至 $1/T$ 之间的输入信号有明显的微分作用,在该频率范围内,输出信号相角超前于输入信号,超前网络的名称由此而得。图 6-4(a)表明,在最大超前角频率 ω_m 处,网络具有最大超前角 φ_m,且 ω_m 正好处于两转折频率 $1/(aT)$ 和 $1/T$ 的几何中心。

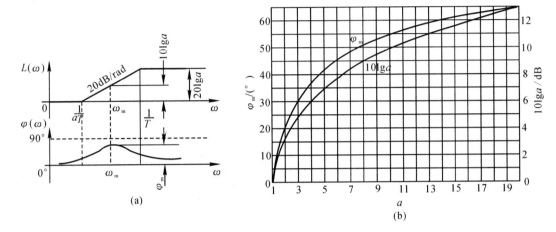

图 6-4　无源超前网络特性

证明如下:

超前网络式(6-1)的相角为

$$\varphi_c(\omega) = \arctan aT\omega - \arctan T\omega = \arctan \frac{(a-1)T\omega}{1+a(T\omega)^2} \qquad (6-2)$$

将式(6-2)对 ω 求导并令其为零,可得到最大超前角频率为

$$\omega_m = \frac{1}{T\sqrt{a}} \qquad (6-3)$$

将式(6-3)代入式(6-2),得

$$\varphi_m = \arctan \frac{1-a}{2\sqrt{a}} = \arcsin \frac{a-1}{a+1} \qquad (6-4)$$

或改写成

$$a = \frac{1+\sin\varphi_m}{1-\sin\varphi_m} \qquad (6-5)$$

式(6-4)表明:最大超前角 φ_m 仅与分度系数 a 有关。a 值选得越大,超前网络的微分效应就越强。为了保持较高的系统信噪比,实际选用的 a 值一般不超过 20。此外,由图 6-4(a)可以明显看出 ω_m 处的对数幅频值为

> 图 6-4(b) Matlab 程序
> ```
> a = 1:0.01:20;
> for i = 1:length(a)
>     faim(i) = asin((a(i)-1)/...
>         (a(i)+1)) * 180/pi;
>     L(i) = 10 * log10(a(i));
> end
> aa = plot(a,faim,'b-',a,L*5,'r-');
> set(aa,'linewidth',1.5);
> axis([1 20 0 70]);grid;
> ```

$$L_c(\omega_m) = 20\lg \mid aG_c(j\omega_m) \mid = 10\lg a \qquad (6-6)$$

a 与 φ_m 及 $10\lg a$ 的关系曲线如图 6-4(b)所示。

设 ω_1 为两转折频率 $1/(aT)$ 和 $1/T$ 的几何中心,则应有

$$\lg\omega_1 = \frac{1}{2}\left(\lg\frac{1}{aT} + \lg\frac{1}{T}\right)$$

解得 $\omega_1=1/(T\sqrt{a})$，正好与式(6-3)相同，于是证明了最大超前角频率 ω_m 的确是两转折频率 $1/(aT)$ 和 $1/T$ 的几何中心。

2.串联超前校正

超前网络的特性是相角超前,幅值增加。串联超前校正的实质是将超前网络的最大超前角补在校正后系统开环频率特性的截止频率处,提高校正后系统的相角裕度和截止频率,从而改善系统的动态性能。

假设未校正系统的开环传递函数为 $G_0(s)$,系统给定的稳态误差、截止频率、相角裕度和幅值裕度指标分别为 e_{ss}^*,ω_c^*,γ^* 和 h^*。设计超前校正装置的一般步骤可归纳如下:

(1)根据给定稳态误差 e_{ss}^* 的要求,确定系统的开环增益 K。

(2)根据已确定的开环增益 K,绘出未校正系统的对数幅频特性曲线,并求出截止频率 ω_{c0} 和相角裕度 γ_0。当 $\omega_{c0}<\omega_c^*$,$\gamma_0<\gamma^*$ 时可以考虑用超前校正。

(3)根据给定的相位裕度 γ^*,计算校正装置所应提供的最大相角超前量 φ_m,即

$$\varphi_m=\gamma-\gamma_0+(5°\sim15°) \tag{6-7}$$

式中,$(5°\sim15°)$ 是用于补偿引入超前校正装置,截止频率增大所导致的校正前系统的相角裕度的损失量。若未校正系统的对数幅频特性在截止频率处的斜率为 -40 dB/dec,并不再向下转折时,可以取 $5°\sim8°$;若该频段斜率从 -40 dB/dec 继续转折为 -60 dB/dec,甚至更负时,则补偿角应适当取大些。注意:如果 $\varphi_m>60°$,则用一级超前校正不能达到要求的 γ^* 指标。

(4)根据所确定的最大超前相角 φ_m,计算分度系数 a,即

$$a=\frac{1+\sin\varphi_m}{1-\sin\varphi_m}$$

(5)选定校正后系统的截止频率。在 $-10\lg a$ 处作水平线,与 $L_0(\omega)$ 相交于 A' 点,交点频率设为 $\omega_{A'}$。取校正后系统的截止频率为

$$\omega_c=\max\{\omega_{A'},\omega_c^*\} \tag{6-8}$$

(6)确定校正装置的传递函数。在选好的 ω_c 处作垂直线,与 $L_0(\omega)$ 交于 A 点;确定 A 点关于 0 dB 线的镜像点 B,过点 B 作 $+20\text{ dB/dec}$ 直线,与 0 dB 线交于 C 点,对应频率为 ω_C;在 CB 延长线上定 D 点,使 $\dfrac{\omega_D}{\omega_c}=\dfrac{\omega_c}{\omega_C}$,在 D 点将曲线改平,则对应超前校正装置的传递函数为

$$G_C(s)=\frac{\dfrac{s}{\omega_C}+1}{\dfrac{s}{\omega_D}+1} \tag{6-9}$$

(7)验算。写出校正后系统的开环传递函数

$$G(s)=G_C(s)G_0(s)$$

验算是否满足设计条件

$$\omega_c\geqslant\omega_c^*,\quad \gamma\geqslant\gamma^*,\quad h\geqslant h^*$$

若不满足,返回(3),适当增加相角补偿量,重新设计直到达到要求。当调整相角补偿量不能达到设计指标时,应改变校正方案,可尝试使用滞后-超前校正。

以下举例说明超前校正的具体过程。

例 6-1 设单位反馈系统的开环传递函数为

$$G_0(s) = \frac{K}{s(s+1)}$$

试设计校正装置 $G_c(s)$，使校正后系统满足如下指标：

(1) 当 $r = t$ 时，稳态误差 $e_{ss}^* \leqslant 0.1$；

(2) 开环系统截止频率 $\omega_c^* \geqslant 6$ rad/s；

(3) 相角裕度 $r^* \geqslant 60°$；

(4) 幅值裕度 $h^* \geqslant 10$ dB。

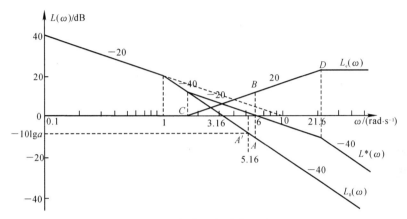

图 6-5   频率法超前校正过程

解   根据稳态精度要求 $e_{ss}^* = 1/K \leqslant 0.1$，可得 $K \geqslant 10$，取 $K = 10$。

绘制未校正系统的对数幅频特性曲线，如图 6-5 中 $L_0(\omega)$ 所示。可确定未校正系统的截止频率和相位裕度分别为

$$\omega_{c0} = 3.16 \ (\text{rad/s}) < \omega_c^* = 6 \ (\text{rad/s})$$
$$\gamma_0 = 180° - 90° - \arctan 3.16 = 17.5° < \gamma^* = 60°$$

可采用超前校正。所需要的相角最大超前量为

$$\varphi_m = \gamma^* - \gamma_0 + 5° = 60° - 17.5° + 5° = 47.5°$$

则超前网络参数为

$$a = \frac{1 + \sin\varphi_m}{1 - \sin\varphi_m} = 7, \quad 10\lg a = 8.5 \ \text{dB}$$

在 $-10\lg a$ 处作水平线，与 $L_0(\omega)$ 相交于 A' 点；设交点频率为 $\omega_{A'}$，由 $40\lg(\omega_{A'}/\omega_{c0}) = 8.5$ 可得 $\omega_{A'} = \omega_{c0} 10^{\frac{-8.5}{40}} = 5.15 < \omega_c^* = 6$，所以选截止频率为

$$\omega_c = \max\{\omega_{A'}, \omega_c^*\} = \omega_c^* = 6 \ (\text{rad/s})$$

这样可以同时兼顾 ω_c^* 和 γ^* 两项指标，避免不必要的重复设计。

在 $\omega_c = 6$ 处作垂直线，与 $L_0(\omega)$ 交于 A 点，确定其关于 0 dB 线的镜像点 B，如图 6-5 所示；过点 B 作 $+20$ dB/dec 直线，与 0 dB 线交于点 C，对应频率为 ω_C；在 CB 延长线上定点 D，使 $\frac{\omega_D}{\omega_c} = \frac{\omega_c}{\omega_C}$，则

C 点频率：
$$\omega_C = \frac{\omega_{c0}^2}{\omega_c} = \frac{3.16^2}{6} = 1.667 \ (\text{rad/s})$$

D 点频率：
$$\omega_D = \frac{\omega_c^2}{\omega_C} = \frac{6^2}{1.667} = 21.6 \ (\text{rad/s})$$

初步确定校正装置传递函数为

$$G_C(s) = \frac{\dfrac{s}{\omega_C} + 1}{\dfrac{s}{\omega_D} + 1} = \frac{\dfrac{s}{1.667} + 1}{\dfrac{s}{21.6} + 1}$$

以下验算指标。校正后系统的开环传递函数为

$$G^*(s) = G_C(s)G_0(s) = \frac{10\left(\dfrac{s}{1.667} + 1\right)}{s(s+1)\left(\dfrac{s}{21.6} + 1\right)}$$

校正后系统的截止频率：
$$\omega_c = \omega_c^* = 6 \ (\text{rad/s})$$

相角裕度：

$$\gamma = 180° + \underline{/G^*(\text{j}\omega_c)} = 180° + \arctan\frac{6}{1.667} - 90° - \arctan 6 - \arctan\frac{6}{21.6} =$$
$$180° + 74.5° - 90° - 80.5° - 15.5° = 68.5° > 60°$$

幅值裕度：
$$h \to \infty > 10 \ \text{dB}$$

满足设计要求。

图 6-5 中绘出了校正装置以及校正前后系统的开环对数幅频特性。可见校正前 $L_0(\omega)$ 曲线以 -40 dB/dec 斜率穿过 0 dB 线，相角裕度不足，校正后 $L^*(\omega)$ 曲线则以 -20 dB/dec 斜率穿过 0 dB 线，并且在 $\omega_c = 6$ 附近保持了较宽的频段，相角裕度有了明显的增加。

超前校正利用了超前网络相角超前、幅值增加的特性，校正后可以使系统的截止频率 ω_c、相角裕度 γ 均有所改善，从而有效改善系统的动态性能。然而，超前校正同时使 $L^*(\omega)$ 的高频段抬高，相应使校正后系统抗高频干扰的能力有所下降，这是不利的一面。

6.2　串联滞后校正

1. 滞后网络特性

无源滞后网络的电路如图 6-6(a) 所示。如果输入信号源的内阻为零，负载阻抗为无穷大，滞后网络的传递函数为

$$G_c(s) = \frac{1 + bTs}{1 + Ts} \tag{6-10}$$

式中

$$b = \frac{R_2}{R_1 + R_2} < 1; \quad T = (R_1 + R_2)C$$

式中，b 为滞后网络的分度系数。

无源滞后网络的对数频率特性如图 6-6(b) 所示。由图可见，滞后网络在频率 $1/T$ 至 $1/(bT)$ 之间呈积分效应，而对数相频特性呈滞后特性。用与超前网络类似的方法可以证明，最大滞后角 φ_m 发生在最大滞后角频率 ω_m 处，且 ω_m 正好是 $1/T$ 与 $1/(bT)$ 的几何中心。计算 ω_m 及 φ_m 的公式分别为

$$\omega_m = \frac{1}{T\sqrt{b}} \qquad (6-11)$$

$$\varphi_m = \arcsin \frac{1-b}{1+b} \qquad (6-12)$$

图 6-6(b) 还表明,滞后网络对低频有用信号不产生衰减,而对高频信号有削弱作用,b 值越小,这种作用越强。

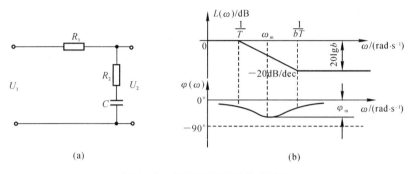

图 6-6　无源滞后网络及其特性

采用无源滞后网络进行串联校正,主要是利用其高频幅值衰减特性,降低系统的截止频率,从而提高系统的相角裕度。因此,应力求避免最大滞后角发生在校正后系统的截止频率 ω_c 附近。选择滞后网络参数时,通常使网络的交接频率 $1/(bT)$ 远小于 ω_c,一般取

$$\frac{1}{bT} = \frac{\omega_c}{10} \qquad (6-13)$$

此时,滞后网络在 ω_c 处产生的相角滞后量按下式确定:

$$\varphi_c(\omega_c) = \arctan bT\omega_c - \arctan T\omega_c$$

由两角和的三角函数公式,得

$$\tan\varphi_C(\omega_c) = \frac{bT\omega_c - T\omega_c}{1 + bT^2(\omega_c)^2}$$

代入式(6-13) 及 $b < 1$ 关系,上式可简化为

$$\varphi_C(\omega_c) \approx \arctan[0.1(b-1)] \qquad (6-14)$$

b 与 $\varphi_C(\omega_c)$ 和 $20\lg b$ 的关系曲线如图 6-7 所示。

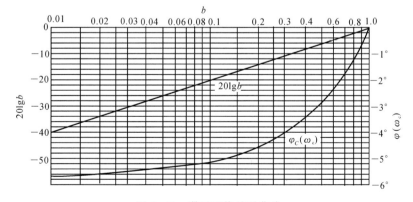

图 6-7　滞后网络关系曲线

图 6-7 的绘制程序：

```
b=0.01:0.0001:1.0;
for i=1:length(b)
    Lgb(i)=20 * log10(b(i));
    faiw(i)=atan(0.1 * (b(i)-1)) * 180/pi;
end
ab=semilogx(b,faiw * 10,'b-',b,Lgb,'r-');
set(ab,'linewidth',1.5); grid;
```

由图 6-7 可见，只要使滞后网络的第二个转折频率离开校正后截止频率 ω_c 有 10 倍频，则滞后网络对校正后系统相角裕度不会超过 $-6°$。

2. 串联滞后校正

滞后校正的实质是利用滞后网络幅值衰减特性，将系统的中频段压低，使校正后系统的截止频率减小，挖掘系统自身的相角储备来满足校正后系统的相角裕度要求。

设计滞后校正装置的一般步骤可以归纳如下：

假设未校正系统的开环传递函数为 $G_0(\omega)$。系统设计指标为 e_{ss}^*，ω_c^*，γ^*，h^*。

(1) 根据给定的稳态误差或静态误差系数要求，确定开环增益 K。

(2) 根据确定的 K 值绘制未校正系统的对数幅频特性曲线 $L_0(\omega)$，确定其截止频率 ω_{c0} 和相角裕度 γ_0。

(3) 判别是否适合采用滞后校正。若 $\begin{cases} \omega_{c0} > \omega_c^* \\ \gamma_0 < \gamma^* \end{cases}$，并且在 ω_c^* 处满足

$$\gamma_0(\omega_c^*) = 180° + \underline{/G_0(j\omega_c^*)} \geqslant \gamma^* + 6° \qquad (6-15)$$

则可以采用滞后校正。若用滞后校正不能达到设计要求，则试用"滞后-超前"校正。

(4) 确定校正后系统的截止频率 ω_c。确定满足条件 $\gamma_0(\omega_{c1}) = \gamma^* + 60°$ 的频率 ω_{c1}。根据情况选择 ω_c，使 ω_c 满足 $\omega_c^* \leqslant \omega_c \leqslant \omega_{c1}$（建议取 $\omega_c = \omega_{c_1}$，以使校正装置物理上容易实现）。

(5) 设计滞后校正装置的传递函数 $G_C(s)$。在选定的校正后系统截止频率 ω_c 处作垂直线交 $L_0(\omega)$ 于点 A，确定点 A 关于 0 dB 线的镜像点 B，过点 B 作水平线，在 $\omega_C = 0.1\omega_c$ 处确定点 C，过该点作 -20 dB/dec 线交 0 dB 于点 D，对应频率为 ω_D，则校正后系统的传递函数可写为

$$G_C(s) = \frac{\dfrac{s}{\omega_C}+1}{\dfrac{s}{\omega_D}+1} \qquad (6-16)$$

(6) 验算。写出校正后系统的开环传递函数 $G(s) = G_C(s)G_0(s)$，验算相角裕度 γ 和幅值裕度 h 是否满足

$$\begin{cases} \gamma = 180° + \underline{/G(\omega_c)} \geqslant \gamma^* \\ h \geqslant h^* \end{cases}$$

否则重新进行设计。

以下举例说明滞后校正的具体过程。

例 6-2 设单位反馈系统的开环传递函数为

$$G_0(s) = \frac{K}{s(0.1s+1)(0.2s+1)}$$

试设计校正装置 $G_c(s)$，使校正后系统满足如下指标：

(1) 速度误差系数 $K_v^* = 30$；

(2) 开环系统截止频率 $\omega_c^* \geqslant 2.3 \text{ rad/s}$；

(3) 相角裕度 $r^* \geqslant 40°$；

(4) 幅值裕度 $h^* \geqslant 10 \text{ dB}$。

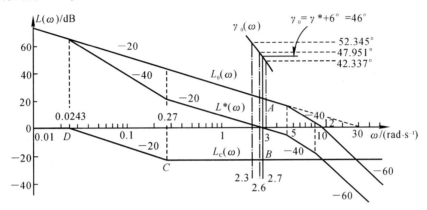

图 6-8 频率法滞后校正过程

解 由条件(1)可得 $K = K_v^* = 30$。

作出未校正系统的开环对数幅频特性曲线 $L_0(\omega)$ 如图 6-8 所示。设未校正系统的截止频率为 ω_{c0}，则应有

$$|G(\omega_{c0})| \approx \frac{30}{\omega_{c0} \dfrac{\omega_{c0}}{10} \dfrac{\omega_{c0}}{5}} \approx 1$$

可解出未校正系统的截止频率为

$$\omega_{c0} = 11.45 \text{ (rad/s)} > \omega_c^* = 2.3 \text{ (rad/s)}$$

未校正系统的相位裕度为

$$\gamma = 180° + \underline{/G_0(j\omega_{c0})} = 90° - \arctan 0.1\omega_{c0} - \arctan 0.2\omega_{c0} =$$
$$90° - 48.9° - 66.4° = -25.28° \ll \gamma^* = 40°$$

显然，用一级超前校正达不到 γ^* 的要求。在 ω_c^* 处，系统自身的相角储备量为

$$\gamma_0(\omega_c^*) = 180° + \underline{/G_0(j\omega_c^*)} = 52.345° > \gamma^* + 6° = 46°$$

因此可采用滞后校正。为了不用画出准确的对数相频曲线 $\varphi_0(\omega)$ 而找出满足条件

$$\gamma_0(\omega_{c1}) = \gamma^* + 6° = 46°$$

的频率 ω_{c1}，采用试探法：

在 $\omega = 3$ 处： $\gamma_0(3) = 180° + \underline{/G_0(j3)} = 42.337°$

在 $\omega = 2.6$ 处： $\gamma_0(2.6) = 180° + \underline{/G_0(j2.6)} = 47.951°$

利用已得到的 3 组试探值画出 $\gamma_0(\omega)$ 在 ω_c 附近较准确的局部（比例放大）图，如图 5-70 中 $\gamma_0(\omega)$ 所示。在 $\gamma_0(\omega) = \gamma^* + 6° = 46°$ 处反查出对应的频率 $\omega_{c1} = 2.7$，则可确定校正后系统截止频率的取值范围为

$$2.3 \text{ (rad/s)} = \omega_c^* \leqslant \omega_c \leqslant \omega_{c1} = 2.7 \text{ (rad/s)}$$

取 $\omega_c = 2.7 \text{ (rad/s)}$。在 ω_c 处作垂直线交 $L(\omega)$ 于 A 点，确定 A 关于 0 dB 线的镜像点 B；过点

B 作水平线,在 $\omega_C = 0.1\omega_c$ 处确定点 C;过点 C 作 -20 dB/dec 线交 0 dB 于点 D,对应频率为 ω_D,则

C 点频率:$\qquad \omega_C = 0.1\omega_c = 0.1 \times 2.7 = 0.27\ (\mathrm{rad/s})$

D 点频率:$\qquad \dfrac{30}{2.7} = \dfrac{\omega_C}{\omega_D} \Rightarrow \omega_D = \dfrac{0.27 \times 2.7}{30} = 0.024\ 3\ (\mathrm{rad/s})$

所以校正装置的传递函数为

$$G_C(s) = \frac{\dfrac{s}{\omega_C} + 1}{\dfrac{s}{\omega_D} + 1} = \frac{\dfrac{s}{0.27} + 1}{\dfrac{s}{0.024\ 3} + 1}$$

以下进行指标验算。校正后系统的开环传递函数为

$$G(s) = G_C(s)G_0(s) = \frac{30\left(\dfrac{s}{0.27} + 1\right)}{s(0.1s + 1)(0.2s + 1)\left(\dfrac{s}{0.024\ 3} + 1\right)}$$

校正后系统指标如下:

$$K = 30 = K_v^*$$

$$\omega_c = 2.7\ (\mathrm{rad/s}) > \omega_c^* = 2.3\ (\mathrm{rad/s})$$

$$\gamma^* = 180° + \underline{/G(\mathrm{j}\omega_c)} = 180° + \arctan\frac{2.7}{0.27} - 90° - \arctan(0.1 \times 2.7) -$$

$$\arctan(0.2 \times 2.7) - \arctan\frac{2.7}{0.024\ 3} = 41.3° > 40°$$

求出相角交界频率 $\omega_g = 6.8$,校正后系统的幅值裕度为

$$h = -20\lg |G^*(\omega_g)| = 10.5\ \mathrm{dB} > h^*$$

设计指标全部满足。

图 6-8 中画出了校正装置以及校正前后系统的对数幅频特性曲线,校正前 $L_0(\omega)$ 以 -60 dB/dec 穿过 0 dB/dec 线,系统不稳定;校正后 $L^*(\omega)$ 则以 -20 dB/dec 穿过 0 dB 线,γ 明显增加,系统相对稳定性得到显著改善;然而校正后 ω_c 比校正前 ω_{c0} 降低。因此,滞后校正以牺牲截止频率换取了相角裕度的提高。另外,由于滞后网络幅值衰减,所以校正后系统 $L^*(\omega)$ 曲线高频段降低,抗高频干扰能力提高。

6.3　串联滞后-超前校正

1.滞后-超前校正网络特性

无源滞后-超前网络的电路图如图 6-9(a) 所示,其传递函数为

$$G_c(s) = \frac{(1 + T_a s)(1 + T_b s)}{T_a T_b s^2 + (T_a + T_b + T_{ab})s + 1} \qquad (6-17)$$

式中,$T_a = R_1 C_1$;$T_b = R_2 C_2$;$T_{ab} = R_1 C_2$。

设置参数使式(6-17)的分母二项式对应两个不相等的负实根,则式(6-17)可以写为

$$G_c(s) = \frac{(1 + T_a s)(1 + T_b s)}{(1 + T_1 s)(1 + T_2 s)} \qquad (6-18)$$

可得

$$T_1 T_2 = T_a T_b$$

$$T_1 + T_2 = T_a + T_b + T_{ab}$$

设
$$T_1 > T_a, \quad \frac{T_a}{T_1} = \frac{T_2}{T_b} = \frac{1}{a}$$

式中,$a > 1$,则有

$$T_1 = aT_a, \quad T_2 = \frac{T_b}{a}$$

于是,无源滞后-超前网络的传递函数最后可表示为

$$G_c(s) = \frac{(1 + T_a s)(1 + T_b s)}{(1 + aT_a s)\left(1 + \frac{T_b}{a}s\right)} \tag{6-19}$$

其中,$(1 + T_a s)/(1 + aT_a s)$为网络的滞后部分;$(1 + T_b s)/(1 + T_b s/a)$为网络的超前部分。无源滞后-超前网络的对数幅频渐近特性如图6-9(b)所示。

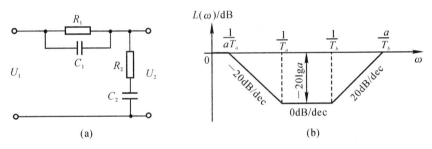

图6-9　无源滞后-超前网络及其特性

2.串联滞后-超前校正

滞后-超前校正的实质是综合利用超前网络的相角超前特性和滞后网络幅值衰减特性来改善系统的性能。假设未校正系统的开环传递函数为$G_0(\omega)$。给定系统指标为$e_{ss}^*,\omega_c^*,\gamma^*,h^*$。可以按照以下步骤设计滞后-超前校正装置。

（1）根据系统的稳态误差e_{ss}^*要求确定系统开环增益K。

（2）计算未校正系统的频率指标,决定应采用的校正方式。

由K绘制未校正系统的开环对数幅频特性$L_0(\omega)$,确定校正前系统的ω_{c0}和γ_0。当$\gamma_0 < \gamma^*$时,用超前校正所需要的最大超前角$\varphi_m > 60°$;而用滞后校正在ω_c^*处系统又没有足够的相角储备量,即

$$\gamma_0(\omega_c^*) = 180° + \underline{/G_0(\omega_c^*)} < \gamma^* + 6°$$

因而分别用超前、滞后校正均不能达到目的时,可以考虑用滞后-超前校正。

（3）校正设计。

1）选择校正后系统的截止频率$\omega_c = \omega_c^*$,计算ω_c处系统需要的最大超前角,即

$$\varphi_m(\omega_c) = \gamma^* - \gamma_0(\omega_c) + 6° \tag{6-20}$$

式中,6°是为了补偿校正网络滞后部分造成的相角损失而预置的。计算超前部分参数,即

$$a = \frac{1 + \sin\varphi_{\mathrm{m}}}{1 - \sin\varphi_{\mathrm{m}}}$$

2）在 ω_c 处作一垂线，与 $L_0(\omega)$ 交于点 A，确定 A 关于 0 dB 线的镜像点 B。

3）以点 B 为中心作 $+20$ dB/dec 线，分别与 $\omega = \sqrt{a}\omega_c$，$\omega = \omega_c/\sqrt{a}$，两条垂直线交于点 C 和点 D（对应频率 $\omega_C = \sqrt{a}\omega_c$，$\omega_D = \omega_c\sqrt{a}$）。

4）从点 C 向右作水平线，从 C 点向左作水平线。

5）在过点 D 的水平线上确定 $\omega_E = 0.1\omega_C$ 的点 E；过点 E 作 -20 dB/dec 线交 0 dB 线于点 F，相应频率为 ω_F，则滞后-超前校正装置的传递函数为

$$G_c(s) = \frac{\dfrac{s}{\omega_D}+1}{\dfrac{s}{\omega_C}+1}\cdot\frac{\dfrac{s}{\omega_E}+1}{\dfrac{s}{\omega_F}+1} \qquad (6-21)$$

（4）验算。写出校正后系统的开环传递函数

$$G(s) = G_C(s)G_0(s)$$

计算校正后系统的 γ 和 h，若 $\gamma \geqslant \gamma^*$，$h \geqslant h^*$ 则结束，否则返回（3），调整参数重新设计。

下面举例说明滞后-超前校正的具体过程。

例 6-3 设单位反馈系统的开环传递函数为

$$G(s) = \frac{K}{s\left(\dfrac{s}{10}+1\right)\left(\dfrac{s}{60}+1\right)}$$

试设计校正装置 $G_C(s)$，使校正后系统满足以下指标：

（1）当 $r(t) = t$ 时，稳态误差 $e_{\mathrm{ss}}^* \leqslant 1/126$；

（2）开环系统截止频率 $\omega_c^* \geqslant 20$ rad/s；

（3）相角裕度 $r^* \geqslant 35°$。

解 （1）由稳态误差要求，得 $K \geqslant 126$，取 $K = 126$。

（2）绘制未校正系统的开环对数幅频曲线如图 6-10 中 $L_0(\omega)$ 所示。确定截止频率和相角裕度：

$$\omega_{c0} = \sqrt{10 \times 126} = 35.5 \ (\mathrm{rad/s})$$

$$\gamma_0 = 90° - \arctan\frac{35.5}{10} - \arctan\frac{35.5}{60} = 90° - 74.3° - 30.6° = -14.9°$$

原系统不稳定，原开环系统在 $\omega_c^* = 20$ (rad/s) 处相角储备量 $\gamma_c(\omega_c^*) = 8.13°$。该系统单独用超前或滞后校正都难以达到目标，所以确定采用滞后-超前校正。

（3）选择校正后系统的截止频率 $\omega_c' = \omega_c' = 20$，超前部分应提供的最大超前角为

$$\varphi_{\mathrm{m}} = \gamma^* - \gamma_c(\omega_c^*) + 6° = 35° - 8.13° + 6° = 32.87°$$

则

$$a = \frac{1 + \sin\varphi_{\mathrm{m}}}{1 - \sin\varphi_{\mathrm{m}}} = 3.4, \quad \sqrt{a} = \sqrt{3.4} = 1.85$$

在 $\omega_c = 20$ 处作垂线，与 $L_0(\omega)$ 交于点 A，确定 A 关于 0 dB 线的镜像点 B；以点 B 为中心作斜率为 $+20$ dB 的直线，分别与过 $\omega_C = \sqrt{a}\omega_c = 37$，$\omega_D = \omega_c/\sqrt{a} = 10.81$ 两条垂直线交于点 C 和

点 D，则

C 点频率：
$$\omega_C = \sqrt{a}\,\omega_c^* = 1.85 \times 20 = 37 \text{ rad/s}$$

D 点频率：
$$\omega_D = \frac{\omega_c^{*\,2}}{\omega_c} = \frac{400}{37} = 10.81 \text{ rad/s}$$

从点 C 向右作水平线，从点 D 向左作水平射线，在过 D 点的水平线上确定 $\omega_E = 0.1\omega_c$ 的点 E；过点 E 作斜率为 -20 dB/dec 的直线交 0 dB 线于点 F，相应频率为 ω_F，则

E 点频率：
$$\omega_E = 0.1\omega_c^* = 0.1 \times 20 = 2 \text{ rad/s}$$

DC 延长线与 0 dB 线交点处的频率
$$\omega_0 = \frac{\omega_{c0}^2}{\omega_c} = \frac{35.5^2}{20} = 63 \text{ rad/s}$$

F 点频率：
$$\omega_F = \frac{\omega_D \omega_E}{\omega_0} = \frac{10.81 \times 2}{63} = 0.343 \text{ rad/s}$$

故可写出校正装置传递函数

$$G_C(s) = \frac{\dfrac{s}{\omega_E} + 1}{\dfrac{s}{\omega_F} + 1} \cdot \frac{\dfrac{s}{\omega_D} + 1}{\dfrac{s}{\omega_C} + 1} = \frac{\left(\dfrac{s}{2} + 1\right)\left(\dfrac{s}{10.81} + 1\right)}{\left(\dfrac{s}{0.343}\right)\left(\dfrac{s}{37} + 1\right)}$$

以下进行验算。校正后系统开环传递函数为

$$G(s) = G_C(s)G_0(s) = \frac{126\left(\dfrac{s}{2} + 1\right)\left(\dfrac{s}{10.81} + 1\right)}{s\left(\dfrac{s}{10} + 1\right)\left(\dfrac{s}{60} + 1\right)\left(\dfrac{s}{0.343} + 1\right)\left(\dfrac{s}{37} + 1\right)}$$

校正后系统的截止频率、相位裕度为
$$\omega_c = 20 \text{ rad/s} = \omega_c^*$$
$$\gamma = 180° + \angle G(\mathrm{j}\omega_c) = 36.6° > 35° = \gamma^*$$

设计要求全部满足。图 6-10 中绘出了所设计的校正装置和校正前、后系统的开环对数幅频特性。可以看出滞后-超前校正是以 $\omega_c = \omega_c^*$ 为基点，在利用原系统的相角储备的基础上，用超前网络的超前角补偿不足部分，使校正后系统的相角裕度满足指标要求；滞后部分作用在于使校正后系统开环增益不变，保证 e_{ss}^* 指标满足要求。

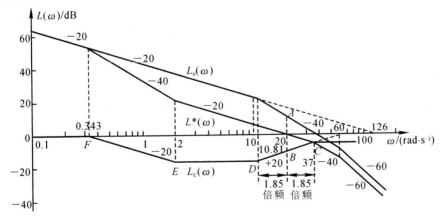

图 6-10　串联滞后-超前校正过程

6.4　串联 PID 校正

串联 PID 校正通常也称为 PID(比例＋积分＋微分)控制,它利用系统误差、误差的微分和积分信号构成控制规律,对被控对象进行调节,具有实现方便,成本低,效果好,适用范围广等优点,因而在工业过程控制中得到了广泛的应用。PID 控制采用不同的组合,可以实现 PD,PI 和 PID 不同的校正方式。

1. 比例-微分(PD)控制

比例-微分控制器的传递函数为

$$G_C(s) = K_P + T_D s = K_P\left(1 + \frac{T_D}{K_P}s\right) \tag{6-22}$$

式中,T_D 是微分时间常数。当 $K_P = 1$ 时,$G_C(s)$ 的频率特性为 $G_C(j\omega) = 1 + jT_D\omega$,对应的对数频率特性曲线见表 6-1。显然,PD 校正是相角超前校正。一方面,由于微分控制反映误差信号的变化趋势,具有"预测"能力,因此,它能在误差信号变化之前给出校正信号,防止系统出现过大的偏离和振荡,因而可以有效地改善系统的动态性能。另一方面,比例-微分校正抬高了高频段,使得系统抗高频干扰能力下降。

2. 比例-积分(PI)控制

比例-积分控制器的传递函数为

$$G_C(s) = K_P + \frac{1}{T_I s} = \frac{K_P T_I s + 1}{T_I s} \tag{6-23}$$

式中,T_I 是积分时间常数。当 $K_P = 1$ 时,$G_C(s)$ 的频率特性为 $G_C(j\omega) = \frac{1 + jT_I\omega}{jT_I\omega}$,对应的 Bode 图见表 6-1。一方面,PI 控制引入了积分环节,使系统型别增加一级,因而可以有效改善系统的稳态精度。另一方面,PI 控制器是相角滞后环节,相角的损失会降低系统的相对稳定度。

3. 比例-积分-微分(PID)控制

PID 控制器的传递函数为

$$G_C(s) = K_P + \frac{1}{T_I s} + T_D s = \frac{T_I T_D s^2 + K_P T_I s + 1}{T_I s} = \frac{\left(\frac{1}{T_1}s + 1\right)\left(\frac{1}{T_2}s + 1\right)}{T_I s} \tag{6-24}$$

当 $K_P = 1$ 时,$G_C(j\omega) = 1 + \frac{1}{jT_I\omega} + jT_D\omega$,对应的 Bode 图见表 6-1。从 Bode 图可以看出,PID 控制有滞后-超前校正的功效。当 $T_I > T_D$ 时,PID 控制在低频段起积分作用,可以改善系统的稳态性能;在中高频段则起微分作用,可以改善系统的动态性能。

表 6-1　PID 控制器特性

控制器	传递函数 $G_C(s)$	Bode 图
PD 控制器	$G_C(s) = K_P + K_D s = K_P\left(1 + \dfrac{T_D s}{K_P}\right)$	

续 表

控制器	传递函数 $G_C(s)$	Bode 图
PI 控制器	$G_C(s) = K_P + \dfrac{1}{K_1 s} = \dfrac{K_P T_1 s + 1}{T_1 s}$	
PID 控制器	$G_C(s) = K_P + \dfrac{1}{K_1 s} + T_D = \dfrac{T_1 T_D s^2 + K_P T_1 + 1}{T_1 s} = \dfrac{\left(\dfrac{1}{T_1}s + 1\right)\left(\dfrac{1}{T_2}s + 1\right)}{T_1 s}$	

　　PD,PI 和 PID 校正分别可以看成是超前、滞后和滞后-超前校正的特殊情况,因此 PID 控制器的设计完全可以利用频率校正方法来进行。

　　例 6 - 4　某单位反馈系统的开环传递函数为

$$G_0(s) = \frac{K}{(s+1)\left(\dfrac{s}{5}+1\right)\left(\dfrac{s}{30}+1\right)}$$

试设计 PID 控制器,使系统的稳态速度误差 $e_{ssv} \leqslant 0.1$,相角裕度 $\gamma^* \geqslant 67°$,截止频率 $\omega_c^* \geqslant 13.6$ rad/s。

　　解　由稳态速度误差要求可知,校正后的系统必须是 Ⅰ 型的,并且开环增益应该是

$$K = 1/e_{ssv} = 10$$

为校正方便起见,将 $K=10$ 放在校正装置中考虑,绘制未校正系统开环增益为 1 时的对数幅频特性 $L_0(\omega)$,如图 6-11 所示。

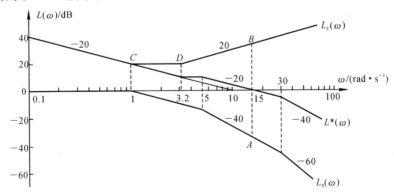

图 6 - 11　PID 串联校正

取校正后系统的截止频率 $\omega_c = 15$，在 ω_c 处作垂线与 $L_0(\omega)$ 交于点 A，找到点 A 关于 0 dB 线的镜像点 B，过点 B 作 $+20$ dB/dec 的直线。微分（超前）部分应提供的超前角为

$$\varphi_m = \gamma^* + \gamma(\omega_c) + 6° = 77.3° \approx 78°$$

在 $+20$ dB/dec 线上确定点 D（对应频率 ω_D），使 $\arctan(\omega_c / \omega_D) = 78°$，得

$$\omega_D = \omega_c / \tan 78° = 3.2 \ (\text{rad/s})$$

在点 D 向左引水平线。

根据稳态误差要求，绘制低频段渐近线：过点 $(1, 20\lg 10)$，斜率为 -20 dB/dec。低频段渐近线与经点 D 的水平线相交于点 C（对应频率 $\omega_C = 1$）。可以写出 PID 控制器的传递函数为

$$G_c(s) = \frac{10(s+1)\left(\dfrac{s}{3.2}+1\right)}{s} = \frac{10(0.312\,5s^2 + 1.312\,5s + 1)}{s}$$

以下验算。校正后系统的开环传递函数为

$$G(s) = G_c(s)G_0(s) = \frac{10\left(\dfrac{s}{3.2}+1\right)}{s\left(\dfrac{s}{5}+1\right)\left(\dfrac{s}{30}+1\right)}$$

校正后系统的截止频率 $\omega_c = 15 \ (\text{rad/s}) > 13.6 \ (\text{rad/s}) = \omega_c^*$，校正后系统的相角裕度为

$$\gamma = 180° + \underline{/G(\text{j}\omega_c)} = 180° + \arctan\frac{15}{3.2} - 90° - \arctan\frac{15}{5} - \arctan\frac{15}{30} =$$

$$69.8° > 67° = \gamma^*$$

系统指标完全满足。

应当注意，以上所述的各种频率校正方法原则上仅适用于单位反馈的最小相角系统。因为只有这样才能仅根据开环对数幅频特性来确定闭环系统的传递函数。对于非单位反馈系统，可以在原系统输入信号口附加 $H(s)$ 环节，将系统化为单位反馈系统（见图 6-12）来设计。

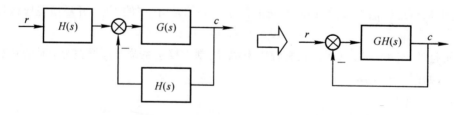

图 6-12　将非单位反馈系统转化为单位反馈系统

对非最小相角系统，则应同时将 $L(\omega)$，$\varphi(\omega)$ 画出来，综合考虑进行校正。

应当指出，串联频率校正方法是一种折中方法。因而对系统性能的改善是有条件的，不能保证对任何系统经频率法校正后都能满足指标要求。当用频率法校正达不到要求时，可以采用综合方法（如与前馈校正、反馈校正相结合）或采用现代控制理论设计方法。

本 章 小 结

频率法串联校正分为超前校正、滞后校正和滞后-超前校正三种。串联校正装置既可用 RC 无源网络来实现,又可用运算放大器组成的有源网络来实现。前者称为无源校正网络,后者称为有源校正网络。超前校正利用超前网络的相角超前特性,将其最大超前角补在校正后系统的截止频率处,同时提高相角裕度和截止频率两项指标,从而改善系统的动态性能。滞后校正利用滞后网络的幅值衰减特性,通过压低未校正系统的截止频率,挖掘系统自身的相角储备,提高校正后系统的相角裕度,以牺牲快速性来改善相对稳定性。滞后-超前校正则综合利用超前、滞后网络的长处,具有较大的灵活性,能达到更好的校正效果。PD,PI 和 PID 校正可以分别作为超前、滞后和滞后-超前校正来进行。串联频率校正方法原则上只适用于单位反馈的最小相角系统,非单位反馈系统应先化为单位反馈系统后再进行处理。

习　　题

6 - 1　设有单位反馈的火炮指挥仪伺服系统,其开环传递函数为

$$G(s) = \frac{K}{s(0.2s+1)(0.5s+1)}$$

若要求系统最大输出速度为 2 r/min,输出位置的容许误差小于 2°,试求:

(1) 确定满足上述指标的最小 K 值,计算该 K 值下系统的相角裕度和幅值裕度;

(2) 在前向通路中串接超前校正网络

$$G_c(s) = \frac{0.4s+1}{0.08s+1}$$

计算校正后系统的相角裕度和幅值裕度,说明超前校正对系统动态性能的影响。

6 - 2　设单位反馈系统的开环传递函数为

$$G(s) = \frac{K}{s(s+1)}$$

试设计一串联超前校正装置,使系统满足如下指标:

(1) 在单位斜坡输入下的稳态误差 $e_{ss} < 1/15$;

(2) 截止频率 $\omega_c \geqslant 7.5$ rad/s;

(3) 相角裕度 $\gamma \geqslant 45°$。

6 - 3　设单位反馈系统的开环传递函数为

$$G(s) = \frac{K}{s(s+1)(0.25s+1)}$$

要求校正后系统的静态速度误差系数 $K_v \geqslant 5$ rad/s,相角裕度 $\gamma \geqslant 45°$,试设计串联滞后校正装置。

6 - 4　设单位反馈系统的开环传递函数为

$$G(s) = \frac{40}{s(0.2s+1)(0.062\,5s+1)}$$

(1) 若要求校正后系统的相角裕度为 30°,幅值裕度为 10 ~ 12 dB,试设计串联超前校正装置;

（2）若要求校正后系统的相角裕度为 50°，幅值裕度为 30 ～ 40 dB，试设计串联滞后校正装置。

6-5　设单位反馈系统的开环传递函数为

$$G(s) = \frac{K}{s(s+1)(0.25s+1)}$$

要求校正后系统的静态速度误差系数 $K_v \geqslant 5$ rad/s，截止频率 $\omega_c \geqslant 2$ rad/s，相角裕度 $\gamma \geqslant 45°$，试设计串联校正装置。

6-6　已知一单位反馈控制系统，其被控对象 $G_0(s)$ 和串联校正装置 $G_c(s)$ 的对数幅频特性分别如图 6-13(a)(b)(c) 中 L_0 和 L_c 所示。要求：

（1）写出校正后各系统的开环传递函数；

（2）分析各 $G_c(s)$ 对系统的作用，并比较其优、缺点。

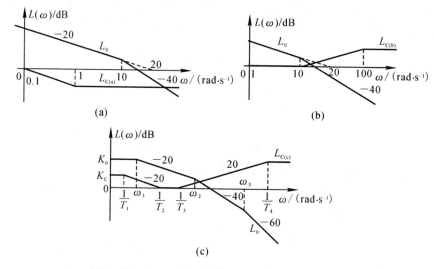

图 6-13　$G_0(s)$ 和 $G_c(s)$ 的对数幅频特性 Bode 图

6-7　设单位反馈系统的开环传递函数为

$$G(s) = \frac{K}{s(s+3)(s+9)}$$

（1）若要求系统在单位阶跃输入作用下的超调量 $\sigma\% = 20\%$，试确定 K 值；

（2）根据所求得的 K 值，求出系统在单位阶跃输入作用下的调节时间 t_s，以及静态速度误差系数 K_v；

（3）设计一串联校正装置，使系统的 $K_v \geqslant 20$，$\sigma\% \leqslant 17\%$，t_s 减小到校正前系统调节时间的一半以内。

6-8　图 6-14 所示为三种推荐的串联校正网络的对数幅频特性，它们均由最小相角环节组成。若原控制系统为单位反馈系统，其开环传递函数为

$$G(s) = \frac{400}{s^2(0.01s+1)}$$

试问：

（1）这些校正网络中，哪一种可使校正后系统的稳定程度最好？

（2）为了将 12 Hz 的正弦噪声削弱 1/10 左右，你确定采用哪种校正网络？

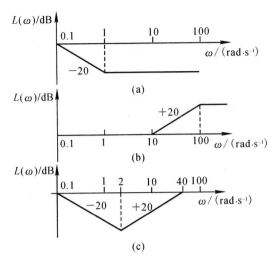

图 6-14   串联校正网络的对数幅频特性图

第7章　线性离散系统

前 6 章讨论了线性连续控制系统的分析与校正,本章主要介绍线性离散控制系统的分析。如果控制系统中有一处或几处信号是一串脉冲或数码,则这样的系统称为离散时间控制系统,简称离散系统。

基于工程实践的需要,作为分析与设计离散系统的基础理论,离散系统控制理论的发展非常迅速。离散系统与连续系统相比,既有本质上的不同,又有分析研究方面的相似性。利用 z 变换法研究离散系统,可以把连续系统中的许多概念和方法,推广应用于离散系统。

7.1　离散系统

通常,当离散控制系统中的离散信号是脉冲序列形式时,称为采样控制系统或脉冲控制系统;而当离散系统中的离散信号是数码序列形式时,称为数字控制系统或计算机控制系统。在理想采样及忽略量化误差的情况下,数字控制系统近似于采样控制系统,将它们统称为离散系统,这使得采样控制系统与数字控制系统的分析与综合在理论上统一了起来。

7.1.1　采样控制系统

根据采样器在系统中所处的位置不同,可以构成各种采样系统。用得最多的是误差采样控制的闭环采样系统,其典型结构图如图 7-1 所示。图中,S 为采样开关,$G_h(s)$ 为保持器的传递函数,$G_0(s)$ 为被控对象的传递函数,$H(s)$ 为测量元件的传递函数。

1. 信号采样

在如图 7-1 所示的采样控制系统中,把连续信号转变为脉冲序列的过程称为采样过程,简称采样。实现采样的装置称为采样器,或采样开关。用 T 表示采样周期,单位为 s。$f_s = 1/T$ 表示采样频率,单位为 $1/s$;$\omega_s = 2\pi f_s = 2\pi/T$ 表示采样角频率,单位为 rad/s。在实际应用中,采样开关多为电子开关,闭合时间极短,采样持续时间 τ 远小于采样周期 T,也远小于系统连续部分的最大时间常数。为了简化分析,可将采样过程理想化:认为 τ 趋于零,其采样瞬时的脉冲强度等于相应采样瞬时误差信号 $e(t)$ 的幅值,理想采样开关输出的采样信号为脉冲序列 $e^*(t)$,$e^*(t)$ 在时间上是断续的,而在幅值上是连续的,是离散的模拟信号。

2. 信号复现

在如图 7-1 所示的采样控制系统中,把脉冲序列转变为连续信号的过程称为信号复现。实现复现过程的装置称为保持器。因为采样器输出的是脉冲序列 $e^*(t)$,如果直接加到连续系统上,则 $e^*(t)$ 中的高频分量会给系统中的连续部分引入噪声,影响控制质量,严重时还会加剧机械部件的磨损,因此,需要在采样器后面串联一个保持器,以使脉冲序列 $e^*(t)$ 复原成连续信号,再加到系统的连续部分。最简单的保持器是零阶保持器,它将脉冲序列 $e^*(t)$ 复现为阶梯信号 $e_h(t)$。当采样频率足够高时,$e_h(t)$ 接近于连续信号 $e(t)$。

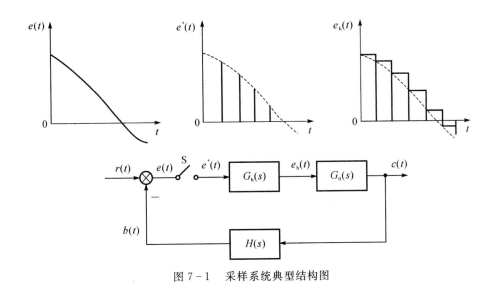

图 7 - 1　采样系统典型结构图

7.1.2　数字控制系统

近年来,由于计算机科学与技术的迅速发展,以数字计算机为控制器的数字控制系统以其独特的优势在许多场合取代了模拟控制器,数字控制系统具有一系列的优越性,因而得到了广泛的应用。

数字控制系统的典型原理图如图 7 - 2 所示。它由工作于离散状态下的计算机(数字控制器)$G_c(s)$,工作于连续状态下的被控对象 $G_0(s)$ 和测量元件 $H(s)$ 组成。在每个采样周期中,计算机先对连续信号进行采样编码(即 A/D 转换),然后按控制律进行数码运算,最后将计算结果通过 D/A 转换器转换成连续信号控制被控对象。因此,A/D 转换器和 D/A 转换器是计算机控制系统中的两个特殊环节。

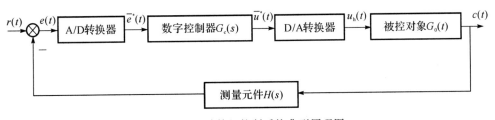

图 7 - 2　计算机控制系统典型原理图

1. A/D 转换器

A/D 转换器是把连续的模拟信号转换为离散数字信号的装置。A/D 转换包括两个过程:一是采样过程,即每隔 T s 对连续信号 $e(t)$ 进行一次采样,得到采样信号 $e^*(t)$ 如图7-3所示;二是量化过程,在计算机中,任何数值都用二进制表示,因此,幅值上连续的离散信号 $e^*(t)$ 必须经过编码表示成最小二进制数的整数倍,成为离散数字信号 $\bar{e}^*(t)$,这样才能进行运算。数字计算机中的离散数字信号 $\bar{e}^*(t)$ 不仅在时间上是断续的,而且在幅值上也是按最小量化单位断续取值的。

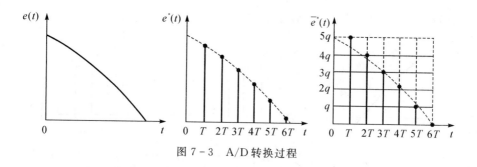

图 7-3　A/D 转换过程

2. D/A 转换器

D/A 转换器是把离散的数字信号转换为连续模拟信号的装置。D/A 转换也有两个过程：一是解码过程，把离散数字信号 $\bar{u}^*(t)$ 转换为离散的模拟信号 $u^*(t)$，如图7-4所示；二是复现过程，经过保持器将离散模拟信号复现为连续模拟信号 $u_{\mathrm{h}}(t)$。

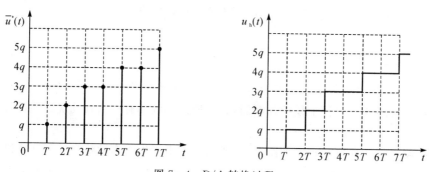

图 7-4　D/A 转换过程

7.1.3　数字控制系统与采样控制系统的关系

通常，A/D 转换器有足够的字长来表示数码，则量化单位 q 足够小。例如，字长为16位的 A/D 转换器，若输入模拟量的最大幅值为 5 V，则量化单位 $q=\dfrac{5}{65\ 536}=0.076\ 3$ mV，故由量化引起的幅值的断续性（即量化误差）可以忽略。此外，若认为采样编码过程瞬时完成，并用理想脉冲来等效代替数字信号，则 A/D 转换器就可以用一个每隔 T s 瞬时闭合一次的理想采样开关 S 来表示。同理，将数字量转换为模拟量的 D/A 转换器可以用保持器取代，其传递函数为 $G_{\mathrm{h}}(s)$。这样，数字控制系统等效于采样控制系统（统称离散系统），可用图7-5所示的等效结构图表示。

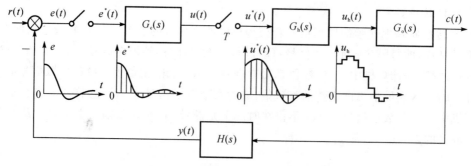

图 7-5　计算机控制系统的等效结构图

7.1.4　离散控制系统的特点

信号采样后,采样点间信息会丢失,而且采样信号经保持器输出后会有一定的延迟,因此,与连续系统相比,在确定的条件下,离散控制系统的性能会有所降低。然而数字化带来的好处显而易见,离散控制系统较之相应的连续系统具有以下优点。

(1) 由数字计算机构成的数字控制器,控制律由软件实现,因此,与连续式控制装置相比,控制规律修改调整方便,控制灵活。

(2) 数字信号的传递可以有效地抑制噪声,从而提高了系统的抗扰能力。

(3) 可以采用高灵敏度的控制元件,提高系统的控制精度。

(4) 可用一台计算机分时控制若干个系统,提高设备的利用率,经济性好。

7.1.5　离散系统的研究方法

在离散系统中,系统的一处或多处信号是脉冲序列或数码,控制的过程是不连续的,不能沿用连续系统的研究方法。研究离散系统的工具是 z 变换,通过 z 变换,可以把人们熟悉的传递函数、频率特性和根轨迹法等概念应用于离散系统。

7.2　信号采样与保持

采样器与保持器是离散系统的两个基本环节,为了定量研究离散系统,必须用数学方法对信号的采样过程和保持过程加以描述。

7.2.1　信号采样

1. 采样信号的数学表示

一个理想采样器可以看成是一个载波为理想单位脉冲序列 $\delta_T(t)$ 的幅值调制器,即理想采样器的输出信号 $e^*(t)$,是连续输入信号 $e(t)$ 调制在载波 $\delta_T(t)$ 上的结果,如图 7-6 所示。

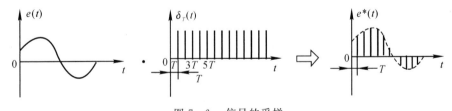

图 7-6　信号的采样

用数学表达式描述上述调制过程,则有

$$e^*(t) = e(t)\delta_T(t) \tag{7-1}$$

理想单位脉冲序列 $\delta_T(t)$ 可以表示为

$$\delta_T(t) = \sum_{n=0}^{\infty} \delta(t-nT) \tag{7-2}$$

其中 $\delta(t-nT)$ 是出现在 $t=nT$ 时刻,强度为 1 的单位脉冲,故式(7-1)可以写为

$$e^*(t) = e(t) \sum_{n=0}^{\infty} \delta(t-nT)$$

由于 $e(t)$ 的数值仅在采样瞬时才有意义,同时,假设

$$e(t) = 0 \quad (\forall t < 0)$$

所以 $e^*(t)$ 又可表示为

$$e^*(t) = \sum_{n=0}^{\infty} e(nT)\delta(t - nT) \tag{7-3}$$

2. 采样信号的拉氏变换

对采样信号 $e^*(t)$ 进行拉氏变换,可得

$$E^*(s) = \mathscr{L}[e^*(t)] = \mathscr{L}[\sum_{n=0}^{\infty} e(nT)\delta(t - nT)] = \sum_{n=0}^{\infty} e(nT)\mathscr{L}[\delta(t - nT)] \tag{7-4}$$

根据拉氏变换的位移定理,有

$$\mathscr{L}[\delta(t - nT)] = e^{-nTs} \int_0^{\infty} \delta(t) e^{-st} dt = e^{-nTs}$$

因此,采样信号的拉氏变换为

$$E^*(s) = \sum_{n=0}^{\infty} e(nT) e^{-nTs} \tag{7-5}$$

3. 连续信号与采样信号频谱的关系

由于采样信号只包括连续信号采样点上的信息,所以采样信号的频谱与连续信号的频谱相比,要发生变化。

式(7-2)表明,理想单位脉冲序列 $\delta_T(t)$ 是周期函数,可以展开为傅氏级数的形式,即

$$\delta_T(t) = \sum_{n=-\infty}^{+\infty} c_n e^{jn\omega_s t} \tag{7-6}$$

式中,$\omega_s = 2\pi/T$,为采样角频率;c_n 是傅氏系数,其值为

$$c_n = \frac{1}{T} \int_{-T/2}^{T/2} \delta_T(t) e^{-jn\omega_s t} dt$$

由于在 $[-T/2, T/2]$ 区间中,$\delta_T(t)$ 仅在 $t = 0$ 时有值,且 $e^{-jn\omega_s t} \mid_{t=0} = 1$,所以

$$c_n = \frac{1}{T} \int_{0_-}^{0_+} \delta(t) dt = \frac{1}{T} \tag{7-7}$$

将式(7-7)代入式(7-6),得

$$\delta_T(t) = \frac{1}{T} \sum_{n=-\infty}^{+\infty} e^{jn\omega_s t} \tag{7-8}$$

再把式(7-8)代入式(7-1),有

$$e^*(t) = \frac{1}{T} \sum_{n=-\infty}^{+\infty} e(t) e^{jn\omega_s t} \tag{7-9}$$

式(7-9)两边取拉氏变换,由拉氏变换的复数位移定理,得到

$$E^*(s) = \frac{1}{T} \sum_{n=-\infty}^{+\infty} E(s + jn\omega_s) \tag{7-10}$$

令 $s = j\omega$,得到采样信号 $e^*(t)$ 的傅氏变换

$$E^*(j\omega) = \frac{1}{T} \sum_{n=-\infty}^{+\infty} E[j(\omega + n\omega_s)] \tag{7-11}$$

其中,$E(j\omega)$ 为非周期连续信号 $e(t)$ 的傅氏变换,即

$$E(\mathrm{j}\omega) = \int_{-\infty}^{+\infty} e(t)\mathrm{e}^{-\mathrm{j}\omega}\mathrm{d}t \qquad (7-12)$$

它的频谱$|E(\mathrm{j}\omega)|$是频域中的非周期连续信号,如图7-7所示,其中ω_h为频谱$|E(\mathrm{j}\omega)|$中的最大角频率。

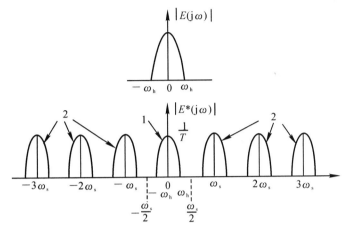

图 7-7　连续信号频谱$|E(\mathrm{j}\omega)|$与采样信号频谱$|E^*(\mathrm{j}\omega)|$($\omega_\mathrm{s} > 2\omega_\mathrm{h}$)的比较

采样信号$e^*(t)$的频谱$|E^*(\mathrm{j}\omega)|$,是连续信号频谱$|E(\mathrm{j}\omega)|$以采样角频率ω_s为周期的无穷多个频谱的延拓,如图7-7所示。其中,$n=0$的频谱称为采样频谱的主分量,如曲线 1 所示,它与连续频谱$|E(\mathrm{j}\omega)|$形状一致,仅在幅值上变化了$1/T$,其余频谱($n=\pm1,\pm2,\cdots$)都是由于采样而引起的高频频谱。图7-7表明的是采样角频率ω_s大于两倍ω_h的情况,采样频谱中没有发生频率混叠,利用图7-8所示的理想低通滤波器可恢复原来连续信号的频谱。如果

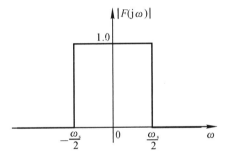

图 7-8　理想低通滤波器的频率特性

加大采样周期T,采样角频率ω_s相应减小,当$\omega_\mathrm{s} < 2\omega_\mathrm{h}$时,采样频谱的主分量与高频分量会产生频谱混叠,如图7-9所示。这时,即使采用理想滤波器也无法恢复原来连续信号的频谱。因此,要从采样信号$e^*(t)$中完全复现出采样前的连续信号$e(t)$,对采样角频率ω_s应有一定的要求。

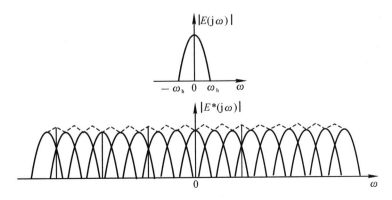

图 7-9　连续信号频谱$|E(\mathrm{j}\omega)|$与采样信号频谱$|E^*(\mathrm{j}\omega)|$($\omega_\mathrm{s} < 2\omega_\mathrm{h}$)的比较

4.香农采样定理

香农采样定理指出:如果采样器的输入信号 $e(t)$ 具有有限带宽,即有直到 ω_h 的频率分量,若要从采样信号 $e^*(t)$ 中完整地恢复信号 $e(t)$,则模拟信号的采样角频率 ω_s 或采样周期 T 必须满足下列条件:

$$\omega_s \geqslant 2\omega_h \quad 或 \quad T \leqslant \frac{\pi}{\omega_h} \tag{7-13}$$

由图7-7可见,在满足香农采样定理的条件下,要想不失真地将采样器输出信号复现成原来的连续信号,需要采用图7-8所示的理想低通滤波器,然而理想低通滤波器物理上不可实现,因此工程上常用零阶保持器。

在设计离散控制系统时,香农采样定理是必须严格遵守的一条准则,它指明了从采样信号中不失真地复现原连续信号的采样周期 T 的上界或采样角频率 ω_s 的下界。

7.2.2 零阶保持器

为了对连续信号进行控制,需要使用保持器将控制器输出的离散信号转换为连续信号。在工程实践中,普遍采用零阶保持器。零阶保持器把前一采样时刻 nT 的采样值 $e(nT)$ 一直保持到下一采样时刻 $(n+1)T$ 到来之前。

给零阶保持器输入一个理想单位脉冲 $\delta(t)$,则其单位脉冲响应函数 $g_h(t)$ 是幅值为1,持续时间为 T 的矩形脉冲,如图7-10所示,它可分解为两个单位阶跃函数的和,即

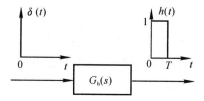

$$g_h(t) = 1(t) - 1(t-T) \tag{7-14}$$

对脉冲响应函数 $g_h(t)$ 取拉氏变换,可得零阶保持器的传递函数

图7-10 零阶保持器的脉冲响应

$$G_h(s) = \frac{1}{s} - \frac{e^{-Ts}}{s} = \frac{1-e^{-Ts}}{s} \tag{7-15}$$

在式(7-15)中,令 $s = j\omega$,得零阶保持器的频率特性为

$$G_h(j\omega) = \frac{1-e^{-j\omega T}}{j\omega} = \frac{2e^{-j\omega t/2}(e^{j\omega t/2}-e^{-j\omega t/2})}{2j\omega} = T\frac{\sin(T\omega/2)}{T\omega/2}e^{-jT\omega/2} \tag{7-16}$$

若以采样角频率 $\omega_s = 2\pi/T$ 来表示,则式(7-16)可表示为

$$G_h(j\omega) = \frac{2\pi}{\omega_s}\frac{\sin\pi(\omega/\omega_s)}{\pi(\omega/\omega_s)}e^{-j\pi(\omega/\omega_s)} \tag{7-17}$$

根据式(7-17),可画出零阶保持器的幅频特性 $|G_h(j\omega)|$ 和相频特性 $\underline{/G_h(j\omega)}$。其频率特性如图7-11所示。由图可见,零阶保持器具有如下特性:

(1)低通特性:由于幅频特性的幅值随频率值的增大而迅速衰减,说明零阶保持器基本上是一个低通滤波器,但与理想滤波器特性相比,当 $\omega = \omega_s/2$ 时,其幅值只有初值的63.7%。零阶保持器除允许主要频谱分量通过外,还允许部分高频频谱分量通过,从而造成数字控制系统的输出频谱在高频段存在纹波。

(2)相角滞后特性:由相频特性可见,零阶保持器要产生相角滞后,且随 ω 的增大而加大,在 $\omega = \omega_s$ 处,相角滞后可达 $-180°$,从而使系统的稳定性变差。

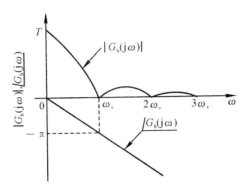

图 7-11　零阶保持器的频率特性

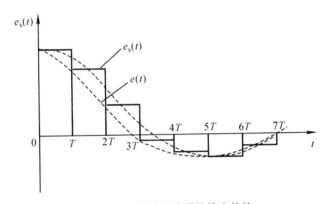

图 7-12　零阶保持器的输出特性

　　零阶保持器使采样信号 $e^*(t)$ 变成阶梯信号 $e_h(t)$。如果把阶梯信号 $e_h(t)$ 的中点连接起来,如图 7-12 中点画线所示,则可以得到与连续信号 $e(t)$ 形状一致但在时间上落后 $T/2$ 的响应 $e(t-T/2)$,相当于给系统增加了一个延迟时间为 $T/2$ 的延迟环节,使系统总的相角滞后增大,对系统的稳定性不利,这与前面零阶保持器相频分析结果是一致的。

7.3　z 变 换 理 论

　　z 变换是从拉氏变换引申出来的一种变换方法,是研究线性离散系统的重要数学工具。

7.3.1　z 变换定义

　　由式(7-5),采样信号 $e^*(t)$ 的拉氏变换为

$$E^*(s) = \sum_{n=0}^{\infty} e(nT) \mathrm{e}^{-nsT} \tag{7-18}$$

可见 $E^*(s)$ 为 s 的超越函数。为便于应用,进行变量代换,即

$$z = \mathrm{e}^{sT} \tag{7-19}$$

　　将式(7-19)代入式(7-18),则采样信号 $e^*(t)$ 的 z 变换定义为

$$E(z) = E^*(s) \big|_{s=\frac{1}{T}\ln z} = \sum_{n=0}^{\infty} e(nT) z^{-n} \tag{7-20}$$

有时也将 $E(z)$ 记为

$$E(z) = \mathscr{Z}[e^*(t)] = \mathscr{Z}[e(t)] = \mathscr{Z}[E(s)] \tag{7-21}$$

这些都表示对离散信号 $e^*(t)$ 的 z 变换。

7.3.2 z 变换方法

常用的 z 变换方法有级数求和法和部分分式法。z 变换定义式(7-20)有明确的物理意义：变量 z^{-n} 的系数代表连续时间函数在采样时刻 nT 上的采样值。

1. 级数求和法

根据 z 变换的定义，将连续信号 $e(t)$ 按周期 T 进行采样，将采样点处的值代入式(7-20)，可得

$$E(z) = e(0) + e(T)z^{-1} + e(2T)z^{-2} + \cdots + e(nT)z^{-n} + \cdots$$

再求出上式的闭合形式，即可求得 $E(z)$。

例 7-1 对连续时间函数

$$e(t) = \begin{cases} a^t & (t \geqslant 0) \\ 0 & (t < 0) \end{cases}$$

按周期 $T = 1$ 进行采样，可得

$$e(n) = \begin{cases} a^n & (n \geqslant 0) \\ 0 & (n < 0) \end{cases}$$

试求 $E(z)$。

解 按式(7-20) z 变换的定义，有

$$E(z) = \sum_{n=0}^{\infty} e(nT)z^{-n} = \sum_{n=0}^{\infty} (az^{-1})^n = 1 + az^{-1} + (az^{-1})^2 + (az^{-1})^3 + \cdots$$

若 $|z| > |a|$，则无穷级数是收敛的，利用等比级数求和公式，可得闭合形式为

$$E(z) = \frac{z}{z-a} \quad (|z| > |a|)$$

2. 部分分式法（查表法）

已知连续信号 $e(t)$ 的拉氏变换 $E(s)$，将 $E(s)$ 展开成部分分式之和，即

$$E(s) = E_1(s) + E_2(s) + \cdots + E_n(s)$$

且每一个部分分式 $E_i(s)$，$i = 1, 2, \cdots, n$，都是 z 变换表中所对应的标准函数，其 z 变换即可查表得出

$$E(z) = E_1(z) + E_2(z) + \cdots + E_n(z)$$

例 7-2 已知连续函数的拉氏变换为

$$E(s) = \frac{s+2}{s^2(s+1)}$$

试求相应的 z 变换 $E(z)$。

解 将 $E(s)$ 展成部分分式，可得

$$E(s) = \frac{2}{s^2} - \frac{1}{s} + \frac{1}{s+1}$$

对上式逐项查 z 变换表，可得

$$E(z) = \frac{2Tz}{(z-1)^2} - \frac{z}{z-1} + \frac{z}{z-\mathrm{e}^{-T}} = \frac{(2T + \mathrm{e}^{-T} - 1)z^2 + [1 - \mathrm{e}^{-T}(2T+1)]z}{(z-1)^2(z - \mathrm{e}^{-T})}$$

7.3.3　z 变换的基本定理

应用 z 变换的基本定理,可以使 z 变换的应用变得简单方便,下面介绍常用的几种 z 变换定理。

1. 线性定理

若 $E_1(z) = \mathscr{Z}[e_1(t)]$,$E_2(z) = \mathscr{Z}[e_2(t)]$,$a,b$ 为常数,则

$$\mathscr{Z}[ae_1(t) \pm be_2(t)] = aE_1(z) \pm bE_2(z) \tag{7-22}$$

证明　由 z 变换定义,可得

$$\mathscr{Z}[ae_1(t) \pm be_2(t)] = \sum_{n=0}^{\infty}[ae_1(nT) \pm be_2(nT)]z^{-n} = a\sum_{n=0}^{\infty}e_1(nT)z^{-n} \pm b\sum_{n=0}^{\infty}e_2(nT)z^{-n} = aE_1(z) \pm bE_2(z)$$

式 (7-22) 表明,z 变换是一种线性变换,其变换过程满足齐次性与均匀性。

2. 实数位移定理

实数位移是指整个采样序列 $e(nT)$ 在时间轴上左右平移若干采样周期,其中向左平移 $e(nT + kT)$ 为超前,向右平移 $e(nT - kT)$ 为滞后。实数位移定理表示如下:如果函数 $e(t)$ 是可 z 变换的,其 z 变换为 $E(z)$,则有滞后定理:

$$\mathscr{Z}[e(t - kT)] = z^{-k}E(z) \tag{7-23}$$

以及超前定理:

$$\mathscr{Z}[e(t + kT)] = z^k\left[E(z) - \sum_{n=0}^{k-1}e(nT)z^{-n}\right] \tag{7-24}$$

其中,k 为正整数。

证明式 (7-23),由 z 变换定义可知

$$\mathscr{Z}[e(t - kT)] = \sum_{n=0}^{\infty}e(nT - kT)z^{-n} = z^{-k}\sum_{n=0}^{\infty}e[(n-k)T]z^{-(n-k)}$$

令 $m = n - k$,则有

$$\mathscr{Z}[e(t - kT)] = z^{-k}\sum_{m=-k}^{\infty}e(mT)z^{-m}$$

由于 z 变换的单边性,当 $m < 0$ 时,有 $e(mT) = 0$,所以上式可写为

$$\mathscr{Z}[e(t - kT)] = z^{-k}\sum_{m=0}^{\infty}e(mT)z^{-m}$$

再令 $m = n$,式 (7-23) 得证。

证明式 (7-24),由 z 变换定义可知

$$\mathscr{Z}[e(t + kT)] = \sum_{n=0}^{\infty}e(nT + kT)z^{-n} = z^k\sum_{n=0}^{\infty}e(nT + kT)z^{-(n+k)}$$

令 $m = n + k$,则有

$$\mathscr{Z}[e(t + kT)] = z^k\sum_{m=k}^{\infty}e(mT)z^{-m} = z^k\sum_{m=0}^{\infty}e(mT)z^{-m} - z^k\sum_{m=0}^{k-1}e(mT)z^{-m}$$

再令 $m = n$,可以得到

$$\mathscr{Z}[e(t+kT)] = z^k \sum_{n=0}^{\infty} e(nT) z^{-n} - z^k \sum_{n=0}^{k-1} e(nT) z^{-n} = z^k \left[E(z) - \sum_{n=0}^{k-1} e(nT) z^{-n} \right]$$

式(7-24)得证。

显然可见，算子 z 有明确的物理意义：z^{-k} 代表时域中的延迟算子，它将采样信号滞后 k 个采样周期；同理，z^k 代表超前环节，它把采样信号超前 k 个采样周期。实数位移定理的作用相当于拉氏变换中的微分或积分定理。应用实数位移定理，可将描述离散系统的差分方程转换为 z 域的代数方程。

例 7-3 试用实数位移定理计算滞后函数 $(t-5T)^3$ 的 z 变换。

解 由式(7-23)可得

$$\mathscr{Z}[(t-5T)^3] = z^{-5} \mathscr{Z}[t^3] = z^{-5} 3! \ \mathscr{Z}\left[\frac{t^3}{3!}\right] = 6z^{-5} \frac{T^3(z^2+4z+1)}{6(z-1)^4} = \frac{T^3(z^2+4z+1)z^{-5}}{(z-1)^4}$$

3.复数位移定理

如果函数 $e(t)$ 是可 z 变换的，其 z 变换为 $E(z)$，则有

$$\mathscr{Z}[a^{\mp bt} e(t)] = E(za^{\pm bT}) \tag{7-25}$$

证明 由 z 变换定义可得

$$\mathscr{Z}[a^{\mp bt} e(t)] = \sum_{n=0}^{\infty} a^{\mp bnT} e(nT) z^{-n} = \sum_{n=0}^{\infty} e(nT)(za^{\pm bT})^{-n}$$

令 $z_1 = za^{\pm bT}$，代入上式，则有

$$\mathscr{Z}[a^{\mp bt} e(t)] = \sum_{n=0}^{\infty} e(nT)(z_1)^{-n} = E(z_1) = E(za^{\pm bT})$$

原式得证。

例 7-4 试用复数位移定理计算函数 $t^2 e^{aT}$ 的 z 变换。

解 令 $e(t) = t^2$，查表可得

$$E(z) = \mathscr{Z}[t^2] = 2\mathscr{Z}\left[\frac{t^2}{2}\right] = \frac{T^2 z(z+1)}{(z-1)^3}$$

根据复数位移定理式(7-25)，有

$$\mathscr{Z}[t^2 e^{at}] = E(ze^{-at}) = \frac{T^2 ze^{-at}(ze^{-at}+1)}{(ze^{-at}-1)^3} = \frac{T^2 ze^{at}(z+e^{at})}{(z-e^{at})^3}$$

4.终值定理

如果信号 $e(t)$ 的 z 变换为 $E(z)$，信号序列 $e(nT)$ 为有限值 $(n=0,1,2,\cdots)$，且极限 $\lim\limits_{n \to \infty} e(nT)$ 存在，则信号序列的终值为

$$\lim_{n \to \infty} e(nT) = \lim_{z \to 1} (z-1) E(z) \tag{7-26}$$

证明 根据 z 变换线性定理，有

$$\mathscr{Z}[e(t+T)] - \mathscr{Z}[e(t)] = \sum_{n=0}^{\infty} \{e[(n+1)T] - e(nT)\} z^{-n}$$

由平移定理

$$\mathscr{Z}[e(t+T)] = zE(z) - ze(0)$$

可得

$$(z-1)E(z) - ze(0) = \sum_{n=0}^{\infty} \{e[(n+1)T] - e(nT)\} z^{-n}$$

上式两边取 $z \to 1$ 时的极限，得

$$\lim_{z\to 1}(z-1)E(z)-e(0)=\lim_{z\to 1}\sum_{n=0}^{\infty}\{e[(n+1)T]-e(nT)\}z^{-n}=\sum_{n=0}^{\infty}\{e[(n+1)T]-e(nT)\}$$

当取 $n=N$ 为有限项时,上式右端可写为

$$\sum_{n=0}^{N}\{e[(n+1)T]-e(nT)\}=e[(N+1)T]-e(0)$$

令 $N\to\infty$,上式为

$$\lim_{N\to\infty}\{e[(N+1)T]-e(0)\}=\lim_{n\to\infty}e(nT)-e(0)$$

所以

$$\lim_{n\to\infty}e(nT)=\lim_{z\to 1}(z-1)E(z)$$

原式得证。

在离散系统分析中,常采用终值定理求取系统输出序列的稳态值和系统的稳态误差。

例 7 - 5　设 z 变换函数为

$$E(z)=\frac{z^3}{(z-1)(z^2+7z+5)}$$

试利用终值定理确定 $e(nT)$ 的终值。

解　由终值定理式(7 - 26),得

$$e(\infty)=\lim_{z\to 1}(z-1)E(z)=\lim_{z\to 1}(z-1)\frac{z^3}{(z-1)(z^2+7z+5)}=\lim_{z\to 1}\frac{z^3}{(z^2+7z+5)}=\frac{1}{13}$$

5.卷积定理

设 $x(nT)$ 和 $y(nT)$ ($n=0,1,2,\cdots$) 为两个采样信号序列,其离散卷积定义为

$$x(nT)*y(nT)=\sum_{k=0}^{\infty}x(kT)y[(n-k)T] \qquad (7-27)$$

则卷积定理可描述为,在时域中,若

$$g(nT)=x(nT)*y(nT) \qquad (7-28)$$

则在 z 域中必有

$$G(z)=X(z)Y(z) \qquad (7-29)$$

证明　由 z 变换定义,有

$$X(z)=\sum_{k=0}^{\infty}x(kT)z^{-k}$$

$$Y(z)=\sum_{n=0}^{\infty}y(kT)z^{-n}$$

所以

$$X(z)Y(z)=\sum_{k=0}^{\infty}x(kT)z^{-k}Y(z)$$

根据 z 变换平移定理,有

$$z^{-k}Y(z)=\mathscr{Z}\{y[(n-k)T]\}=\sum_{n=0}^{\infty}y[(n-k)T]z^{-n}$$

故

$$X(z)Y(z)=\sum_{k=0}^{\infty}x(kT)\sum_{n=0}^{\infty}y[(n-k)T]z^{-n}$$

交换求和次序并利用式(7 - 27),上式可写为

$$X(z)Y(z)=\sum_{n=0}^{\infty}\left\{\sum_{k=0}^{\infty}x(kT)y[(n-k)T]\right\}z^{-n}=\sum_{n=0}^{\infty}[x(nT)*y(nT)]z^{-n}=$$

$$\sum_{n=0}^{\infty} g(nT)z^{-n} = G(z)$$

原式得证。

在离散系统分析中,卷积定理是沟通时域与 z 域的桥梁。利用卷积定理可建立离散系统的脉冲传递函数。

应当注意,z 变换只反映信号在采样点上的信息,而不能描述采样点间信号的状态。因此 z 变换与采样序列对应,而不对应唯一的连续信号。不论什么连续信号,只要采样序列一样,其 z 变换就一样。

7.3.4　z 反变换

已知 z 变换表达式 $E(z)$,求相应离散序列 $e(nT)$ 的过程,称为 z 反变换,记为

$$e(nT) = \mathscr{Z}^{-1}[E(z)] \tag{7-30}$$

当 $n<0$ 时,$e(nT)=0$,信号序列 $e(nT)$ 是单边的,对单边序列常用的 z 反变换法有部分分式法、幂级数法和反演积分法。

1.部分分式法(查表法)

部分分式法又称查表法,根据已知的 $E(z)$,通过查 z 变换表找出相应的 $e^*(t)$,或者 $e(nT)$。考虑到 z 变换表中,所有 z 变换函数 $E(z)$ 在其分子上都有因子 z,因此,通常先将 $E(z)/z$ 展成部分分式之和,然后将等式左边分母中的 z 乘到等式右边各分式中,再逐项查表反变换。

例 7-6　设 $E(z)$ 为

$$E(z) = \frac{10z}{(z-1)(z-2)}$$

试用部分分式法求 $e(nT)$。

解　首先将 $\frac{E(z)}{z}$ 展开成部分分式,即

$$\frac{E(z)}{z} = \frac{10}{(z-1)(z-2)} = \frac{-10}{z-1} + \frac{10}{z-2}$$

把部分分式中的每一项乘上因子 z 后,得

$$E(z) = \frac{-10z}{z-1} + \frac{10z}{z-2}$$

查 z 变换表得

$$\mathscr{Z}^{-1}\left[\frac{z}{z-1}\right] = 1, \quad \mathscr{Z}^{-1}\left[\frac{z}{z-2}\right] = 2^n$$

最后可得

$$e^*(t) = \sum_{n=0}^{\infty} e(nT)\delta(t-nT) = 10(-1+2^n)\delta(t-nT) \quad (n=0,1,2,\cdots)$$

2.幂级数法

z 变换函数的无穷项级数形式具有鲜明的物理意义。变量 z^{-n} 的系数代表连续时间函数在 nT 时刻上的采样值。若 $E(z)$ 是一个有理分式,则可以直接通过长除法,得到一个无穷项幂级数的展开式。根据 z^{-n} 的系数便可以得出时间序列 $e(nT)$ 的值。

例 7-7　设 $E(z)$ 为

$$E(z) = \frac{10z}{(z-1)(z-2)}$$

试用长除法求 $e(nT)$ 或 $e^*(t)$。

解
$$E(z) = \frac{10z}{(z-1)(z-2)} = \frac{10z}{z^2 - 3z + 2}$$

应用长除法,用分母去除分子,即

$$
\begin{array}{r}
10z^{-1} + 30z^{-2} + 70z^{-3} + 150z^{-4} + \cdots \\
z^2 - 3z + 2 \overline{\smash{\big)}\, 10z } \\
-)\underline{10z - 30z^0 + 20z^{-1}} \\
30z^0 - 20z^{-1} \\
-)\underline{30z^0 - 90z^{-1} + 60z^{-2}} \\
70z^{-1} - 60z^{-2} \\
-)\underline{70z^{-1} - 210z^{-2} + 140z^{-3}} \\
150z^{-2} - 140z^{-3}
\end{array}
$$

$E(z)$ 可写成

$$E(z) = 0z^0 + 10z^{-1} + 30z^{-2} + 70z^{-3} + 150z^{-4} + \cdots$$

所以　　　$e^*(t) = 10\delta(t-T) + 30\delta(t-2T) + 70\delta(t-3T) + 150\delta(t-4T) + \cdots$

长除法以序列的形式给出 $e(0), e(T), e(2T), e(3T), \cdots$ 的数值,但不容易得出 $e(nT)$ 的封闭表达形式。

3. 反演积分法(留数法)

反演积分法又称留数法。在实际问题中遇到的 z 变换函数 $E(z)$,除了有理分式外,也可能是超越函数,此时无法应用部分分式法及幂级数法来求 z 反变换,只能采用反演积分法。当然,反演积分法对 $E(z)$ 为有理分式的情形也适用。$E(z)$ 的幂级数展开形式为

$$E(z) = \sum_{n=0}^{\infty} e(nT) z^{-n} \tag{7-31}$$

设函数 $E(z)z^{n-1}$ 除有限个极点 $z_1, z_2, \cdots, z_k$ 外,在 z 域上是解析的,则有反演积分公式

$$e(nT) = \frac{1}{2\pi j} \oint_\Gamma E(z)z^{n-1} \mathrm{d}z = \sum_{i=1}^{k} \mathrm{Res}\left[E(z)z^{n-1}\right]_{z \to z_i} \tag{7-32}$$

式中,$\mathrm{Res}\left[E(z)z^{n-1}\right]_{z \to z_i}$ 表示函数 $E(z)z^{n-1}$ 在极点 z_i 处的留数,留数计算方法如下:

若 $z_i, i = 0, 1, 2, \cdots, k$,为单极点,则

$$\mathrm{Res}\left[E(z)z^{n-1}\right]_{z \to z_i} = \lim_{z \to z_i}\left[(z - z_i)E(z)z^{n-1}\right] \tag{7-33}$$

若 z_i 为 m 阶重极点,则

$$\mathrm{Res}\left[E(z)z^{n-1}\right]_{z \to z_i} = \frac{1}{(m-1)!}\left\{\frac{\mathrm{d}^{m-1}}{\mathrm{d}z^{m-1}}\left[(z - z_i)^m E(z)z^{n-1}\right]\right\}_{z = z_i}$$

例 7-8　设 $E(z)$ 为

$$E(z) = \frac{10z}{(z-1)(z-2)}$$

试用反演积分法求 $e(nT)$。

解　根据式(7-32),有

$$e(nT) = \sum \text{Res}\left[\frac{10z}{(z-1)(z-2)}z^{n-1}\right] =$$

$$\left[\frac{10z^n}{(z-1)(z-2)}(z-1)\right]_{z=1} + \left[\frac{10z^n}{(z-1)(z-2)}(z-2)\right]_{z=2} =$$

$$-10 + 10 \times 2^n = 10(-1+2^n) \quad (n=0,1,2,\cdots)$$

例 7 - 9 设 z 变换函数为

$$E(z) = \frac{z^3}{(z-1)(z-5)^2}$$

试用留数法求其 z 反变换。

解 因为函数

$$E(z)z^{n-1} = \frac{z^{n+2}}{(z-1)(z-5)^2}$$

有 $z_1 = 1$ 是单极点，$z_2 = 5$ 是 2 阶重极点，极点处留数为

$$\text{Res}[E(z)z^{n-1}]_{z \to z_1} = \lim_{z \to 1}[(z-1)E(z)z^{n-1}] = \lim_{z \to 1}(z-1)\frac{z^{n+2}}{(z-1)(z-5)^2} = \frac{1}{16}$$

$$\text{Res}[E(z)z^{n-1}]_{z \to z_2} = \frac{1}{(m-1)!}\left\{\frac{d^{m-1}}{dz^{m-1}}[(z-5)^m E(z)z^{n-1}]\right\}_{z \to 5} =$$

$$\frac{1}{(2-1)!}\left\{\frac{d^{2-1}}{dz^{2-1}}\left[(z-5)^2 \frac{z^{n+2}}{(z-1)(z-5)^2}\right]\right\}_{z \to 5} =$$

$$\frac{(4n+3)5^{n+1}}{16}$$

故 $\qquad e(nT) = \sum_{i=1}^{2}\text{Res}[E(z)z^{n-1}]_{z \to z_i} = \frac{1}{16} + \frac{(4n+3)5^{n+1}}{16} = \frac{(4n+3)5^{n+1}+1}{16}$

相应的采样函数为

$$e^*(t) = \sum_{n=0}^{\infty}e(nT)\delta(t-nT) = \sum_{n=0}^{\infty}\frac{(4n+3)5^{n+1}+1}{16}\delta(t-nT) =$$

$$\delta(t) + 11\delta(t-1) + 86\delta(t-2) + \cdots$$

7.3.5 z 变换法存在的局限性

z 变换法是研究线性定常离散系统的一种有效工具，但是 z 变换法也有其本身的局限性，使用时应注意其适用的范围。

（1）输出 z 变换函数 $C(z)$ 只确定了时间函数 $c(t)$ 在采样瞬时的数值，不能反映 $c(t)$ 在采样点间的信息。

（2）用 z 变换法分析离散系统时，系统连续部分传递函数 $G_0(s)$ 的极点数至少应比其零点数多两个，满足 $\lim_{s \to \infty}G(s) = 0$。

7.4 离散系统的数学模型

为研究离散系统的性能，需要建立离散系统的数学模型。线性离散系统的数学模型有差分方程、脉冲传递函数和离散状态空间表达式三种。本节主要介绍差分方程及其解法，脉冲传递函数的定义，以及求开环脉冲传递函数和闭环脉冲传递函数的方法。

7.4.1　线性常系数差分方程及其解法

对于线性定常离散系统，k 时刻的输出 $c(k)$，不但与 k 时刻的输入 $r(k)$ 有关，而且与 k 时刻以前的输入 $r(k-1),r(k-2),\cdots$ 有关，同时还与 k 时刻以前的输出 $c(k-1),c(k-2),\cdots$ 有关。这种关系一般可以用 n 阶后向差分方程来描述，即

$$c(k) = -\sum_{i=1}^{n} a_i c(k-i) + \sum_{j=0}^{m} b_j r(k-j) \qquad (7-34)$$

式中，$a_i,i=1,2,\cdots,n$ 和 $b_j,j=0,1,\cdots,m$ 为常系数，$m \leqslant n$。

式(7-34)称为 n 阶线性常系数差分方程。

线性定常离散系统也可以用 n 阶前向差分方程来描述，即

$$c(k+n) = -\sum_{i=1}^{n} a_i c(k+n-i) + \sum_{j=0}^{m} b_j r(k+m-j) \qquad (7-35)$$

工程上求解常系数差分方程通常采用迭代法和 z 变换法。

1. 迭代法

若已知差分方程式(6-34)或式(6-35)，并且给定输出序列的初值，则可以利用递推关系，在计算机上通过迭代一步一步地算出输出序列。

例 7-10　已知二阶差分方程

$$c(k) = r(k) + 5c(k-1) - 6c(k-2)$$

输入序列 $r(k)=1$，初始条件为 $c(0)=0,c(1)=1$，试用迭代法求输出序列 $c(k),k=0,1,2,3,4,5,\cdots$。

解　根据初始条件及递推关系，得

$$c(0) = 0$$
$$c(1) = 1$$
$$c(2) = r(2) + 5c(1) - 6c(0) = 6$$
$$c(3) = r(3) + 5c(2) - 6c(1) = 25$$
$$c(4) = r(4) + 5c(3) - 6c(2) = 90$$
$$c(5) = r(5) + 5c(4) - 6c(3) = 301$$
$$\cdots\cdots$$

2. z 变换法

设差分方程如式(7-34)所示，对差分方程两端取 z 变换，并利用 z 变换的实数位移定理，得到以 z 为变量的代数方程，然后对代数方程的解 $C(z)$ 取 z 反变换，可求得输出序列 $c(k)$。

例 7-11　试用 z 变换法解下列二阶差分方程：

$$c(k+2) - 2c(k+1) + c(k) = 0$$

设初始条件 $c(0)=0,c(1)=1$。

解　对差分方程的每一项进行 z 变换，根据实数位移定理：

$$\mathscr{Z}[c(k+2)] = z^2 C(z) - z^2 c(0) - zc(1) = z^2 C(z) - z$$
$$\mathscr{Z}[-2c(k+1)] = -2zC(z) + 2zc(0) = -2zC(z)$$
$$\mathscr{Z}[c(k)] = C(z)$$

于是，差分方程变换为关于 z 的代数方程

$$(z^2 - 2z + 1)C(z) = z$$

解出

$$C(z) = \frac{z}{z^2 - 2z + 1} = \frac{z}{(z-1)^2}$$

查 z 变换表，求出 z 反变换为

$$c^*(t) = \sum_{n=0}^{\infty} n\delta(t-n)$$

差分方程的解，可以提供线性定常离散系统在给定输入序列作用下的输出响应序列特性，但不便于研究系统参数变化对离散系统性能的影响。因此，需要研究线性定常离散系统的另一种数学模型 —— 脉冲传递函数。

7.4.2 脉冲传递函数

1. 脉冲传递函数定义

设离散系统如图 7-13 所示，如果系统的输入信号为 $r(t)$，采样信号 $r^*(t)$ 的 z 变换函数为 $R(z)$，系统连续部分的输出为 $c(t)$，采样信号 $c^*(t)$ 的 z 变换函数为 $C(z)$，则线性定常离散系统的脉冲传递函数定义为，在零初始条件下，系统输出采样信号的 z 变换 $C(z)$ 与输入采样信号的 z 变换 $R(z)$ 之比，记作

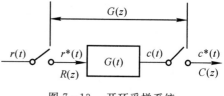

图 7-13　开环采样系统

$$G(z) = \frac{C(z)}{R(z)} = \frac{\sum_{n=0}^{\infty} c(nT)z^{-n}}{\sum_{n=0}^{\infty} r(nT)z^{-n}} \quad\quad (7-36)$$

所谓零初始条件，是指当 $t < 0$ 时，输入脉冲序列各采样值 $r(-T), r(-2T), \cdots$ 以及输出脉冲序列各采样值 $c(-T), c(-2T), \cdots$ 均为零。

式(7-36)表明，如果已知 $R(z)$ 和 $G(z)$，则在零初始条件下，线性定常离散系统的输出采样信号为

$$c(nT) = \mathcal{Z}^{-1}[C(z)] = \mathcal{Z}^{-1}[G(z)R(z)]$$

输出是连续信号 $c(t)$ 的情况下，开环采样系统如图 7-14 所示。可以在系统输出端虚设一个开关，如图中虚线所示，它与输入采样开关同步工作，具有相同的采样周期。如果系统的实际输出 $c(t)$ 比较平滑，且采样频率较高，则可用 $c^*(t)$ 近似描述 $c(t)$。必须指出，虚设的采样开关是不存在的，它只表明了脉冲传递函数所能描述的只是输出连续函数 $c(t)$ 在采样时刻的离散值 $c^*(t)$。

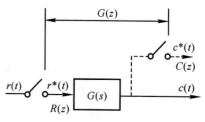

图 7-14　开环采样系统

2. 脉冲传递函数的性质

(1) 脉冲传递函数是复变量 z 的复函数（一般是有理分式）；

(2) 脉冲传递函数只与系统自身的结构、参数有关；

(3) 系统的脉冲传递函数与系统的差分方程有直接关系；

(4) 系统的脉冲传递函数是系统的单位脉冲响应序列的 z 变换；

（5）系统的脉冲传递函数在 z 平面上有对应的零、极点分布。

3. 由传递函数求脉冲传递函数

传递函数 $G(s)$ 的拉氏反变换是单位脉冲函数 $k(t)$，将 $k(t)$ 离散化得到脉冲响应序列 $k(nT)$，将 $k(nT)$ 进行 z 变换可得到 $G(z)$，这一变换过程可表示为

$$G(s) \Rightarrow \mathcal{L}^{-1}[G(s)] = k(t) \Rightarrow 离散化 \ k(t) = k(nT) \Rightarrow \mathcal{Z}[k(nT)] = G(z)$$

上述变换过程表明，只要将 $G(s)$ 表示成 z 变换表中的标准形式，直接查表可得 $G(z)$。由于利用 z 变换表可以直接从 $G(s)$ 得到 $G(z)$，而不必逐步推导，所以常把上述过程表示为 $G(z) = \mathcal{Z}[G(s)]$，并称之为 $G(s)$ 的 z 变换。这一表示应理解为根据上述过程求出 $G(s)$ 所对应的 $G(z)$，而不能理解为 $G(z)$ 是对 $G(s)$ 直接进行 z 变换的结果。

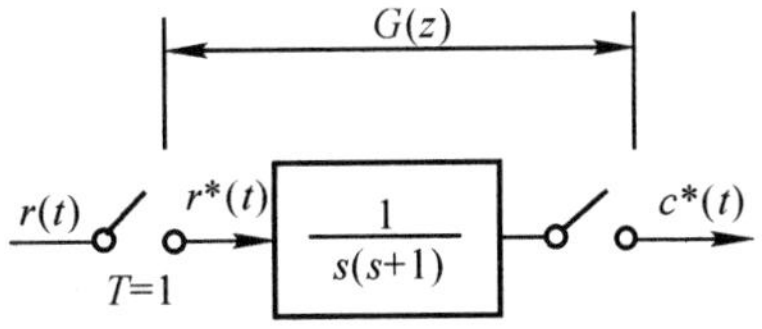

例 7 - 12　采样系统结构图如图 7 - 15 所示。

（1）求系统的脉冲传递函数；

（2）写出系统的差分方程；

（3）画出系统的零极点分布图。

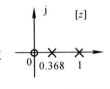

图 7 - 15　采样系统结构图

解　（1）系统的脉冲传递函数为

$$G(z) = \mathcal{Z}\left[\frac{1}{s(s+1)}\right] = \frac{(1 - e^{-T})z}{(z-1)(z - e^{-T})} = \frac{0.632z}{z^2 - 1.368z + 0.368} =$$
$$\frac{0.632z^{-1}}{1 - 1.368z^{-1} + 0.368z^{-2}}$$

（2）根据 $G(z) = \dfrac{C(z)}{R(z)} = \dfrac{0.632z}{1 - 1.368z^{-1} + 0.368z^{-2}}$，有

$$(1 - 1.368z^{-1} + 0.368z^{-2})C(z) = 0.632z^{-1}R(z)$$

等号两端求 z 反变换可得系统差分方程

$$c(k) - 1.368c(k-1) + 0.368c(k-2) = r(k-1)$$

（3）系统零极点图如图 7 - 16 所示。

7.4.3　开环系统脉冲传递函数

当开环离散系统由几个环节串联组成时，由于采样开关的数目和位置不同，求出的开环脉冲传递函数也不同。

1. 串联环节之间有采样开关时

图 7 - 16　零极点图

设开环离散系统如图 7 - 17 所示，在两个串联连续环节 $G_1(s)$ 和 $G_2(s)$ 之间，有理想采样开关。根据脉冲传递函数定义，有

$$Q(z) = G_1(z)R(z), \quad C(z) = G_2(z)Q(z)$$

其中，$G_1(z)$ 和 $G_2(z)$ 分别为 $G_1(s)$ 和 $G_2(s)$ 的脉冲传递函数。于是有

$$C(z) = G_2(z)G_1(z)R(z)$$

因此，开环系统脉冲传递函数为

$$G(z) = \frac{C(z)}{R(z)} = G_1(z)G_2(z) \tag{7-37}$$

式（7 - 37）表明，由理想采样开关隔开的两个线性连续环节串联时的脉冲传递函数，等于这两个环节各自的脉冲传递函数之积。这一结论，可以推广到 n 个环节相串联时的情形。

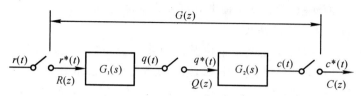

图 7 - 17　环节间有理想采样开关的串联开环离散系统

2.串联环节之间无采样开关时

设开环离散系统如图 7 - 18 所示,在两个串联连续环节 $G_1(s)$ 和 $G_2(s)$ 之间没有理想采样开关隔开。此时系统的传递函数为

$$G(s) = G_1(s)G_2(s)$$

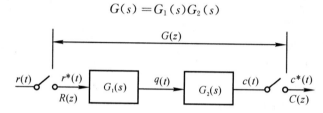

图 7 - 18　环节间无理想采样开关的串联离散系统

将它当作一个整体一起进行 z 变换,由脉冲传递函数定义可得

$$G(z) = \frac{C(z)}{R(z)} = \mathscr{Z}[G_1(s)G_2(s)] = G_1G_2(z) \tag{7-38}$$

式(7-38)表明,没有理想采样开关隔开的两个线性连续环节串联时的脉冲传递函数,等于这两个环节传递函数乘积后的相应 z 变换。这一结论也可以推广到类似的 n 个环节相串联时的情形。

显然,式(7-37)与式(7-38)不等,即

$$G_1(z)G_2(z) \neq G_1G_2(z) \tag{7-39}$$

例 7 - 13　设开环离散系统如图 7 - 17 和图 7 - 18 所示,其中,$G_1(s) = 1/s$,$G_2(s) = a/(s+a)$,输入信号 $r(t) = 1(t)$,试求两种系统的脉冲传递函数 $G(z)$ 和输出的 z 变换 $C(z)$。

解　查 z 变换表,输入 $r(t) = 1(t)$ 的 z 变换为

$$R(z) = \frac{z}{z-1}$$

对如图 7 - 17 所示系统,有

$$G_1(z) = \mathscr{Z}\left[\frac{1}{s}\right] = \frac{z}{z-1}$$

$$G_2(z) = \mathscr{Z}\left[\frac{a}{s+a}\right] = \frac{az}{z-\mathrm{e}^{-aT}}$$

因此

$$G(z) = G_1(z)G_2(z) = \frac{az^2}{(z-1)(z-\mathrm{e}^{-aT})}$$

$$C(z) = G(z)R(z) = \frac{az^3}{(z-1)^2(z-\mathrm{e}^{-aT})}$$

对如图 7 - 18 所示系统,有

$$G_1(s)G_2(s) = \frac{a}{s(s+a)}$$

$$G(z) = G_1 G_2(z) = \mathscr{Z}\left[\frac{a}{s(s+a)}\right] = \frac{z(1-\mathrm{e}^{-aT})}{(z-1)(z-\mathrm{e}^{-aT})}$$

$$C(z) = G(z)R(z) = \frac{z^2(1-\mathrm{e}^{-aT})}{(z-1)^2(z-\mathrm{e}^{-aT})}$$

显然,在串联环节之间有、无同步采样开关隔离时,其总的脉冲传递函数和输出 z 变换是不相同的。但是,不同之处仅表现在其开环零点不同,极点仍然一样。

3. 有零阶保持器时

设有零阶保持器的开环离散系统如图 7-19(a) 所示。将图 7-19(a) 变换为图 7-19(b) 所示的等效开环系统,则有

$$C(z) = \mathscr{Z}[1-\mathrm{e}^{-sT}]\mathscr{Z}\left[\frac{G_\mathrm{p}(s)}{s}\right] = (1-z^{-1})\mathscr{Z}\left[\frac{G_\mathrm{p}(s)}{s}\right]R(z)$$

于是,有零阶保持器时,开环系统脉冲传递函数为

$$G(z) = \frac{C(z)}{R(z)} = (1-z^{-1})\mathscr{Z}\left[\frac{G_\mathrm{p}(s)}{s}\right] \qquad (7-40)$$

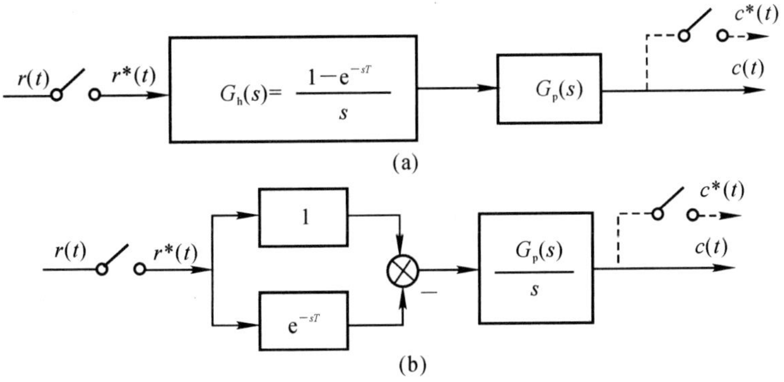

图 7-19　有零阶保持器的开环离散系统

例 7-14　设离散系统如图 7-20 所示,已知

$$G_\mathrm{p}(s) = \frac{a}{s(s+a)}$$

试求系统的脉冲传递函数 $G(z)$。

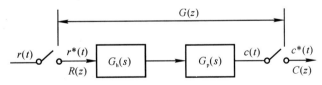

图 7-20　有零阶保持器的开环采样系统

解　因为

$$\frac{G_\mathrm{p}(s)}{s} = \frac{a}{s^2(s+a)} = \frac{1}{s^2} - \frac{1}{a}\left(\frac{1}{s} - \frac{1}{s+a}\right)$$

查 z 变换表可得

$$\mathscr{Z}\left[\frac{G_p(s)}{s}\right]=\frac{Tz}{(z-1)^2}-\frac{1}{a}\left(\frac{z}{z-1}-\frac{z}{z-e^{-aT}}\right)=\frac{\frac{1}{a}z\left[(e^{-aT}+aT-1)z+(1-aTe^{-aT}-e^{-aT})\right]}{(z-1)^2(z-e^{-aT})}$$

因此,有零阶保持器的开环系统脉冲传递函数为

$$G(z)=(1-z^{-1})\mathscr{Z}\left[\frac{G_p(s)}{s}\right]=\frac{\frac{1}{a}\left[(e^{-aT}+aT-1)z+(1-aTe^{-aT}-e^{-aT})\right]}{(z-1)(z-e^{-aT})}$$

把上述结果与例 7-13 所得结果做一比较,可以看出,零阶保持器不改变开环脉冲传递函数的阶数,也不影响开环脉冲传递函数的极点,只影响开环零点。

7.4.4 闭环系统脉冲传递函数

由于采样器在闭环系统中可以有多种配置,因此闭环离散系统结构图形式并不唯一。图 7-21 所示是一种比较常见的误差采样闭环离散系统结构图。图中,虚线所示的理想采样开关是为了便于分析而设的,所有理想采样开关都同步工作,采样周期为 T。

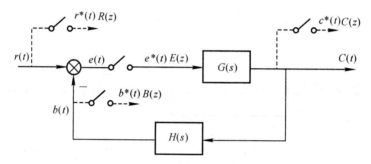

图 7-21 闭环离散系统结构图

由脉冲传递函数的定义及开环脉冲传递函数的求法,对图 7-21 可建立方程组:

$$\begin{cases} C(z)=G(z)E(z) \\ E(z)=R(z)-B(z) \\ B(z)=GH(z)E(z) \end{cases}$$

解上面联立方程,可得该闭环离散系统脉冲传递函数为

$$\Phi(z)=\frac{C(z)}{R(z)}=\frac{G(z)}{1+GH(z)} \tag{7-41}$$

闭环离散系统的误差脉冲传递函数为

$$\Phi_e(z)=\frac{E(z)}{R(z)}=\frac{1}{1+GH(z)} \tag{7-42}$$

式(7-41)和式(7-42)是研究闭环离散系统时经常用到的两个闭环脉冲传递函数。与连续系统相类似,令 $\Phi(z)$ 或 $\Phi_e(z)$ 的分母多项式为零,便可得到闭环离散系统的特征方程:

$$D(z)=1+GH(z)=0 \tag{7-43}$$

式中,$GH(z)$ 为开环离散系统脉冲传递函数。

需要指出,闭环离散系统脉冲传递函数不能直接从 $\Phi(s)$ 和 $\Phi_e(s)$ 求 z 变换得来,即

$$\Phi(z)\neq\mathscr{Z}[\Phi(s)], \quad \Phi_e(z)\neq\mathscr{Z}[\Phi_e(s)]$$

这是由于采样器在闭环系统中有多种配置的缘故。

用与上面类似的方法，还可以推导出采样器为不同配置形式的闭环系统的脉冲传递函数。但是，只要误差信号 $e(t)$ 处没有采样开关，输入采样信号 $r^*(t)$ 便不存在，此时不可能求出闭环离散系统的脉冲传递函数，而只能求出输出采样信号的 z 变换函数 $C(z)$。

例 7-15　设闭环离散系统结构图如图 7-22 所示，试证其闭环脉冲传递函数为

$$\Phi(z)=\frac{G_1(z)G_2(z)}{1+G_1(z)HG_2(z)}$$

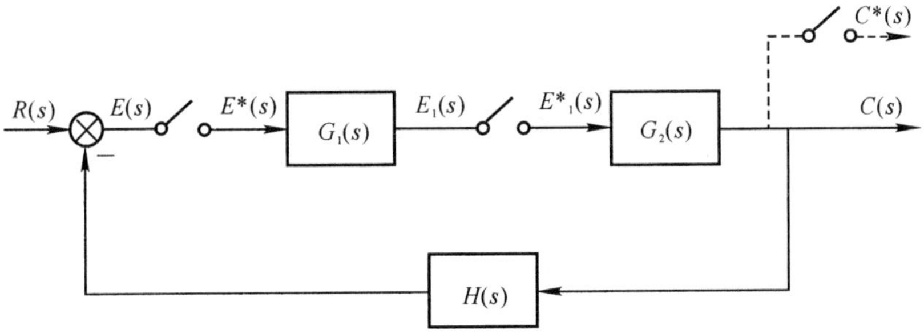

图 7-22　闭环离散系统

证明　由图 7-22 得

$$\begin{cases}C(z)=G_2(z)E_1(z)\\E_1(z)=G_1(z)E(z)\\E(z)=R(z)-HG_2(z)E_1(z)\end{cases}$$

求解该方程组，消去中间变量 $E_1(z)$，$E(z)$ 后，即可得证。

例 7-16　设闭环离散系统结构图如图 7-23 所示，试证其输出采样信号的 z 变换为

$$C(z)=\frac{GR(z)}{1+GH(z)}$$

证明　由图 7-23 有

$$C(z)=GR(z)-GH(z)C(z)$$

$$[1+GH(z)]C(z)=GR(z)$$

$$C(z)=\frac{GR(z)}{1+GH(z)}$$

证毕。

由于误差信号 $e(t)$ 处无采样开关，从上式解不出 $C(z)/R(z)$，因此求不出闭环脉冲传递函数，但可以求出 $C(z)$，进而确定闭环系统的采样输出信号 $c^*(t)$。

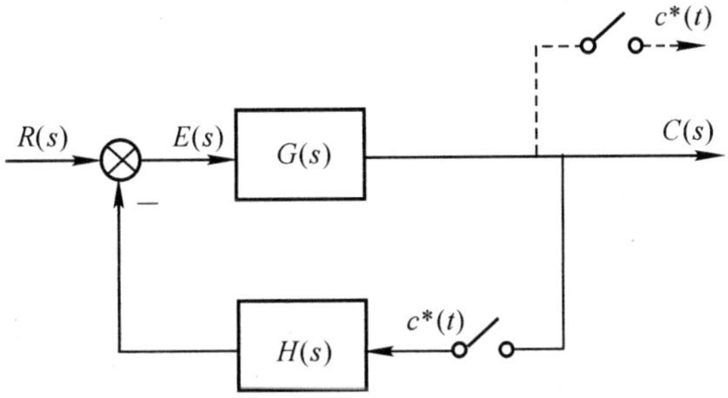

图 7-23　闭环离散系统结构图

本章小结

离散控制系统包括采样控制系统和数字控制系统。本章介绍了采样过程和采样定理。在分析系统时，假定采样是在瞬时完成的，误差信号被变换成一个理想脉冲序列，每个理想脉冲的面积等于采样瞬时输入信号的幅值。这只是一种数学上的抽象，事实上不可能得到幅值为

无限大的脉冲。但是,如果采样持续时间远远小于采样周期,也远远小于系统连续部分的最大时间常数,并且系统连续环节传递函数的极点个数比零点个数多两个或以上,或者连续环节前串联了零阶保持器时,那么,所做的假设在分析系统时不会引起大的误差。

z 变换法是离散控制系统理论的数学基础。利用 z 变换法原则上只能研究系统在采样点上的行为。线性差分方程和脉冲传递函数是线性离散控制系统的常用数学模型。利用系统连续部分的传递函数,可以得出系统的脉冲传递函数。但是在某些采样开关的配置下,可能求不出系统的脉冲传递函数;但在输入信号已知的情况下,可以得出输出信号的 z 变换表达式。

习　　题

7-1　试求下列函数的 z 变换。

(1) $e(t) = a^{\frac{t}{T}}$;

(2) $e(t) = t^2 e^{-3t}$;

(3) $E(s) = \dfrac{s+1}{s^2}$;

(4) $E(s) = \dfrac{1-e^{-s}}{s^2(s+1)}$。

7-2　试分别用部分分式法、幂级数法和反演积分法求下列函数的 z 反变换。

(1) $E(z) = \dfrac{10z}{(z-1)(z-2)}$;

(2) $E(z) = \dfrac{-3+z^{-1}}{1-2z^{-1}+z^{-2}}$。

7-3　试确定下列函数的终值。

(1) $E(z) = \dfrac{Tz^{-1}}{(1-z^{-1})^2}$;

(2) $E(z) = \dfrac{z^2}{(z-0.8)(z-0.1)^2}$。

7-4　已知差分方程为

$$c(k) - 4c(k+1) + c(k+2) = 0$$

初始条件:$c(0)=0$, $c(1)=1$。试用迭代法求输出序列 $c(k)$,$k=0,1,2,3,4$。

7-5　试用 z 变换法求解下列差分方程。

(1) $c(k+2) - 6c(k+1) + 8c(k) = r(k)$,$r(k) = 1(k)$,$c(k) = 0(k \leqslant 0)$;

(2) $c(k+2) + 2c(k+1) + c(k) = r(k)$,$c(0) = c(T) = 0$,$r(n) = n(n=0,1,2,\cdots)$;

(3) $c(k+3) + 6c(k+2) + 11c(k+1) + 6c(k) = 0$,$c(0) = c(1) = 1$,$c(2) = 0$;

(4) $c(k+2) + 5c(k+1) + 6c(k) = \cos(k\pi/2)$,$c(0) = c(1) = 0$。

7-6　试由以下差分方程确定脉冲传递函数。

$$c(n+2) - (1+e^{-0.5T})c(n+1) + e^{-0.5T}c(n) = (1-e^{-0.5T})r(n+1)$$

7-7　设开环离散系统如图 7-24(a)(b)(c) 所示,试求开环脉冲传递函数 $G(z)$。

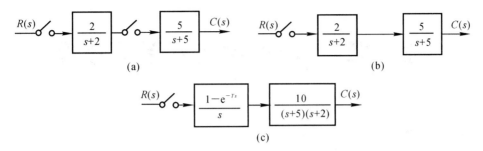

图 7 - 24　开环离散系统

7 - 8　试求图 7 - 25 所示各闭环离散系统的脉冲传递函数 $\Phi(z)$ 或输出 z 变换 $C(z)$。

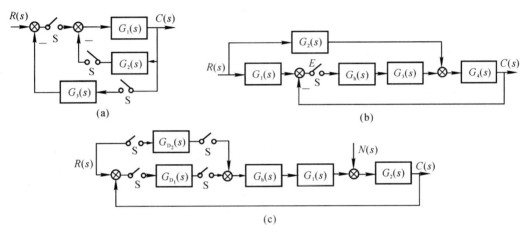

图 7 - 25　离散系统结构图

第8章 非线性控制系统分析

组成系统的各元件,或多或少都存在着不同程度的非线性,研究分析非线性系统的方法十分必要,也很重要。本章所说的非线性环节是指输入、输出间的静特性不满足线性关系的环节。对于非线性控制系统,这里主要介绍工程上常用的相平面分析法和描述函数法。

8.1 非线性控制系统概述

8.1.1 非线性控制系统特点

线性系统满足叠加原理,而非线性控制系统不满足叠加原理。带滤波器的非线性系统如图 8-1 所示。

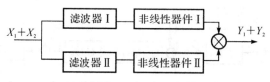

图 8-1 带滤波器的非线性系统

非线性系统的稳定性不仅取决于控制系统的固有结构和参数,而且与系统的初始条件以及外加输入有关系。

非线性系统可能存在自激振荡现象,非线性系统在正弦信号作用下,其输出存在极其复杂的情况。跳跃谐振与多值响应 2 分频振荡和倍频振荡如图 8-2 所示。

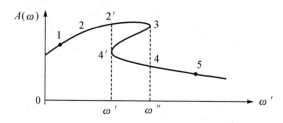

图 8-2 跳跃谐振与多值响应振荡图

非线性系统在正弦信号作用下,其稳态分量除产生同频率振荡外,还可能产生倍频振荡和分频振荡。倍频振荡与分频振荡波形如图 8-3 所示。

8.1.2 研究非线性系统的意义

(1) 实际的控制系统存在着大量的非线性因素。这些非线性因素的存在,使得用线性系统理论进行分析时所得出的结论与实际系统的控制效果不一致。线性系统理论无法解释非线性因素所产生的影响。

（2）非线性特性的存在，并不总是对系统产生不良影响。

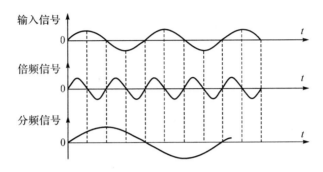

图 8 - 3　倍频振荡与分频振荡波形

8.1.3　非线性控制系统的分析方法

目前尚没有通用的求解非线性微分方程的方法。虽然有一些针对特定非线性问题的系统分析与设计方法，但其适用范围有限。目前工程上广泛应用的分析、设计非线性控制系统的方法有描述函数法和相平面分析法。

非线性控制系统的相平面分析法是一种用图解法求解二阶非线性常微分方程的方法。相平面上的轨迹曲线描述了系统状态的变化过程，因此可以在相平面图上分析平衡状态的稳定性和系统的时间响应特性。描述函数法又称为谐波线性化法，它是一种工程近似方法。应用描述函数法研究非线性控制系统的自持振荡时，能给出振荡过程的基本特性（如振幅、频率）与系统参数（如放大系数、时间常数等）的关系，给系统的初步设计提供一个思考方向。

8.2　相 平 面 法

相平面法是一种在时域中求解二阶微分方程的图解法。它不仅能分析系统的稳定性和自振荡，而且能给出系统运动轨迹的清晰图像。相平面法一般适用于二阶非线性系统的分析。

8.2.1　相平面的基本概念

1. 相平面和相轨迹

设一个二阶系统可以用常微分方程

$$\ddot{x} + f(x, \dot{x}) = 0 \qquad\qquad (8-1)$$

来描述。其中 $f(x, \dot{x})$ 是 x 和 $\dot{x}$ 的线性或非线性函数。在一组非全零初始条件下（$\dot{x}(0)$ 和 $x(0)$ 不全为零），系统的运动可以用解析解 $x(t)$ 和 $\dot{x}(t)$ 描述。

如果取 x 和 $\dot{x}$ 构成坐标平面，则系统的每一个状态均对应于该平面上的一点，这个平面称相平面。当 t 变化时，这一点在 $x - \dot{x}$ 平面上描绘出的轨迹，表征系统状态的演变过程，该轨迹就叫作相轨迹，如图 8 - 4(a) 所示。

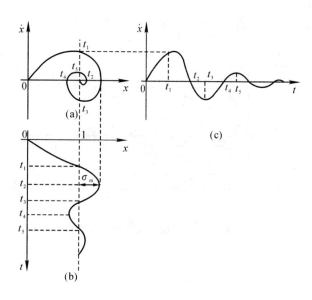

图 8-4 相轨迹图

2. 相轨迹的性质

相平面和相轨迹曲线簇构成相平面图。相平面图清楚地表示了系统在各种初始条件下的运动过程。

例如,研究以方程

$$\ddot{x} + 2\xi\omega\dot{x} + \omega^2 x = 0 \tag{8-2}$$

描述的二阶线性系统在一组非全零初始条件下的运动。当 $\xi = 0$ 时,式(8-2)变为

$$\ddot{x} + \omega^2 x = 0 \tag{8-3}$$

初始条件为 $\dot{x}(0) = \dot{x}_0, x(0) = x_0$,方程式(8-3)对应有一对虚根,即

$$-p_{1,2} = \pm j\omega$$

式(8-3)的解为

$$x = A\sin(\omega t + \varphi) \tag{8-4}$$

式中

$$A = \sqrt{x_0{}^2 + \frac{x_0^2}{\omega^2}}, \quad \varphi = \arctan \frac{x_0\omega}{\dot{x}_0}$$

设 x 为描述二阶线性系统的一个变量,取 $\dot{x}$ 为描述系统的另一状态变量,即

$$\dot{x} = \frac{\mathrm{d}x}{\mathrm{d}t} = A\omega\cos(\omega t + \varphi) \tag{8-5}$$

从式(8-4)、式(8-5)中消去变量 t,可得出系统运动过程中两个状态变量的关系为

$$x^2 + \left(\frac{\dot{x}}{\omega}\right)^2 = A^2$$

这是一个椭圆方程。椭圆的参数 A 取决于初始条件 x_0 和 $\dot{x}_0$。

选取不同的一组初始条件,可得到不同的 A,对应相平面上的相轨迹是不同的椭圆,这样便得到一个相轨迹簇。$\xi = 0$ 时的相平面图如图 8-5 所示,表明系统的响应是等幅周期运动。

图中箭头表示时间 t 增大的方向。

相平面的上半平面中, $\dot{x} > 0$, 相迹点沿相轨迹向 x 轴正方向移动, 因此上半部分相轨迹箭头向右; 同理, 下半相平面 $\dot{x} < 0$, 相轨迹箭头向左。总之, 相迹点在相轨迹上总是按顺时针方向运动。当相轨迹穿越 x 轴时, 与 x 轴交点处有 $\dot{x} = 0$, 因此, 相轨迹总是以 $\pm 90°$ 方向通过 x 轴的。

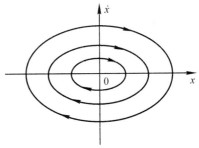

图 8-5　$\xi = 0$ 的相平面图

通过相平面上任一点的相轨迹在该点处的斜率 α 的表达式为

$$\alpha = \frac{\mathrm{d}\dot{x}}{\mathrm{d}x} = \frac{\mathrm{d}\dot{x}/\mathrm{d}t}{\mathrm{d}x/\mathrm{d}t} = \frac{-f(x,\dot{x})}{\dot{x}}$$

相平面上任一点 $(x, \dot{x})$, 只要不同时满足 $\dot{x} = 0$ 和 $f(x, \dot{x}) = 0$, 则 α 是一个确定的值。这样, 通过该点的相轨迹不可能多于一条, 相轨迹不会在该点相交。这些点就是相平面上的普通点。

相平面上同时满足 $\dot{x} = 0$ 和 $f(x, \dot{x}) = 0$ 的点处, α 不是一个确定的值, 即

$$\alpha = \frac{\mathrm{d}\dot{x}}{\mathrm{d}x} = \frac{-f(x,\dot{x})}{\dot{x}} = \frac{0}{0}$$

通过该点的相轨迹有一条以上。这些点是相轨迹的交点, 称为奇点。显然, 奇点只分布在相平面的 x 轴上。由于奇点处 $\ddot{x} = \dot{x} = 0$, 故奇点也称为平衡点。

对于二阶线性系统, 奇点为坐标原点, 即

$$\alpha \Big|_{\substack{x=0 \\ \dot{x}=0}} = \frac{\mathrm{d}\dot{x}}{\mathrm{d}x} \Big|_{\substack{x=0 \\ \dot{x}=0}} = \frac{-f(x,\dot{x})}{\dot{x}} \Big|_{\substack{x=0 \\ \dot{x}=0}} = \frac{-(2\zeta\omega\dot{x} + \omega^2 x)}{\dot{x}} \Big|_{\substack{x=0 \\ \dot{x}=0}} = \frac{0}{0}$$

8.2.2　非线性系统的相平面分析

1. 利用二阶线性系统的相轨迹分析一类非线性系统

例 8-1　试确定下列方程的奇点及其类型, 画出相平面图的大致图形。

(1) $\ddot{x} + x + \mathrm{sgn}\dot{x} = 0$;

(2) $\ddot{x} + |x| = 0$。

解　(1) 系统方程可写为

$$\begin{cases} \ddot{x} + x + 1 = 0, & \dot{x} > 0 \quad \text{Ⅰ 区} \\ \ddot{x} + x = 0, & \dot{x} = 0 \quad (\text{即 } x \text{ 轴}) \\ \ddot{x} + x - 1 = 0, & \dot{x} < 0 \quad \text{Ⅱ 区} \end{cases}$$

系统的奇点:

Ⅰ : $x_{\mathrm{eⅠ}} = -1$;

Ⅱ : $x_{\mathrm{eⅡ}} = 1$。

系统特征方程为 $s^2 + 1 = 0$, 特征根 $s_{1,2} = \pm \mathrm{j}$, 奇点为中心点。画出系统的相平面图, 如图 8-6 所示。x 轴是两部分相轨迹的分界线, 称之为"开关线"。上、下两半平面的相轨迹分别是以各自奇点 $x_{\mathrm{eⅠ}}$ 和 $x_{\mathrm{eⅡ}}$ 为中心的圆, 两部分相轨迹相互连接成为相轨迹图。由图可见, 系统的自由响应运动最终会收敛到 $(-1, 1)$ 之间。奇点在 $(-1, 1)$ 之间连成一条线, 称之为奇线。

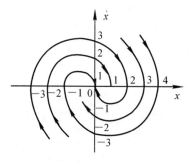

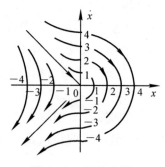

图 8 - 6　相轨迹图　　　　　　　　　图 8 - 7　相轨迹图

（2）系统方程可写为

$$\begin{cases} \ddot{x} + x = 0, & x \geqslant 0 \quad \text{Ⅰ 区} \\ \ddot{x} - x = 0, & x < 0 \quad \text{Ⅱ 区} \end{cases}$$

特征方程、特征根和奇点：

Ⅰ：$s^2 + 1 = 0, s_{1,2} = \pm\mathrm{j}$，奇点 $x_{e\mathrm{I}} = 0$（中心点）；

Ⅱ：$s^2 - 1 = 0, s_{1,2} = \pm 1$，奇点 $x_{e\mathrm{II}} = 0$（鞍点）。

画出系统的相平面图，如图 8 - 7 所示。$\dot{x}$ 轴是开关线，左半平面相轨迹由鞍点决定，右半平面相轨迹由中心点确定。由图可见，系统的自由响应总会向 x 轴负方向发散，系统不稳定。

2. 非线性系统相平面分析

大多数非线性控制系统所含有的非线性特性是分段线性的，或者可以用分段线性特性来近似。用相平面法分析这类系统时，一般采用"分区-衔接"的方法。首先，根据非线性特性的线性分段情况，用几条分界线（开关线）把相平面分成几个线性区域，在各个线性区域内，各自用一个线性微分方程来描述。其次，画出各线性区的相平面图。最后，将相邻区间的相轨迹衔接成连续的曲线，即可获得系统的相平面图。

例 8 - 2　系统结构图如图 8-8 所示。试用等倾斜线法作出系统的 $x - \dot{x}$ 相平面图。系统参数为 $K = T = M = h = 1$。

解　对线性环节有

$$\frac{K}{s(Ts + 1)} = \frac{C(s)}{U(s)}$$

$$(Ts^2 + s)C(s) = KU(s)$$

$$T\ddot{c} + \dot{c} = Ku$$

将 $x = -c$ 代入上式，得出以 x 为变量的系统微分方程

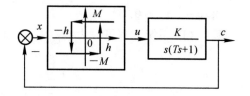

图 8 - 8　非线性系统结构图

$$T\ddot{x} + \dot{x} = -Ku$$

对非线性环节，有

$$u = \begin{cases} M & \begin{cases} x > h \\ x > -h, \dot{x} < 0 \end{cases} \\ -M & \begin{cases} x < -h, \\ x < h, \dot{x} > 0 \end{cases} \end{cases}$$

代入微分方程：

$$\text{I}:T\ddot{x}+\dot{x}=-KM\begin{cases}x>h\\x>-h,\dot{x}<0\end{cases};$$

$$\text{II}:T\ddot{x}+\dot{x}=KM\begin{cases}x<-h\\x<h,\dot{x}>0\end{cases}°$$

开关线将相平面分为两个区域，各区域的等倾斜线方程如下：

$$\text{I}:T\ddot{x}+\dot{x}=T\frac{\mathrm{d}\dot{x}}{\mathrm{d}x}\dot{x}+\dot{x}=\left(T\frac{\mathrm{d}\dot{x}}{\mathrm{d}x}+1\right)\dot{x}=-KM$$

令 $\alpha=\dfrac{\mathrm{d}\dot{x}}{\mathrm{d}x}$，得

$$\dot{x}=\frac{-KM}{T\alpha+1}\quad（水平线）$$

同理可得 II 区的等倾斜线方程

$$\dot{x}=\frac{KM}{T\alpha+1}$$

8.3　描述函数法

非线性系统的描述函数表示，是线性部分频率特性表示法的一种推广。该方法首先通过描述函数将非线性特性线性化，然后应用线性系统的频率法对系统进行分析。图中 N 为非线性环节，G 为线性部分的传递函数。

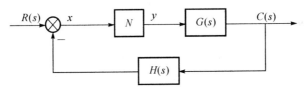

图 8-9　非线性系统典型结构

1.描述函数的基本概念

设非线性环节的输入信号为正弦信号

$$x(t)=A\sin\omega t$$

其输出 $y(t)$ 一般为非周期正弦信号，可以展开为傅氏级数

$$y(t)=A_0+\sum_{n=1}^{\infty}(A_n\cos n\omega t+B_n\sin n\omega t)$$

式中　　　　$A_n=\dfrac{1}{\pi}\displaystyle\int_0^{2\pi}y(t)\cos n\omega t\,\mathrm{d}(\omega t),\quad B_n=\dfrac{1}{\pi}\displaystyle\int_0^{2\pi}y(t)\sin n\omega t\,\mathrm{d}(\omega t)$

若非线性环节的输入、输出部分的静态特性曲线是奇对称的，即 $y(x)=-y(-x)$，于是输出中将不会出现直流分量，从而 $A_0=0$。

同时，若线性部分的 $G(s)$ 具有低通滤波器的特性，从而非线性输出中的高频分量部分被线性部分大大削弱，可以近似认为非线性环节的稳态输出中只包含有基波分量，即

$$y(t)=A_1\cos n\omega t+B_1\sin n\omega t=Y_1\sin(\omega t+\varphi_1)$$

式中

$$A_1 = \frac{1}{\pi}\int_0^{2\pi} y(t)\cos\omega t\, \mathrm{d}(\omega t), \quad B_1 = \frac{1}{\pi}\int_0^{2\pi} y(t)\sin\omega t\, \mathrm{d}(\omega t)$$

$$Y_1 = \sqrt{A_1^2 + B_1^2}, \quad \varphi_1 = \arctan\frac{A_1}{B_1}$$

2. 描述函数的定义

类似于线性系统中的频率特性定义：非线性元件稳态输出的基波分量与输入正弦信号的复数之比称为非线性环节的描述函数，用 $N(A)$ 来表示。

$$N(A) = \frac{Y_1}{A}\mathrm{e}^{j\varphi_1} = \frac{\sqrt{A_1^2 + B_1^2}}{A}\left\lfloor\arctan\frac{A_1}{B_1}\right. \tag{8-6}$$

显然，$\varphi_1 \neq 0$ 时，$N(A)$ 为复数。

3. 描述函数的应用条件

（1）非线性系统的结构图可以简化为只有一个非线性环节 N 和一个线性环节 $G(s)$ 串联的闭环结构。

（2）非线性特性的静态输入输出关系是奇对称的，即 $y(x)=-y(-x)$，以保证非线性环节在正弦信号作用下的输出中不包含直流分量。

（3）系统的线性部分 $G(s)$ 具有良好的低通滤波特性，以保证非线性环节在正弦输入作用下的输出中的高频分量被大大削弱。

4. 描述函数求解的一般步骤

（1）首先由非线性特性曲线，画出正弦信号输入下的输出波形，并写出输出波形的 $y(t)$ 的数学表达式。

（2）利用傅氏级数求出 $y(t)$ 的基波分量。

（3）将基波分量代入描述函数定义，即可求得相应的描述函数 $N(A)$。

以继电器非线性特性为例，说明描述函数的求解方法。

由于非线性为双位继电器，即在输入大于零时，输出等于定值 M，而输入小于零时，输出为定值 $-M$，因此，在正弦输入信号的作用下，非线性部分的输出波形为方波周期信号，且周期同输入的正弦信号 2π。其波形如图 8-10 所示。

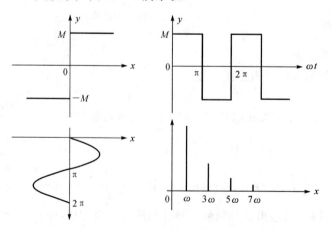

图 8-10 非线性波形图

由波形图可见，输出的方波周期信号为奇函数，则其傅氏级数中的直流分量与基波的偶函数分量系数均为零，即

$$A_0 = 0, \quad A_n = 0(n=1,2,3,\cdots), \quad B_n = 0(n=2,4,6,\cdots)$$

于是,输出信号 $y(t)$ 可表示为

$$y(t) = \frac{4M}{\pi}\left(\sin\omega t + \frac{1}{3}\sin3\omega t + \frac{1}{5}\sin5\omega t + \frac{1}{7}\sin7\omega t + \cdots\right) = \frac{4M}{\pi}\sum_{n=0}^{\infty}\frac{\sin(2n+1)\omega t}{2n+1}$$

取输出的基波分量,即

$$y_1(t) = \frac{4M}{\pi}\sin\omega t$$

于是,继电器非线性特性的描述函数为

$$N(A) = \frac{Y_1}{A}\angle\varphi_1 = \frac{4M}{\pi A}$$

显然,$N(A)$ 的相位角为零度,其幅值是输入正弦信号幅值 A 的函数。

常见非线性特性的描述函数如下。

(1) 继电器非线性描述函数:

$$N(A) = \frac{Y_1}{A}\angle\varphi_1 = \frac{4M}{\pi A}$$

(2) 饱和非线性特性的描述函数:

$$N(A) = \frac{B_1}{A} = \frac{2k}{\pi}\left[\arcsin\frac{a}{A} + \frac{a}{A}\sqrt{1-\left(\frac{a}{A}\right)^2}\right] \quad (A \geqslant a)$$

例 8-3　研究非线性函数 $y = \frac{1}{2}x + \frac{1}{4}x^3$ 的描述函数。

解　如图 8-11 所示,画出给定非线性特性曲线。

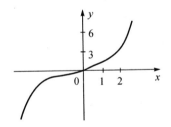

图 8-11　给定非线性特性曲线

显然,非线性特性为单值奇函数,因此 $A_0 = A_1 = 0$。

$$B_1 = \frac{1}{\pi}\int_0^{2\pi}\left(\frac{1}{2}x + \frac{1}{4}x^3\right)\sin\omega t\,\mathrm{d}(\omega t)$$

将 $x = A\sin\omega t$ 代入上式,得到

$$B_1 = \frac{1}{\pi}\int_0^{2\pi}\left(\frac{1}{2}x + \frac{1}{4}x^3\right)\sin\omega t\,\mathrm{d}(\omega t) = \frac{1}{\pi}\int_0^{2\pi}\left(\frac{1}{2}A\sin\omega t + \frac{1}{4}A^3\sin^3\omega t\right)\sin\omega t\,\mathrm{d}(\omega t) =$$

$$\frac{1}{2}A + \frac{3}{16}A^3$$

于是,描述函数为

$$N(A) = \frac{B_1}{A} = \frac{1}{2} + \frac{3}{16}A^2$$

例 8-4　如图 8-12(a) 所示非线性系统,$M=1$。要使系统产生 $\omega=1$,$A=4$ 的周期信号,

试确定参数 K,τ 的值。

分析:画出 $-1/N(A)$ 和 $G(j\omega)$ 曲线如图 $8-11$(b) 所示,当 K 改变时,只影响系统自振振幅 A,而不改变自振频率 ω;而当 $\tau \neq 0$ 时,会使自振频率降低,幅值增加。因此可以调节 K,τ 实现要求的自振运动。

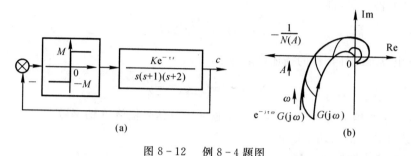

(a)

(b)

图 $8-12$　例 $8-4$ 题图

(a) 非线性系统结构图; (b) $\dfrac{-1}{N(A)}$ 和 $G(j\omega)$ 曲线图

解　由自振条件

$$N(A)G(j\omega)e^{-j\tau\omega} = -1$$

可得

$$\frac{4M}{\pi A} \frac{Ke^{-j\omega\tau}}{j\omega(1+j\omega)(2+j\omega)} = -1$$

$$\frac{4MKe^{-j\omega\tau}}{\pi A} = 3\omega^2 - j\omega(2-\omega^2) = \omega\sqrt{4+5\omega^2+\omega^4} \left\lfloor -\arctan\frac{2-\omega^2}{3\omega} \right.$$

代入 $M=1, A=4, \omega=1$ 并比较模和相角,即当参数 $K=9.93, \tau=0.322$ 时,系统可以产生振幅 $A=4$,频率 $\omega=1$ 的自振运动。

$$\begin{cases} \dfrac{K}{\pi} = \sqrt{10} \\ \tau = \arctan\dfrac{1}{3} \end{cases}$$

例 $8-5$　已知非线性系统结构图如图 $8-13$(a) 所示(图中 $M=h=1$)。

(1) 当 $G_1(s) = \dfrac{1}{s(s+1)}$, $G_2(s) = \dfrac{2}{s}$, $G_3(s)=1$ 时,试分析系统是否会产生自振,若产生自振,求自振的幅值和频率;

(2) 当上面问题中 $G_3(s)=s$ 时,试分析对系统的影响。

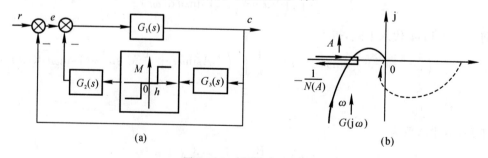

(a)

(b)

图 $8-13$　例题 $8-5$ 图

(a) 非线性系统结构图; (b) $\dfrac{-1}{N(A)}$ 和 $G(j\omega)$ 曲线图

解　（1）首先将结构图简化成非线性部分 $N(A)$ 和等效线性部分 $G(s)$ 相串联的结构形式，如图 8-14 所示。

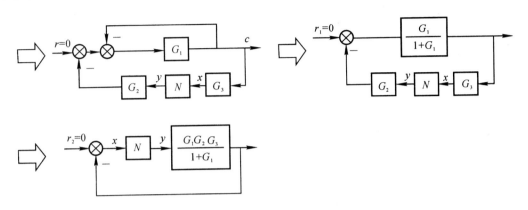

图 8-14　结构图化简过程图

因此，等效线性部分的传递函数为

$$G(s) = \frac{G_1(s)G_2(s)G_3(s)}{1+G_1(s)} = \frac{\frac{1}{s(s+1)} \times \frac{2}{s} \times 1}{1+\frac{1}{s(s+1)}} = \frac{2}{s(s^2+s+1)}$$

非线性部分的描述函数为

$$N(A) = \frac{4M}{\pi A}\sqrt{1-\left(\frac{h}{A}\right)^2}$$

画出 $-1/N(A)$ 和 $G(\mathrm{j}\omega)$ 曲线如图 8-13(b) 所示，可见系统存在自振点。由自振条件可得

$$-N(A) = \frac{1}{G(\mathrm{j}\omega)}$$

$$\frac{-4M}{\pi A}\sqrt{1-\left(\frac{h}{A}\right)^2} = \frac{\mathrm{j}\omega(1-\omega^2+\mathrm{j}\omega)}{2} = \frac{-\omega^2}{2} + \mathrm{j}\,\frac{\omega(1-\omega^2)}{2}$$

比较实部、虚部，得

$$\begin{cases} \dfrac{4M}{\pi A}\sqrt{1-\left(\dfrac{h}{A}\right)^2} = \dfrac{\omega^2}{2} \\ 1-\omega^2 = 0 \end{cases}$$

将 $M=1,h=1$ 代入，联立解出 $\omega=1$ (rad/s)，$A=2.29$ (rad/s)。

（2）当 $G_3(s)=s$ 时

$$G(s) = \frac{\frac{1}{s(s+1)} \times \frac{2}{s} \times s}{1+\frac{1}{s(s+1)}} = \frac{2}{s^2+s+1}$$

此时 $G(\mathrm{j}\omega)$ 不包围 $-1/N(A)$ 曲线，系统稳定。可见，适当改变系统的结构和参数可以避免自振。

本 章 小 结

非线性系统不满足叠加原理,因而线性定常系统的分析方法原则上不适合用于非线性系统。本章介绍了经典控制理论中研究非线性控制系统的两种常用方法:相平面法和描述函数法。

(1) 了解几种典型非线性特性、非线性系统的特点以及分析方法。

(2) 理解描述函数的应用条件、定义和求法。

(3) 熟练掌握几种典型非线性环节的描述函数,并会运用典型非线性特性的串并联分解求取复杂非线性特性的描述函数。

(4) 相平面分析法是研究二阶非线性系统的一种图解方法。相平面图清楚地表示了系统在不同初始条件下的自由运动。利用相平面图还可以研究系统的阶跃响应和斜坡响应。

(5) 描述函数法主要用于分析非线性系统的稳定性和自振。利用该方法时,要把系统的结构图变换为典型形式,非线性特性应该是奇对称的,线性部分具有良好的低通滤波特性。

习　　　题

8-1　三个非线性系统的非线性环节一样,线性部分分别为

(1)$G(s)=\dfrac{1}{s(0.1s+1)}$;

(2) $G(s)=\dfrac{2}{s(s+1)}$;

(3)$G(s)=\dfrac{2(1.5s+1)}{s(s+1)(0.1s+1)}$。

试问用描述函数法分析时,哪个系统分析的准确度高?

8-2　已知系统运动方程为$\ddot{x}+\sin x=0$,试确定奇点及其类型,并用等倾斜线法绘制相平面图。

8-3　若非线性系统的微分方程分别为

(1)$\ddot{x}+(3\dot{x}-0.5)\dot{x}+x+x^2=0$;

(2)$\ddot{x}+x\dot{x}+x=0$。

试求系统的奇点,并概略绘制奇点附近的相轨迹图。

8-4　试推导非线性特性$y=x^3$的描述函数。

8-5　三个非线性系统的非线性环节一样,线性部分分别为

(1)$G(s)=\dfrac{1}{s(0.1s+1)}$;

(2)$G(s)=\dfrac{2}{s(s+1)}$;

(3)$G(s)=\dfrac{2(1.5s+1)}{s(s+1)(0.1s+1)}$。

试问用描述函数法分析时,哪个系统分析的准确度高?

8-6　如图 8-15 所示,非线性系统简化成环节串联的典型结构图形式,并写出线性部分的传递函数。

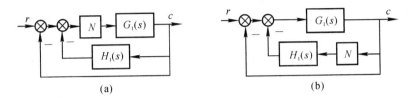

(a)　　　　　　　　　　　(b)

图 8-15　非线性系统简化成环节串联的典型结构图

8-7　判断图 8-16 中各系统是否稳定;$-1/N(A)$ 与 $G(\mathrm{j}\omega)$ 两曲线交点是否为自振点。

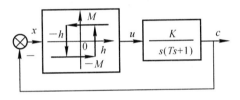

图 8-16　题 8-7 图

8-8　已知非线性系统的结构如图 8-17 所示。

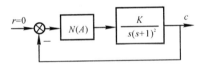

图 8-17　非线性系统的结构

图中非线性环节的描述函数为

$$N(A)=\frac{A+6}{A+2}\quad(A>0)$$

试用描述函数法确定:

(1)使该非线性系统稳定、不稳定以及产生周期运动时,线性部分的 K 值范围;

(2)判断周期运动的稳定性,并计算稳定周期运动的振幅和频率。

8-9　非线性系统如图 8-18 所示,试用描述函数法分析周期运动的稳定性,并确定系统输出信号振荡的振幅和频率。

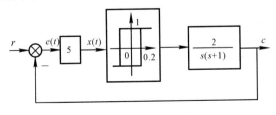

图 8-18　题 8-9 图

8-10   试用描述函数法说明图 8-19 所示系统必然存在自振,并确定输出信号 c 的自振振幅和频率,分别画出信号 c,x,y 的稳态波形。

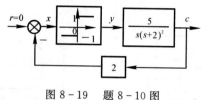

图 8-19   题 8-10 图

8-11   如图 8-20 所示,非线性控制系统在 $t=0$ 时加上一个幅度为 6 的阶跃输入,系统的初始状态为 0。问经过多少秒,系统状态可到达原点。

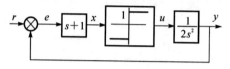

图 8-20   继电控制系统

参 考 文 献

[1]   卢京潮.自动控制原理[M].2 版.西安:西北工业大学出版社,2009.

[2]   王划一,杨西侠.自动控制原理[M].北京:国防工业出版社,2001.

[3]   张晋格,王广雄.自动控制原理[M].哈尔滨:哈尔滨工业大学出版社,2002.

[4]   王积伟,吴振顺.控制工程基础[M].北京:国防工业出版社,2001.

[5]   刘明俊,于明祁,杨泉林.自动控制原理[M].长沙:国防科技大学出版社,2000.

[6]   胡寿松.自动控制原理[M].4 版.北京:科学出版社,2001.

[7]   孙亮,肖杨鹏.自动控制原理[M].北京:北京工业大学出版社,2001.

[8]   王万良.自动控制原理[M].北京:科学出版社,2001.

[9]   周雪琴,张洪才.控制工程导论[M].西安:西北工业大学出版社,1995.

[10]   史忠科.自动控制原理常见题型解析及模拟题[M].西安:西北工业大学出版社,2000.

[11]   魏新亮.MATLAB 语言与自动控制系统设计[M].北京:机械工业出版社,1997.

[12]   薛定宁.反馈控制系统设计与分析[M].北京:清华大学出版社,2000.

[13]   姚俊,马松辉.Simulink 建模与仿真[M].西安:西安电子科技大学出版社,2002.

[14]   邹伯敏.自动控制原理[M].北京:机械工业出版社,2003.

[15]   李友善.自动控制原理[M].北京:国防工业出版社,2005.

[16]   谢克明.自动控制原理[M].北京:电子工业出版社,2004.

[17]   冯巧玲,吴娟.自动控制原理[M].北京:北京航空航天大学出版社,2007.

[18]   谢克明,王柏林.自动控制原理[M].北京:电子工业出版社,2007.

[19]   薛定宁.控制系统仿真与计算机辅助设计[M].北京:机械工业出版社,2005.

[20]   赵文峰.控制系统设计与仿真[M].西安:西安电子科技大学出版社,2002.